新知
文库

107

XINZHI

Feast:
Why Humans
Share Food

FEAST: WHY HUMANS SHARE FOOD BY MARTIN JONES
Copyright © MARTIN JONES, 2007
This edition arranged with AITKEN ALEXANDER ASSOCIATES LTD
Through BIG APPLE AGENCY, INC., LABUAN, MALAYSUA
Simplified Chinese edition copyright:
2019 SDX JOINT PUBLISHING CO. LTD
All rights reserved

饭局的起源

我们为什么喜欢分享食物

［英］马丁·琼斯 著 陈雪香 译 方辉 审校

生活·讀書·新知 三联书店

Simplified Chinese Copyright © 2019 by SDX Joint Publishing Company.
All Rights Reserved.

本作品中文简体版权由生活·读书·新知三联书店所有。
未经许可，不得翻印。

图书在版编目（CIP）数据

饭局的起源：我们为什么喜欢分享食物／（英）马丁·琼斯（Martin Jones）著；陈雪香译；方辉审校．—北京：生活·读书·新知三联书店，2019.10（2022.3 重印）
（新知文库）
ISBN 978-7-108-06622-0

Ⅰ．①饭… Ⅱ．①马… ②陈… ③方… Ⅲ．①饮食-文化-世界 Ⅳ．① TS971.2

中国版本图书馆 CIP 数据核字（2019）第 100278 号

责任编辑	曹明明
装帧设计	康　健　陆智昌
责任印制	卢　岳
出版发行	生活·讀書·新知三联书店
	（北京市东城区美术馆东街 22 号 100010）
网　　址	www.sdxjpc.com
图　　字	01-2018-4011
制　　作	北京金舵手世纪图文设计有限公司
经　　销	新华书店
印　　刷	三河市天润建兴印务有限公司
版　　次	2019 年 10 月北京第 1 版
	2022 年 3 月北京第 2 次印刷
开　　本	635 毫米 × 965 毫米　1/16　印张 26
字　　数	312 千字　图 35 幅
印　　数	10,001-13,000 册
定　　价	56.00 元

（印装查询：01064002715；邮购查询：01084010542）

新知文库

出版说明

在今天三联书店的前身——生活书店、读书出版社和新知书店的出版史上，介绍新知识和新观念的图书曾占有很大比重。熟悉三联的读者也都会记得，20世纪80年代后期，我们曾以"新知文库"的名义，出版过一批译介西方现代人文社会科学知识的图书。今年是生活·读书·新知三联书店恢复独立建制20周年，我们再次推出"新知文库"，正是为了接续这一传统。

近半个世纪以来，无论在自然科学方面，还是在人文社会科学方面，知识都在以前所未有的速度更新。涉及自然环境、社会文化等领域的新发现、新探索和新成果层出不穷，并以同样前所未有的深度和广度影响人类的社会和生活。了解这种知识成果的内容，思考其与我们生活的关系，固然是明了社会变迁趋势的必需，但更为重要的，乃是通过知识演进的背景和过程，领悟和体会隐藏其中的理性精神和科学规律。

"新知文库"拟选编一些介绍人文社会科学和自然科学新知识及其如何被发现和传播的图书，陆续出版。希望读者能在愉悦的阅读中获取新知，开阔视野，启迪思维，激发好奇心和想象力。

生活·讀書·新知三联书店
2006年3月

目　录

推荐序　　　　中国社会科学院考古研究所　赵志军　1
中文版序　　　　　　　　　　　　　马丁·琼斯　5

第1章　再现火塘边的故事　　　　　　　　　　1
　社会的人与生物有机体的人：谁梦见了谁？　13
　考古学的新工具　　　　　　　　　　　　　16
　烹饪之旅　　　　　　　　　　　　　　　　22

第2章　人类是否与众不同？——从猿的进食方式说起　27
　依然陌生的物种　　　　　　　　　　　　　38
　恐龙的亲昵？　　　　　　　　　　　　　　42
　食物与性别　　　　　　　　　　　　　　　43
　起　源　　　　　　　　　　　　　　　　　46
　人类何以独特？　　　　　　　　　　　　　49

第3章　围猎大型动物　　　　　　　　　　　　51
　"原始"的概念　　　　　　　　　　　　　　63
　另一种人　　　　　　　　　　　　　　　　68
　乞求与联盟　　　　　　　　　　　　　　　71
　变化的大自然　　　　　　　　　　　　　　73

平衡与不平衡　　　　　　　　　　　　　　76

第4章　火、炊煮与大脑的发育　　　　　　83
　　食用之前的消化　　　　　　　　　　　　92
　　维护生理机制平衡　　　　　　　　　　　96
　　为何增大脑容量？　　　　　　　　　　　99
　　如何实现大脑发育？　　　　　　　　　　101
　　中心地点到底有多重要？　　　　　　　　103
　　什么样的烹饪？　　　　　　　　　　　　104
　　亲历洞穴生活场景　　　　　　　　　　　108
　　打开大脑思维的大教堂　　　　　　　　　112
　　现代的一餐　　　　　　　　　　　　　　115

第5章　命名与饮食　　　　　　　　　　　117
　　火塘周围的新发现　　　　　　　　　　　124
　　编　织　　　　　　　　　　　　　　　　126
　　内部：事物井然有序　　　　　　　　　　128
　　外部：大自然的家庭逻辑　　　　　　　　137
　　现代人的多维食物网　　　　　　　　　　140
　　旧石器时代食谱的消亡：人类历史上一个错误的转折？　145

第6章　陌生人之间　　　　　　　　　　　147
　　烹饪展厅　　　　　　　　　　　　　　　156
　　不一样的人　　　　　　　　　　　　　　158

不一样的地方 160
　　变化中世界的记忆 165
　　定居的生态需求 167
　　流动的食物链 169
　　回　顾 172
　　饭与宴 174

第 7 章　宴飨的季节 177
　　转型中的大自然 180
　　转型中的人类生活 183
　　黏土容器 185
　　陶器里面有什么 188
　　禁忌的食物 189
　　群体之间的最终界限 191
　　谁参加了宴会 194
　　不断再生的景观 197
　　两者之间的世界 199
　　多道网络中的农民 202

第 8 章　等级制度与食物链 205
　　追踪史诗 209
　　等级制度与礼仪 215
　　献给众神的食物 216
　　大量容器 217

青铜时代的盛宴	220
再分配、等级制度和时间	222
小种子的力量	226
储藏室特写	230
里里外外	231
节奏、边界和影响	234
单轨食物网	236
农耕的局限性	238

第9章 宴饮之目的 241

帝国的终结	247
社会边缘的权力聚餐	250
一位胸怀抱负的用餐者	254
主餐之前，请喝一杯	257
更为传统的饮食	261
社群和关系网	265
网络架构	266
消费的背后	266

第10章 远离火塘 273

不幸的骨骼	288

第11章 食物与灵魂 297

世界上最受欢迎的食物	310

面包的艺术　　　　　　　　　　　312

　　田园式就餐环境　　　　　　　　315

　　在不毛之地——沙漠　　　　　　316

　　传统的融合　　　　　　　　　　318

　　十字架、书和犁　　　　　　　　320

　　白色黄金　　　　　　　　　　　324

第12章　全球食物网　　　　　　　　329

　　不一样的营火　　　　　　　　　339

　　小旅馆、饭店和咖啡馆　　　　　342

　　煽动人心之味　　　　　　　　　344

　　时尚与怀旧　　　　　　　　　　347

　　地域菜肴和国家菜肴　　　　　　349

　　有效循环和科学　　　　　　　　353

　　地球村　　　　　　　　　　　　355

参考资料　　　　　　　　　　　　　365

本书所用插图　　　　　　　　　　　389

献给我的父亲约翰·琼斯,

他是个对聚餐乐此不疲的人

推荐序

真正的大学者一般都平易近人，从不装腔作势，马丁·琼斯（Martin Jones）教授就是这样一位大学者。

马丁是英国剑桥大学考古系的教授。英国的大学体系与我国很是不同，一所大学的每个学科方向仅有一个教授席位（professorship），通常冠以捐助人及家族名称，例如著名的"卢卡斯数学教授"（Lucasian Professor of Mathematics）就是剑桥大学的数学教授席位，其第二任是牛顿，第17任是霍金。但是，剑桥大学考古系有个例外，同时拥有两个考古学教授席位：一个是"迪斯尼考古学教授"（Disney Professor of Archaeology），现属于系主任格雷姆·巴克（Graeme Barker）博士；另一个是"乔治·皮特-里弗斯科技考古学教授"（George Pitt-Rivers Professor of Archaeological Science），是新为马丁（首任）而设立的。由此可见，马丁在英国乃至国际考古学界的学术地位。马丁的学识非常广博，是个考古学家，兼涉生物分子学、放射化学、植物学等自然科学研究领域。他的《分子寻迹：考古学与古代DNA探索》（*The Molecule Hunt:*

Archaeology and the Search for Ancient DNA），将前沿的自然科学研究方法与传统的人文科学研究课题紧密结合，这就是马丁的研究特点。

马丁待人谦和，初次见面，他总是要求对方直呼其名"马丁"。久而久之，我已经习惯于向别人介绍他为"马丁博士"，而忽略了他实际上姓"琼斯"，正确的称呼应该是"琼斯博士"（马丁与《夺宝奇兵》中的考古大侠"琼斯博士"既没有亲属关系也没有学术来往，他俩同姓同身份同专业纯属巧合）。马丁为人低调，在各种学术会议上总是以普通学者的身份参与讨论，不论对方是教授还是学生，他都能够认真地聆听，平和地提出自己的看法，以至于许多人在会议结束时，都不知道他就是大名鼎鼎的马丁·琼斯教授。

真正的学术著作一般都是通俗易懂的，从不故弄玄虚，正如这本书。

本书宗旨是探讨饮食与文化之间的关系。"吃出文化，吃出品位"，这是当今在餐桌上时常能够听到的一句调侃，但人们也许并没有意识到，"吃"与"文化"之间确实存在着十分密切的关系。饮食不仅是为了生存，而且带有文化的烙印，这是人类与动物的本质区别之一。吃什么，怎么吃，在哪里吃，什么时间吃，与谁一起吃，所有这些与饮食相关的人类的基本行为，实际上都受到了文化传统和意识形态的影响甚至制约。例如，中国古代文献所记述的"肉食者"（《左传·曹刿论战》），就是将特定人群所吃的食物种类作为其社会等级的标志。再例如，世界上许多宗教信仰或文化传统在食物种类或饮食方式上有其特定的禁忌，这类例证俯拾即是，不必赘述。许多人也许还记得，2002年在日本和韩国举办第17届世界杯足球赛，韩国的饮食中有吃狗肉的传统，遭到一些西方组织和团体的强烈抵制，最终导致国际足联的官员和韩国政府的相关部门不得不出面专为狗肉问题进行外交斡旋，以确保足球比赛的顺利进行。狗肉、足球、政治，这些风马牛不相及的事物如此纠缠不清，可见饮食与文化的不可分割性。所以，探讨饮食与文化的关系是一个非常严肃高深的科学课题。

本书以人类分享食物的行为作为引线，系统地向读者展示了人类饮食的历史，以及主导着人类饮食发展与变化的文化背景。这是马丁凝聚了他几十年的研究成果和心得汇集而成的一本学术专著。虽然是学术专著，但编写体例和文字叙述十分生动活泼，引人入胜。例如，书中的许多篇章的开头都是以一个动人的故事作为引子，但这些故事不是虚构的，而是根据某个考古发掘出土的遗迹和遗物，经过科学的分析复原而成的。再例如，书中引用了大量的考古发掘和田野考察的成果，以及科技考古的实验室测试和分析结果，但作者并没有简单地罗列这些枯燥的考古实物证据和实验测试数据，而是如同讲故事一样，来龙去脉，娓娓道来，让读者在愉快的阅读中了解这些与饮食历史相关的考古成果，领悟饮食与文化的关系。

这本书翻译得又快又好，应该感谢陈雪香博士为此付出的努力和辛劳。

这本书的英文版原著是2007年才出版的，我也是在当年秋季才得到马丁赠送的原著。说实话，当我被邀请为本书撰写序言时，英文版原著尚未读完，这本书后半部分我读的是陈雪香博士翻译的底稿。虽然说我曾在国外学习生活了整整十年，读英文原版书不成问题，但毕竟是中国人，还是感觉读中文版来得爽快。当然，这还因为陈雪香博士翻译得漂亮，不仅内容准确，而且文笔流畅。翻译是一件艰苦的创造性工作。说其艰苦，是指在翻译过程中要对原文有很深的理解，不仅要读懂还应读透。说其有创造性，是指在翻译过程中除了要忠于原意外，还应尽量将文字翻译得通顺流畅，这不仅需要有很高的外文水平，还需要有扎实的中文功底。我曾将已经读过的英文原著的前半部分与中文译本相互对照了一下，陈雪香博士的翻译在内容上忠实于原著，在文风上体现了原书的风格，生动流畅，可读性很强。

民以食为天，饮食的问题是人生的基本问题。本书讲述的人类的饮食历史，这不仅是个专业学者关注的学术课题，也是个大众读者感兴趣的知识问题，再加之丰富翔实的考古实例，生动活泼的文笔，我相信，不同的读者都可以从阅读中获得知识和乐趣。对专业读者而言，可以通过本书获取相关的考古资料和科研数据，对如何开展研究得到一些思路和启示；对大众读者而言，可以通过本书认识人类的饮食历史，了解考古学这个带些神秘色彩的学科的研究方法和过程，在轻松愉快的阅读中获得知识。

赵志军
中国社会科学院考古研究所

中文版序

　　亲爱的读者朋友，感谢您选择《饭局的起源》一书，希望您能从中获得阅读的乐趣。我在中国和同事、朋友们经历了那么多热情款待的宴会，现在是把关于食物分享历史的想法拿出来和大家一起探讨的时刻了。

　　人类为何、如何分享食物——这可真是个谜。当然，任何物种都要"消费"（consume）食物，这种食物消费多多少少都可以说是一种经常性的行为。鸟类和其他哺乳动物也会"分享"（share）食物，不过主要常发生在父母与子女之间。只有人类分享食物的行为被视为一种习性。我们常与陌生人一起进餐，而且共餐的形式往往与复杂繁缛的社会礼节密切交织在一起。我的第一次考古发掘已经过去了四十年，不过从那时起我就开始思考，考古学到底能告诉我们关于史前食物的哪些信息？直至最近，我才感到自己开始向揭示人类为何、如何分享食物的谜底迈出了第一步。

　　在揭示谜底的过程中，我将带您穿越过去一百万年的时光隧道，经历不同时期的各种聚餐活动，一起观察这种活动如何随时间而发生变化。我所选择的进餐场面，都来自考古发掘资料，这些资料的获取离不开发掘者的好运气，更离不开他们对古代饮食遗存细致入微的发掘与分析。资料的地理区域限定在考古学这门学科的诞生地——欧洲大陆，毋庸置疑，这里也是现代考古学方法应用最密集的地区。

我在职业生涯中，一直从事食物考古研究，所以我对大众家庭废弃的普通垃圾的兴趣，远远超过精美器物和恢宏建筑所带来的吸引力。我上学期间第一次参加考古发掘的时候，对古代食物遗存进行分析的可能性刚刚出现。20 世纪 60 年代出现了一些古代粮食和肉食分析的先驱案例，直到 60 年代末 70 年代初，从考古遗址中系统获取食物遗存的技术才真正受到重视，成为田野考古工作的重要组成部分。

大学毕业之后，我投身于食物考古这个尚处于滥觞期的领域，并一直与它相伴成长。最初，人们注意到的是那些发掘中肉眼可见的植物和动物遗存；随后，动植物遗存的碎块乃至微体遗存也受到更多的关注，随着精密的化学和基因分析手段的介入——这在我第一次发掘所处的年代是不可想象的，我们的研究材料得以大大丰富。旧的也好，新的也好，正是依靠这一整套的研究方法，我才得以细致地观察特定的史前饮食行为。目前，这些研究方法已经开始在全球范围广泛应用。

过去的三年间，我不断造访中国，始终关注一种特殊的食物——黍子。这种大约距今八千年的食物为何会同时出现在中国和欧洲？是什么原因将相隔万里的史前食物生产者们联系起来？又是什么原因将他们的文化和社会联系在一起？在探索问题的答案时，我有幸结识许多中国考古学家，并且亲眼见到科学手段如何迅速推动着研究。随着他们的研究成果提供越来越丰富的全新资料与观点，整个世界史前史的地图正在不断重组，古老的中国在这张地图上比以往任何时期都更为显眼。今后，世界史前史将不只是围绕宏伟的纪念碑、宫殿和神庙展开的叙述，还会包括不同社群分享食物的各种方式。

我在关于西方世界饮食资料的观察和从中国同事那里学到的早期食物遗存的考古背景之间，似乎已经感受到二者产生的共鸣。将食物与家庭、食物与身份、食物与权力联系起来，已经成为可能。今天我在中国分享的食物，同时凸显了我们的文化差异和我们作为人类的共性。在欧洲，我们确实很少去吃蚕蛹、驴肉，或是去喝驼掌汤。然而我本人发现，其实这些食物都非常美味可口。欧洲人认为这些食物十分奇怪，或许很多中国人对加了大量糖和奶油的欧洲甜点也有类似的感受。但是不论在中国还是在欧洲，我们都用饮食来增进团体联系，显示主人的热情好客，进餐礼仪的细节和座次的安排发挥着重要的作用。无论在中国还是在欧洲，我们吃饭时都要频频举杯，将团体性和好客的热情转换为语言表达出来。

今天，无论欧洲还是亚洲大陆的饮食都更为多样化、全球化。我们在西方所接触到的中国食物远比我年轻时丰富得多。而在东方，甚至在中国故宫里都曾看到西方品牌咖啡店。

现在，是时候与您一起追寻我们各具特色的饮食的起源，以及食物分享行为的根源了。正如中国的主人欢迎我坐在餐桌旁享用美食一样，现在，亲爱的读者们，欢迎您翻开本书的下一页，希望您享用到一场思想的盛宴。

马丁·琼斯

第 1 章
再现火塘边的故事

捷克下维斯特尼采（Dolni Vestonice）遗址发掘现场，考古人员发掘的风成堆积下面埋藏的一处旧石器时代居址

在茂密纷乱的植被下面，某采砂场的土面被一道黑色的水平带打断，那是一条窄窄的灰烬层。这个采砂场布满了不规则的台阶和断崖，它的出现打断了摩拉维亚（Moravia）南部葡萄庄园微微起伏的地形。冰川风经过中欧河谷平原带来细细的沉积物，几千年来形成了数十米深的地层堆积。这些堆积中埋藏着人类偶然遗留下来的踪迹：几块燧石、被猎杀动物的骨骸，或是那来自火塘边的灰烬层。它们为人类学家克洛德·列维-斯特劳斯（Claude Lévi-Strauss）提出的人类区别于世界上其他生物的活动——"炊煮"[①]提供了很早的证据。

　　上文提及的从事炊煮活动的人群已经逝去了近3万年。他们还不是人类历史上最早使用火来加工食物、改善味道的人群。远古祖先可能早已学会从自然界寻求火源，甚至想方设法在他们的岩穴中把火种保存下来。不过，摩拉维亚采砂场的用火遗迹已经不只是

---

① Lévi-Strauss 1964.

偶然用火那么简单了。那些木炭来自火塘，而火塘则是这处已知最早的房子中人类活动的中心。这座房子用兽皮、支架和猛犸象的骨骼建成。①我们可以想见，当年在这个空间里曾有一群人围坐在火塘边，面对面谈笑着分享他们的食物。正如列维－斯特劳斯所指出的，这种行为有着不同寻常的意义。

对其他物种而言，火不是表现威胁、危险场景的唯一要素，双目对视、张牙舞爪都是更常见的表示敌意的方式。当食物在一群动物中间，而这群动物又不是父母和孩子的关系时，这些对视和龇牙咧嘴的表情表明，一场争斗就在眼前。从某种意义上讲，我们的祖先把这些表达危险的信号转变成了欢宴，这就是人性。② 今天我们靠分享食物来打发时间，庆祝生命中的重要时刻，处理事务，界定谁是哪个文化圈的人而谁又不是。这种危险信号是如何转变的？又如何形成了今天的生态复杂性与社会艺术的大融合？

许多人类学家和历史学家都注意到饮食所体现的不寻常的行为。为此，他们进行了实地观察，并利用文献资料进行研究。过去两千年间，在世界的广大区域内有着大量的文献资料，再上溯至距今三千年，也有很多片段，甚至一直可以追溯到记录了古代苏美尔人聚餐所用食物原料清单的泥版文书。根据这些最早的文字和图画资料，我们得知那时的宴会已经成为一种复杂的活动，集中了奢华的场面和时尚的外来因素，体现了规范的礼节、仪态和服饰，等等③。相比之下，摩拉维亚山冈火塘边的那顿饭就不可能如此奢侈，

---

① 格拉维特文化（Gravettian）以猛犸象骨骼作为建筑材料，其最清楚的遗存发现于由此向东的俄罗斯和乌克兰境内。人们曾认为摩拉维亚诸遗址使用兽皮和支架来构造建筑，然而有三处摩拉维亚遗址还发现可能使用猛犸象骨骼作为建筑材料，参见 Klima 1954；Oliva 1988；Svoboda 2001 和 Svoboda and Sedláková 2004。
② Eibes-Eibesfeldt 1970.
③ Schmandt-Besserat 2001.

不过它也具备了现代社会饮食的一般性质。想想看，它的年代是最早文字记载宴饮活动年代的 6 倍之久远。为了探究一餐饮食所包含的各种要素，比如火的使用、炊煮行为的起源、与陌生人分享食物等，我们需要从比它还要早 100 倍的年代跨度来进行考察。要实现使用长时段年代跨度的研究，就要通过考古学——这门近年来经历了方法论革命的学科进行研究。在认识考古学方法所能揭示的遗存之前，我们不妨稍稍停顿下来，先到摩拉维亚的葡萄园中，看看那里的地下究竟埋藏着什么秘密。

下维斯特尼采村周围有不少遗址，经科学方法检测，它们的年代为距今大约 3 万—2.5 万年。今天，我们从村庄的小山上往东北方向望去，展现在面前的就是人类横跨欧洲大陆迁徙时所经过的最重要的自然通道之一。天气晴朗时，可以看到喀尔巴阡山脉绵延向东，最远几乎到达黑海，环绕波西米亚的山脊向西依稀可辨。在我们身后，多瑙河沿着山脊南缘蜿蜒而过。这条长长的大河是人类历史上跨越欧洲大陆的要道之一，从狩猎 - 采集者最早出现，到拿破仑发动战争，它一直是人类及其猎物活动的走廊；它还是一个风洞，尤其在寒冷的时期，冰川穿过北欧自阿尔卑斯山脉而下，狂烈的冰缘风暴将摩拉维亚之门（Moravian Gate）填满尘土，形成了今天葡萄园下面微微隆起的丘陵地形。风暴同时还保留了人类在这一区域活动的瞬间，把他们的营火和食物残骸掩埋在风成堆积之下。[①]

几年前，我和几位同事计划对这里保存极好的人类早期饮食遗迹进行一次新的调查。我们并不是首次探察这些堆积的人。过去八十年间，捷克和斯洛伐克的考古学家们对这些遗址进行过细致的

---

① Svoboda 1991; Svoboda et al. 2000; Svoboda and Sedláčková 2004.

发掘。[①]村庄周围的丘陵,为狩猎者俯瞰下面的河谷提供了有利地形,上面保存了许多火塘遗迹。根据发现的石器和兽骨,考古学家复原了狩猎的场景:猎人们在高地上野营,从那里观察奔腾的鹿群和猛犸象群。他们已经是生物学意义上的现代人,外表与我们并无二致。我们曾经认为人类是世界的主人,事实上我们也起源于一个适应撒哈拉以南气候的非洲物种。我们的摩拉维亚祖先在向北进驻最寒冷的地区时做了不寻常的革新。新近的气候模拟表明,这些早期狩猎者向北扩张的地区,有的地方冬季夜间温度甚至在−20℃以下。我们希望了解更多关于先驱者的生活:他们如何从外面获得燃料?如何在室内取暖获得热量?如何在周围不间断地进行季节性迁徙?他们能获取哪些食物?他们反复使用的火塘究竟有什么重要意义?[②]

此前的发掘已经为我们提供了关于那些处于中心位置的火塘的许多信息。这是先民们围起来进食的一片空地,火塘所在的地面上残存着他们用来捕获和分割猎物的燧石块、吃剩的骨头和用猛犸象的骨骼和长牙撑起的棚子或者"房屋"。我们顺着木炭痕迹开始对这些早期火塘进行发掘,利用细致的三维画图技术来揭露它的使用情况。我们记录下从远处喀尔巴阡山脉获得的鲜红色精美的薄石片,它们往往混杂在冰期冰碛产生的灰色大理石当中。由此向北,一直到现在波兰境内都分布着这种红色岩石。以密集的木炭和烧红的土为中心,我们记录了屠宰后的驯鹿、猛犸象、野牛乃至洞狮等动物骨骼的出土位置。在这些普通的发现之外,我们还采集了

[①] 核心人物包括卡雷尔·阿布索隆(Karel Absolon)、博胡斯拉夫·克利马(Bohuslav Klíma)和伊日·斯沃博达(Jiří Svoboda)。
[②] 由伊日·斯沃博达和我共同主持的一个项目对范·安德尔(Van Andel)和戴维斯(Davies)于论文中提出的几个问题进行了探索,参见 Van Andel and Davies 2003。

1000多份堆积土壤样品，记录采集位置，将它们装入袋中，贴好标签，以便在处理后，获取其中大大小小的食物碎片，甚至分子的痕迹——这些构成了复原早期宴会场景的资料来源。根据地层学立即可以判断，这些宴会与猛烈的冰缘风沙关系密切。在火塘遗迹的上、下层我们都发现了沙尘暴留下的堆积，甚至在同一火塘的不同用火痕迹当中也夹杂着这种堆积。

每天的发掘工作结束之后，手持一杯捷克啤酒，分享着可口的美食，考古队员们会对那些发现和设想进行分析，并讨论将来如何解释这些新的资料。谈话中频繁出现一位20世纪人类学家的名字，他对早期人类获取食物这一课题做过深入思考，并有多部著作。他就是马文·哈里斯（Marvin Harris）。他幼年生活于20世纪30年代美国纽约布鲁克林一个不富裕的家庭。我认为，他的童年经历和年轻时在葡萄牙治下莫桑比克从事的研究工作提供了许多机会，让他亲见获得食物有多么艰难。终其一生，他的研究兴趣集中在为获取足够食物而挣扎的生理需要是如何塑造了人类文化的丰富性和多样性这些问题上。20世纪50年代，完成了在莫桑比克的研究之后，哈里斯又去观察其他文化生态模式，尤其是南美洲和中美洲。基于这些研究，他提出，人类生活的方方面面可以用一个金字塔来表示。金字塔底部是自然环境、我们这个物种的生理特性和获取食物与维持生计的方法；往上一层是将家庭、部族、国家组织起来的不同社会结构；而金字塔顶部，则是那些"超结构"因素，包括宗教、艺术、音乐和舞蹈。

在哈里斯看来，家庭生活、政治结构、食物禁忌、食人习俗和饮食所体现的每一个特征与行为，最终都可以与谋求生存联系起来，与建立在金字塔结构之上的维护热量、蛋白质营养和繁殖成功率之间的平衡联系起来。人类学家的任务是记录这些机制与联系，以探求获知其背后隐藏的不同文化模式和神话,以及大自然的普遍逻辑性。①

与哈里斯所比较的文化群体相似,我们这些考古学家也倾向于分成不同的文化圈,每个群体适应各自的资料类型。对埃及象形文字、古典废墟和埋藏骨骼的研究热情分别形成了不同风格的考古学群体。他们的区别不只在于研究资料的差异,还在于推理、思考和叙述方式的不同,甚至考古学家的个性也带有其所在群体的特征,马文·哈里斯无疑会将这些特征归结于不同分支学科的进化适应性。我本人所属的学术圈子无疑也有自身一套文化特性,不过并非由研究的时代性所决定,而是从方法论的角度进行的划分。我们这些"生物考古学家"使用一系列科学手段,在尼安德特人乃至更久远的时间到历史时期的研究中,进行食物考古分析;途中与研究不同考古时段的专家们紧密合作,对于文化、食物和饮食分享进行了多角度思考。

无须对我的同事们进行过多的猜测,就知道研究人类最早时期——旧石器时代的考古学家成天琢磨的,是人类小群体如何对抗来自大自然的压力。哈里斯所强调的进化压力与这个问题十分契合。可我在与研究国家形成、帝国与征服的古典历史时期考古学家们谈论人类学话题时,却较少听到马文·哈里斯的名字,出现次数更多的是杰克·古迪(Jack Goody),他认为饮食分享与自然没有多大关系,他更关注社会本身的内在形式。古迪的观点很大程度上受到他在非洲和地中海区域生活经历的影响。他曾在不同人生阶段、世界不同地区扮演过士兵、战争囚犯和人类学

---

① 马文·哈里斯在莫桑比克的早期研究成果,参见 Harris 1958,1959;关于其发展了的文化"唯物主义",参见 Harris 1974,1977,1979;关于他对寻求食物的论述,参见 Harris 1985,Harris and Ross 1987。

家等不同的角色。这些经历使他尤其关注"差别"的重要性——富与穷、东部与西部、知识分子与文盲、压迫者和被压迫者等。他对烹饪的区别提出了精辟的见解,比如"Haute Cuisine"①与"Basse Cuisine"②的区别、食物的分享如何体现社会内部的等级和权力等。③

到了新石器时代和青铜时代,祖先为我们留下了神秘的景观、遗址和高等级的墓葬。正是在这个时期,出现了许多"文明"的典型特征,比如城市、文字、贸易和宗教等。为了解释这些特征,考古学家们从20世纪人类学思想家那里找到了灵感。

20世纪30年代,正当马文·哈里斯在熙熙攘攘的布鲁克林成长时,另一位截然不同的思想家在宁静的英国罗汉普顿圣心女修道院就读。在这个讲求秩序、规则和宗教的小世界里,玛丽·图(Mary Tew),即后来的玛丽·道格拉斯,发展她自身的理论,探讨她所属的社会以及其他社会是如何形成层级结构的,和这些社会又是如何理解这个世界的。她的着眼点是分类与礼仪。当哈里斯将"文化"视为人类社会与"自然"压力抗争的有机体时,玛丽首先关注人们的大脑是如何进行"文化"与"自然"分类的,其他文化的人们对这个世界的分类又是如何形成的。④

玛丽的观察方式可以与20世纪另一位人类学核心人物对比。30年代中期,一个年轻人从马赛市港口登船旅行至南美洲。他就是克洛德·列维-斯特劳斯,一位广泛涉猎法律、政治等多领域

---

① 法文,高级料理,讲究用昂贵的食材、名师主厨,配以精致的餐具,是有钱人才用得起的享受。——译者注
② 普通料理。——译者注
③ Goody 1982, 1988.
④ 道格拉斯的传记参见 Richard Farndon 1999。作者揭示了她早年的修道院生活、天主教信仰如何塑造了她两部最有影响力的作品(Douglas 1966, 1970)和她的思维方式。

的比利时学者。列维-斯特劳斯此行是随法国文化使团前往巴西。他将成为巴西圣保罗大学的访问教授，这使他有机会多次前往亚马孙热带雨林考察。丛林深处的旅行，使他洞察了一个个远离欧美的世界，形成了独特的见解。①与玛丽·道格拉斯一样，他也喜欢透过人类经验的"表面"来观察那些塑造人类行为的潜在结构。共同的研究兴趣使列维-斯特劳斯和玛丽·道格拉斯以不同的方式开始思考同样的问题——人类社会的潜在结构是如何在火塘边分享食物的交流圈中表现，反过来又被这些行为强化的？②

我想不出这三位社会人类学家将对我们的古代摩拉维亚营地做出何种解释。他们虽然研究的地点不同——古迪在加纳，玛丽·道格拉斯在现代扎伊尔，列维-斯特劳斯在巴西，却都是与欧洲截然不同的热带地区，这些研究明亮了他们的眼睛，使之重新审视自身成长生活的西方世界的潜在规则。③他们每个人都力图揭示人类社会的逻辑，区分家和火塘这些固定的和安全的内在因素，与危险的、变化的和不确定的外在因素。正是围绕火塘，这个世界才区分出秩序、人群、进程以及经过分类和分配的物品。

如果这三位社会人类学家来到我们的发掘现场，我会带他们到小山下的斜坡上参观另一处火塘遗迹。通过观察这个火塘的剖面，我们才真切感受到这里经历过凛冽的冰缘风暴。风沙遮蔽了烧红的火塘，它又被重新点燃。稍后，火塘又一次被风沙掩盖，又被点

---

① Lévi-Strauss 1955.
② Lévi-Strauss 1962, 1964, 1968; Douglas 1966, 1970, 1972, 1984. 这种社会人类学传统在对新石器时代的研究当中体现得最为充分，如 Hodder 1990；Tilley 1994 and Thomas 1999。霍德（Hodder）对"Domus"和"Agrios"（霍德用 Domus 指代欧洲新石器时代早期家族，Agrios 指代未驯服的野蛮人。——译者注）的清楚区分尤其反映了列维-斯特劳斯和道格拉斯关于内在与外在、核心与边缘的对照。
③ Lévi-Strauss 1955; Goody 1962; Douglas 1963.

燃。从剖面几厘米厚的堆积看，这样反复了六七次。大自然的力量持续改变着周围的地形地貌，与此同时，早期的狩猎者们远行几百公里去寻找最好的石头，采集食物，一次又一次地返回准确的地点集合，打扮自己，分享食物。在附近的小山坡上，最早发掘的下维斯特尼采火塘遗迹里还有其他发现，目前保存在布尔诺（Brno）的摩拉维亚民族博物馆里。它们是在火塘边发现的用于装饰的穿孔贝壳和牙齿串珠。在这些火塘旁边，考古学家们发现了已知世界最早的人物塑像，这也是第一个被证实使用烧制黏土雕成的人物形象。另一些黏土块上保留了世界上最早的编织活动印记，在许多泥塑身上还发现了编成形的绳索痕迹。少数经过精心钻孔的兽骨可能是当时的笛子，看来这里还演奏过音乐。这是一个充满想象和色彩的舞台，有人体塑像、手工艺品和编织活动，无疑他们曾经在这里讲故事、聊天。难道真的如哈里斯所认为的，所有这一切都只是体现了追求热量和肉体存活的目的，仅带有一点模糊不清的复杂社会代码吗？[①]

玛丽·道格拉斯对食物分享的分析角度从生理机制转移到社会性上。通过对现代美国家庭进餐的观察，她记录了母亲、父亲和孩子的不同座次和着装，以及饮食的准备、采购，与消费相关的潜在规则，还有背景音乐、收音机、电视和其他娱乐项目的有无。她发现现代饮食遵循着季节轮回的规律，比如，可以按照宗教节日划分出感恩节聚餐和周日大餐，这和另外一套与出生、成年、婚姻和死亡有关的饮食习俗并存。所有这一切与日常三餐交织在一起，有着固定的时间与形式，带有各自的显著特征，在许多情况下促使人们

---

① Soffer et al. 1993, 2000.

说出感谢上帝的话，感谢他使这一切成为可能。[①]

列维-斯特劳斯说，食物有助于思考；玛丽·道格拉斯的观察也许表达了另一种观点，即食物有助于交流。人的一生经历的一整套用餐体系，就像一次长长的谈话，或是一段延伸了的叙述，可以分解为许多情节、章节、段落和句子。这段叙述表达并且确认了家庭内部以及家庭之间的关系，讲述着人从摇篮到坟墓的一生，记录和庆贺着社会历史的重要转折点。仔细观察每一顿饭，就像把句子分解成为一个个单词和音节一样，一餐分解成了一道道菜和一个个吃的动作，每一个细节都是一个清晰明确的表达，但本质上仍遵循着相互关联的语法规则。

饮食表达的谈话与现实中的谈话，让世界井然有序。今天，聚餐仍是人们社会生活的核心特征，由此可以看出谁是我们的朋友和亲戚，人究竟是什么。许多语言关于饮食的现行词汇都将人的进食与动物饲养明确区分开来。比如在英语中，我们说人吃的是"meal"（饭），而动物吃的是"fodder"（饲料）。人们"进食"，它们"吃草"，如此等等。对列维-斯特劳斯和玛丽·道格拉斯来说，这种区别意义深远。在食物分享和由此形成的礼节和交流中，人类显示了其本质特征，从自然中被区分出来。一顿饭实际上体现了不同的社会关系，体现了一种"文化"，这正是我们人类所特有而其他物种所缺少的。

马文·哈里斯却不赞同这种观点。他认为，列维-斯特劳斯和玛丽·道格拉斯被表面复杂性所迷惑，没有意识到背后更基本、更科学的规则；并且，这种规则对于人类和其他物种同样有效。哈里斯认为，吃饭是为了生存，吃什么是由营养需求来决定的。如果一

[①] Douglas 1972, 1984.

顿精致的大餐不能为足够的个体提供充分的能量、蛋白质、维生素和矿物质，并满足他们繁衍和抚育后代的需求，那么它只能退出舞台，让位于那些更适合进化需求的食物。为了更好地解释和理解这一点，哈里斯提出，我们只需破解最根本的代码，再来揭示规则、方式、社会关系与生产力的联系。这样一来，人类精美大餐的神秘面纱就被揭开了。我们会发现，原来是另一群赤裸的动物在为生存需要而挣扎。哈里斯认为，无论人类看起来多么独特，多么不同寻常，他们都不可能摆脱物竞天择、适者生存的进化论逻辑。[①]

假如马文·哈里斯与其他几位20世纪著名人类学家一起来到摩拉维亚葡萄庄园，他会毫不犹豫地指向那些被修复火塘的行为反复打破的风成堆积层。谁能怀疑这些现代人的祖先每天都在为了谋求生存而与恶劣环境抗争呢？玛丽·道格拉斯也许会反驳说，在这块充满挑战的土地上并不是只有人类一种动物生存，然而其他物种却没能像人类一样做出这种举动。我们真的可以用自然的逻辑来解释这些与自然世界迥异的音乐、谈话、装饰、工艺品、建筑和秩序吗？无论如何，他们两人的区别不在于对同一套资料谁的解释更完美，而在于争论背后所涉及的对人性和世界的根本认识。

社会的人与生物有机体的人：谁梦见了谁？

上述区别将影响我们对人两个方面关系的认识，即社会的人和作为生物有机体的人。这不仅在食物研究中得到了证实，而且在关于人的一切研究中都得到了证实。一种很有影响力的观点认为，二

---

① Harris 1987; "Foodways: Historical Overview and Theoretical Progomeron's" in Harris and Ross 1987.

者当中有一个方面包含于另一方面;后者是塑造历史的更强大的动力。然而对于究竟谁主谁次,并没有一致的意见。有的认为生物有机体和自然是更大的舞台,文化只是生物有机体谋求生存的一部分;另一些人则持相反的观点,认为社会的人并不只是这个大舞台的一段台词那么简单,大自然其实只是许多大段台词中用到的一些文化构件而已。这场争论形成了现代科学的一个主要风格。

到18世纪末,有两位评论家分别思考了食物短缺以及随之发生的世间种种不幸的根源。其中一位,威廉·戈德温(William Godwin),是美国激进分子汤姆·佩恩(Tom Payne)的朋友,也是早期女权主义领军人物玛莉·渥斯顿克雷福特(Mary Wollstonecraft)的丈夫。威廉·戈德温认同社会属性的人决定历史进程的观点,认为社会不平等是现代社会问题的根源。他的观点遭到剑桥大学耶稣学院温和派的反对,其中托马斯·马尔萨斯(Thomas Malthus)认为,大自然的压力使人们面临艰苦的现实,所以他们不得不接受自身作为生物有机体的事实,不得不遵照大自然的规律安排自己的生活;历史进程取决于他们到底在多大程度上适应了自然。马尔萨斯的观点对后来查尔斯·达尔文有深刻的影响,而达尔文的进化思想至今还影响着我们的研究,以及我们对自然和人类社会的理解。[1]

这两种截然不同的观点对峙至今。长期以来,社会科学学者和人类学家们把社会的人、交谈(Discourse)的力量以及二者之间的结合点置于首要位置。列维-斯特劳斯和玛丽·道格拉斯属于这个阵营,那些借鉴了他们研究成果的人也视"生物有机体动力说"为一种非常狭隘的观点。认为正如社会人阵营中有人谈论祖先和萨满

---

[1] Godwin 1793; Malthus 1798.

一样，另一些人讨论"生物"和"有机体"只是用来组织和理解宇宙的局部认识。争论的另一方，达尔文的进化论引发了很多观点，像马尔萨斯一样，这些观点将生物有机体放在首要位置，认为社会人之间的交流只是生物有机体克服自然压力的一种手段。马文·哈里斯是代表人物。他认为，列维－斯特劳斯和玛丽·道格拉斯在对我们饮食的解释上，过于强调一餐的小的方面。正如对方将生物体的重要性弱化为世界运转的狭隘认识一样，哈里斯试图将社会人作为与自然协调的大进化论的一个细节来处理。

社会性的人与生物体的人在更广泛的人文科学领域持续战斗着，比较简单的办法是在二者中做出选择，非此即彼。在考古学领域，不同的研究圈子也倾向于选择生物的或社会的阵营。那些研究较近年代的考古学家，尤其是所研究时段已经有文字和文献记载的，往往强调人社会性的一面；而研究久远年代的考古学家，他们的资料以骨骼和石器为主，所以力图探索人生物性的一面。结果是，考古学的叙述被分作两段，人类历史出现了一个分界点，在此之前人类的一种方式被在此之后人类的另一种方式完全取代。对于研究食物寻求的许多学者来说，这个分界点就是距今大约一万年农业的起源。在此之前，人类是自然的一部分，作为生物体应对自然的变化；在此之后，他们作为社会的人开始控制自然，着手写就一部动荡的历史。农业产生仅是诸多起源的一种，正是它们把人类的复杂性方便地分解为一个个间断的情节。

把人类分为不同类型的群体，一部分更"社会"，另一部分更"生物"，我个人的人类有限经验使我对这种分法感觉很不舒服。我体验过不同文化的显著区别之后，在自己有限的个体生命当中，从未怀疑过社会交流与生物需求之间的持续运转才是人类生活的特色。也许有时会特别指向其中一种角色，特别是在我自己生活的社会里，许多行为可以明确区分为社会的或生物的，比如取暖本质上是生物性的表现，艺术欣赏显然带有强烈的社会性。尽管如此，还有一些行为很难说是社会的还是生物的，这促使我们思考这些行为之间的关联，比如出生和幼儿教育、性行为与死亡等，其中最常见的就是进食活动。

每天的——对于某些幸运儿来说是每天多次的进食行为，再次昭示了人类社会性和生物性的有机结合。从这一点来看，试图把人的一种特性溶解到另一种特性中的许多做法已造成混淆，对同一行为难以认定其归属的特性，说明它们之间原本是相互依存的关系。对考古学家来说，这些体现人类作为社会人和生物体的有机结合的饮食，是他们最容易获得的研究资料。从火塘、桌子周围的布局，到准备食物和消费食物的器具，再到一顿饭留下的痕迹，饮食活动为我们留下了大量物质线索。正是出于反对将人的社会性与生物性截然分开的想法，我才开始了对考古学中食物分享的研究，尽管考古学多样性的发展使这种研究开始产生一点儿意义还是近些年的事情。

考古学的新工具

有些能长时间保存下来的饮食遗存为考古学家所熟知。八十多年前，几块肉骨头使一位传教士开始了对著名的下维斯特尼采遗址的考古发掘。发掘一开始，尽管吸引公众眼球的是那些小小的塑像或者人类及其捕食的对象，但出土数量更多的是狩猎的石器。在之后的几十年中，骨骼和石器一直是研究狩猎-采集行为的核心资料，相关考古工作越发细致。专家可以仔细观察工具表面的痕迹，研究工具的制作和使用过程。通过动物骨骼可以鉴定出动物的性别和死亡年龄，还可以推断出动物被选取食用的部位；对于植物食物的研究，开展得要晚一些。尽管古代火塘拥有丰富的木炭，可是到我们的课题开展时，只有一小袋样品可用来观察以了解炭化食物的情况，结果还发现了采集野生植物根茎的痕迹。发掘中，我们采集了几百袋土壤样品，通过过筛、浮选来获取大量的炭化植物遗存。在这些遗存中，有植物种子、干果、块根、块茎，从鉴定出的炭化木材种属推测更多的可用食物。[①]

食物考古的核心资料是骨骼碎块、鹿角、贝壳，还有植物组织的炭化碎块。其共同之处在于，它们都是固体，可耐久保存，通过肉眼和显微镜观察可以鉴定种属。这类资料所提供的信息，通常都与获得食物行为的早期阶段有关，往往是植物和动物组织尚未被加工的阶段。通过对动物骨骼的分析，我们可以了解兽群的迁徙以及人类的狩猎和屠宰活动；植物遗存分析则为我们提供了关于收获时间、土壤肥力等方面的信息。那些越接近进食阶段的动植物，越是要被切碎、研磨、混合，变成另一种存在形式。这就要求我们使用更多的方法来分析此类食物遗存，通常需要显微镜放大观察的倍数。一小块碎骨上面也会保存切割痕迹，见证了从屠宰、分配到个体消费一系列人类行为。通过显微镜下的观察和生物分子分析，比碎骨更小的遗存也可以提供丰富的信息，尤其是加工食物时使用的不同方法。

研磨了的植物食物也许会留下可鉴定的亚细胞颗粒痕迹，主要有两种：植硅体和淀粉粒。在适宜条件下，这些灰尘般大小的物质可以保存数千年。食物考古中最细微的痕迹是食物分子，多数食物分子很快被消化了，但一小部分仍可以保存相当长的时间，比如蛋

---

① Mason et al. 1994.

白质、液体（脂肪、油、蜡等的总称）和 DNA，它们可以保存 1 万—10 万年，有些液体可保存几千万年甚至更久。这些分子既可能保存在食物中，也可能在加工食物的器具，比如磨盘、饮食器具中留下痕迹。[1]

在一些年代较近的考古遗址中，特别是农业社会，分子生物学为研究饮食活动中最常见的饮食器具注入了新的活力。由于考古学本身的原因，陶器研究领域一直是类型学方法占主导地位，它用以判断遗址年代及其文化属性。虽然放射性碳同位素测年方法已经产生了半个多世纪，科学的测年手段也只是有选择地用于校准年代。在野外发掘时，那些石器和陶器残片以及它们的形状特点可以帮助我们迅速判定遗址的文化属性和年代。与之形成鲜明对比的是，陶器是如何制造的、陶器中包含了什么、多少人曾使用它们分食进餐等问题却鲜有关注。到博物馆的架子边随便转转，不难发现许多陶器是被很多人使用过的。事实上，现代西方家庭使用的一套杯子、碟子、盘子也都体现着显著的个人风格。随着新的生物考古学方法不断从陶器残留物中分析出食物痕迹如蛋白质、液体等，越来越多的考古学家意识到陶器作为盛放食物、饮料的工具这一功能值得重视。在有些研究个案中，不仅可以确定陶器包含食物的成分，还可以判断出它们究竟是煮、烤抑或发酵活动留下的痕迹。[2]

目前，越来越多的研究手段应用于食物生产、加工和消费等活动。在某些特殊情况下，对人体内脏的研究可以使我们获得更多资料。或许人们最熟悉的关于古代饮食最直接的材料就是"沼泽古尸"（bog bodies）的胃容物。这些不幸的人当年意外死亡，浸入泥

---

[1] Jones 2001.

[2] Evershed et al. 1999; Evershed and Dudd 2000; Tzedakis et al. 2006.

炭沼泽中的尸体得以完好保存。除了少数例外，沼泽尸体的年代一般在距今三千年左右，他们的胃容物为传统考古研究的人类食谱增添了更丰富的资料。然而，人内脏保留食物残余的概率毕竟不高，所以我们还可以从人类消化系统的终端来寻找线索。古代粪便，又被称为粪化石，是古生物学、考古学研究的一笔财富。粪化石常见于人类居住范围较小的遗址，比如岩厦遗址，或者是那些有意识建造的厕所遗址，比如城市。粪化石不仅保存了肉眼可见的未完全消化的植物纤维、动物碎骨骼，还保存下来一系列分子材料，近年来已经成为提取古代 DNA 的重要来源之一。[①]

进食者的饮食记录，不仅保存在他们的消化系统中，也在他们身体的其他部位有所体现。所有的食物都要经过牙齿的咀嚼，因而牙齿不断嚼磨，最后衰老磨平，考古学家根据牙齿磨损程度来分析人的饮食状况。再有，当不同的蛋白质、脂肪和碳水化合物进入血液，就会产生一种新的组织来传递这些营养的化学信号。这些化学信号可能包括特定的化合物，比如草药成分，更为常见的是某种特定元素或元素的某种形式（同位素）。通过观察人的头发、牙齿和骨骼，以及这些组织的一部分，生物考古学家就对这些化学信号如何反映人的饮食有了更为精确的分析。这种研究方法不仅适用于人类。在摩拉维亚考古项目中，我们对整个遗址食物链中的动物和人都进行了同位素食谱分析，力图追寻那些早期人类围猎的动物的食谱与迁徙状况。采集同位素分析的样品时，我们用精密工具钻取一份 2.8 万年前的猛犸象骨骼，很快空气中就弥漫着一股牙医手术时的异味。这是胶原质燃烧的味道，表明这些古代骨骼仍然包含丰富

---

① 关于排泄物 DNA 的研究，参见 Poinar et al. 1998；关于沼泽尸体的材料，参见 Brothwell 1987 和 Turner and Scaife 1995。

的大分子物质，我们可以从中获取许多有效的信息。[1]

这些帮助我们更详尽地研究古代饮食的考古学新手段，都与有机质或者分子研究的新进展有关。不过，考古学研究的新手段并不局限于此，其他手段同样重要，它们最大限度地扩展了考古资料的时空范围。

摩拉维亚考古项目八十年的考古发掘保持着优良的三维记录传统，通过这种记录，我们可以复原当时人们居住和分享食物所在的空间结构。20世纪，这里的考古发掘虽然已经开始使用空间绘图的方法，但还相当粗糙，只能依赖线绳、铅锤和笨重的光学仪器来细致绘图，不仅耗费时间，而且难以操作。在今天的发掘中，我们使用激光技术进行绘图，可以将资料直接输入计算机，并且与地理信息系统连接起来，较之20世纪的粗糙绘图更为精细。在更小单元内进行精细的三维绘图，能帮助我们收集更多关于古人是如何到这里聚集并且分享食物信息的。

弥补空间绘图的局限，在于需要增加对第三维度——时间的理解。比如，我们可能会在沉积物中辨别出文化堆积。之所以称之为文化堆积，是因为它与其他沉积物不同，其中包含了木炭屑、骨骼碎块和人工制品。对于文化堆积，我们可以对它的剖面进行绘图，测量其深度，计算和鉴定其中包含的各种碎块。但是，单靠其中一种手段是不可能反映堆积速率的。比如在同一次发掘中，我们发现了两处相邻的文化堆积都包含了木炭屑、骨骼碎块和人工制品。虽然堆积及其包含物极为相似，但其中一个有可能是经历了几个世纪才形成的，而另一个只是一个下午就形成了。没有这些相关知识，我们不可能将那些堆积物与一餐或者几餐的饮食活动联系起来。考

---

[1] O'Connell and Hedges 1999, 2001.

察这些堆积形成是快还是慢，可以通过沉积分析和地质考古学来进行。目前地质考古学在考古学中的应用与生物考古学相比毫不逊色。从前的发掘虽然很好地记录了时间范围，却很难回答遗址使用的持续性问题，将地质考古学和沉积分析应用在现代发掘中更有可能解决这个问题。

在我们的摩拉维亚考古发掘中，你会看到有人收集石器和骨骼，有人为样品写标签，还有一群人却拿着薄薄的刀片在剖面那里细致耐心地工作。他们正在几厘米、几厘米地取下连续而且未被扰动的堆积。小心地切块取下，包装，写好标签之后，这些样品会被送到剑桥大学的实验室，使用树脂防腐，然后再切成小片，在显微镜下仔细观察堆积过程中留下的细微痕迹。正是通过这种方法，我们希望最终能够了解摩拉维亚火塘的反复使用和沙尘暴多次覆盖的间歇期究竟是一周、一个季节还是更长的时间。[①]

通过对地层的仔细观察，显然有些考古遗址的堆积确实是在短时间内迅速形成的，这个过程可能及时保留了人类几餐甚至一餐的瞬间。这可能是破坏性的堆积，将某个特定的瞬间埋藏在灰烬之下；也可能是海洋堆积，连续的海浪留下了它们的沉积物；或者只是一个灰坑，保留了一餐的剩余物然后被迅速回填。如果我们能辨认出考古遗址中的这些瞬间，就会对空间序列有更好的理解。近年来，对于空间排列信息的记录已经取得了很大的进展。传统的考古学强调年代序列，从前的考古发掘对于记录堆积最上层的遗物要求十分严格，却忽略了它们之间的连续性。事实上，对于空间序列的分析在解释很多问题（比如食物分享）时都可以为我们提供丰富的信息。

① French 2002.

烹饪之旅

现在,我们的摩拉维亚考古项目才刚刚开始,今后需要许多专家在不同的领域继续研究。接下来,我想谈谈我自己在这个项目当中研究的兴趣。这个兴趣根植于这样一种认识,那就是我所在的生物考古学领域,研究发展十分迅速,大大扩充了实验室里传统研究课题的范围。其中最吸引我的是对饮食分享活动的研究,这可能有助于我们理解人作为社会人和生物体的不可捉摸的相互影响。这种研究兴趣使我已经在一系列研究项目中获得了与我们想在摩拉维亚项目中取得的目标相一致的成果。每个项目都将想象丰富而操作细致的考古工作与令我们眼前一亮的珍贵发现结合起来,辨识出不同的饮食活动。许多饮食活动的年代只占摩拉维亚火塘遗迹年代的一小部分,也有年代更久远的,其中一个大约是摩拉维亚火塘遗迹的20倍。上述项目覆盖的年代范围不算太大,它们就像人类历史某段路程上的几级台阶,因为资料使用的便利以及饮食所代表的社会与生物现象信息丰富而被我们选中。

在这段烹饪之旅的最初,我曾计划在世界各地选择研究对象。在美洲、澳大利亚、欧洲也有许多类似的考古学研究案例,它们与欧洲的一样细致,而且有所创新。不过后来,除了少数几个关键案例之外,我的研究仍集中于欧洲,这样我就可以探索许多关联的主题。这要回到玛丽·道格拉斯的理论了,她认为饮食建立了某种形式的叙述,就像所有的叙述形式一样,它们与之前的谈话相互关联,重复或者重塑着之前的故事。今天,在北欧的一次宴席上,各类食物可能讲述了世界贸易所形成的现代"地球村"的故事,而这些菜肴与文艺复兴时期贵族享用的"高级料理"在形式上又是关联的。宴会的开场仪式或许会让人想到祭祀神灵的开幕式,一个领头

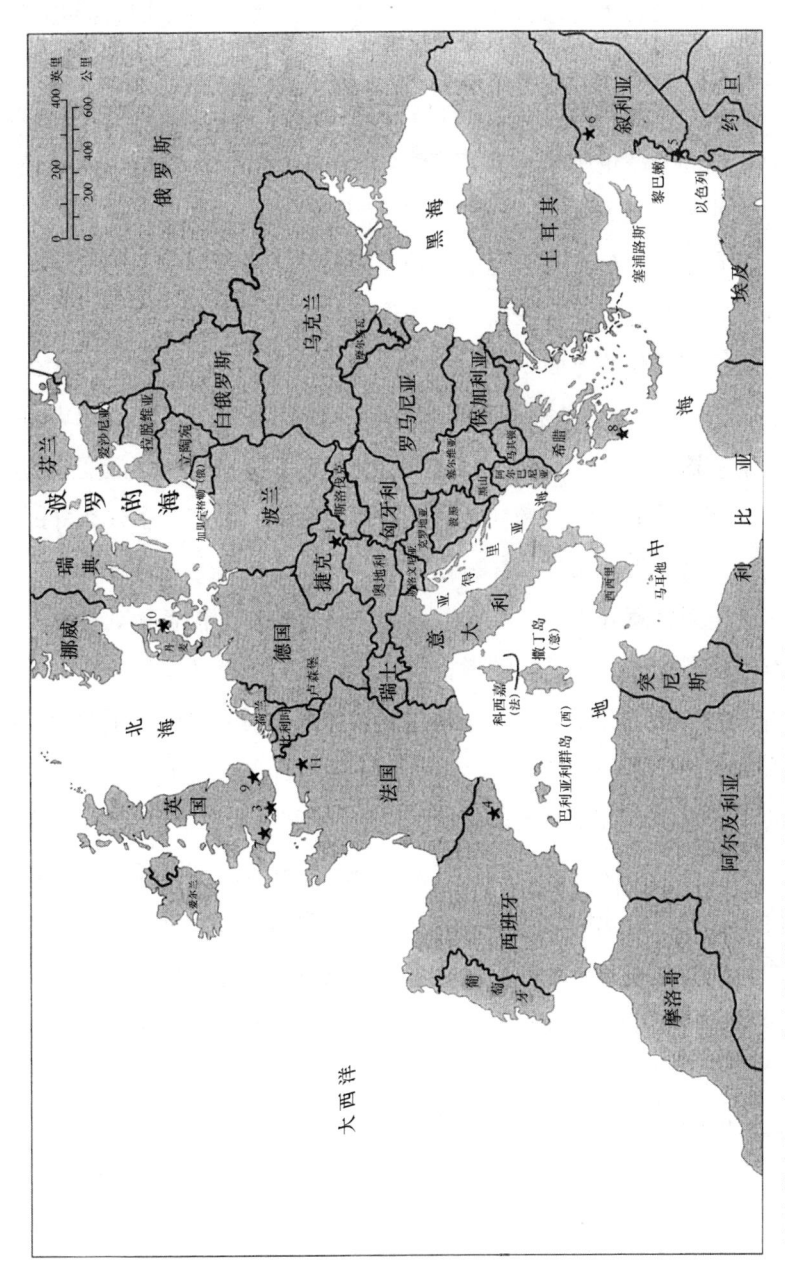

欧洲与地中海示意图，文中提到的关键考古遗址用其所在章号标出

第 1 章　再现火塘边的故事

的男子熟练地切下烤肉放在每个人面前，这分明再现了旧石器时代狩猎生活的古老传统。

随着时光的推移，这种来自厨房里的叙述距离我们越来越远，复原它们的概率也越来越低。虽然如此，在接下来的章节里，我还是尽力把对考古材料的观察转换为一种叙述，其中既有分析、记忆，也有虚构成分。我采用了一种虚构模式，把目前掌握的可供分析的材料联系起来。这些叙述首先告诉我们新的考古学方法可以解释古代饮食的哪些方面，进而提出一系列重要的问题，比如为什么"吃"这种最基本的生物机能会演变成一场充满礼节和仪式的华丽服装剧？这一切意味着什么？这种生物机能何时又是如何演变成为复杂的社会性能的？这场社会剧又对人类获取食物产生了什么样的影响？更进一步，人类的食物寻求是如何成为社会生活的核心的？

接下来每章开头的"纪实"叙述体现了我作为作者和观察者所带有的学科特点。由于我的考古学背景，我对一餐及其相关背景的分析采用了统一尺度——一个清楚的人类活动时空尺度。正如历史学家费尔南·布罗代尔（Fernand Braudel）所主张的那样[①]，社会性的人和生物有机体的人之间的相互影响可以归结为时空尺度的变动。我们通常会以长时段的尺度来看待史前社会，却以较短时段的尺度来看待距离我们更近的历史，这就形成了一种人类由主要处于生物有机体状态向主要处于社会人状态过渡的印象。每章开始的时候，我的观察采用了统一尺度，随后采用更大的尺度来体现合理排序的方式，目的在于能够较为公正地对待今天在郊区看电视的人、中世纪的修士、猿、罗马士兵以及尼安德特人。

本章提到的人类学家或许对这种探索有着不同的期望。马

[①] Braudel 1958.

文·哈里斯可能愿意展开时空尺度，揭示每种社会礼仪与不变的物竞天择、适者生存逻辑之间的关联，支持某种食物分享模式有利于人类繁衍而其他模式不利的学说。相反，玛丽·道格拉斯想要的是关于社会的一系列解释，在这里，礼节、举止、烹饪反映和记载着当代社会和世界的组织结构。杰克·古迪可能会顺着这一点继续推理。他曾提出，饮食中的语言不仅是对饮食所在具体环境的解释，事实上可以推广到更大的社会政治历史和地理范围中。"高级料理"在世界范围内的分布图可以将每个大陆与它们的社会等级发展联系起来，以此来观察历史的演变历程。加纳共和国并没有以"高级料理"区分精英阶层与大众的传统，杰克·古迪却发现在这里，现代化的进程部分地体现为都市饮食方式在宾馆、大学、商业场合和政府办公场所都流行着，就像一种烹饪世界语。[①]

　　人类的饮食对话确实具有一种全球影响力。除了每天在世界各地千千万万这种对话中实施广泛的政治、社会和经济影响之外，人类分享食物的生态影响是十分巨大的。新的调查显示，我们所在的生物圈中大约30%的主要生产力都是出于人类的需要。而在这个百分比当中，最重要的组成部分就是我们所食用的动物、植物以及烹饪所使用的燃料。我们已经从这个星球上征用了大量的资源，形成谷物、草类、燃料、家禽和牲畜的生产线，所有这一切构成了餐桌上多样的美食。如果我们回想一下家畜——这些和我们一样经历了自然选择的哺乳动物，就会意识到人类的发展历程是多么独特。

　　草场里的牛多数时间都在咀嚼牧草。它们进食的时候，自然而然地会开辟一块相对独立的地方，避免与同类的眼神接触，独自安静地、孤独地、无止休地进食和消化着。这是动物常见的共性，与

---

① 参见 Goody 1982：第 3 章。

人类充斥着习俗和礼节的社会化饮食迥然不同。我们的祖先，正是在某个时期，开始逐渐脱离动物的进食共性而形成特有的面对面的就餐方式。这种方式无疑是人类最核心、最具特色，也是最变化多端的特征。这种饮食方式的起源和早期历史长期以来人们并不清楚，不过，新的考古学手段和方法正在逐渐使它清晰起来。

第 2 章
人类是否与众不同？
——从猿的进食方式说起

作者在剑桥大学新学期宴会上与同伴在一起

坦桑尼亚贡贝自然保护区的一只雄性黑猩猩正在吃一只红臀猴的头

地点：坦桑尼亚贡贝国家公园

时间：1980年9月

母黑猩猩派森（Passion）带着她的家庭成员正靠近一棵马钱子树。跑在前头的女儿波姆（Pom）发出咕噜声，转过身来，碰了一下妈妈的额头。她继续往前跑，派森追在后面，发出低低的威胁声。他们都来到树下，派森立刻向树上爬去，3岁的派克斯（Pax）紧随其后。波姆看了看树上稀疏的果实，继续向前行进。派森在树上拿起坚硬的果实往树干上砸去，砸开后用嘴唇咬出果肉，就这样吃了大约10分钟。果实还没有完全成熟，带着苦味，派森边吃边流口水。派克斯也摘了些果实，不过他还太小，砸不开。不久，派森带着4个没有成熟的果实从树上下来，坐在地上舒舒服服地享用。派克斯乞求地望着母亲，最终得到一小块果肉。咀嚼果肉的时候，一滴口水顺着下巴流下来，派克斯马上抓起一片草叶，将黏黏的果汁擦去。他继续吃着，反复用草叶擦嘴巴。这点食物，他吃了5分钟之久，一共擦了9次嘴。派森根本不去理会这些,她吃完以后,整个下巴、胸口和双手都是口水和果汁。[1]

距他们不远,一位贡贝河研究所的女研究员正在仔细观察整个过程并做了详尽记录。也许过一会儿她就要返回研究所,与她的同伴一起分享食物。她对这些黑猩猩的观察经常从一大早开始,很晚才能结束。整个观察过程会持续几天,甚至几个星期。与派森一家享用的马钱子果大餐相比,这位女研究员与其他同事所分享的食物,与他们所在的这片森林疏远得多。派森所吃的果实就来自它身边的马钱子树,而人一餐中的许多食物可能来自离坦噶尼喀湖很远的地方,有些罐装食物甚至来自更远的地方,可能是不同的大陆。人类的这些食物已经脱离了它们的原生背景,不只是距离上的,还包括建筑和化学背景的脱离。它们被研究所的围墙和房顶包围,在厨房里经过化学加工和烟火熏烧,叶子、种子和肉成为烹调的成品。整个物理上和化学上的分离导致人类的食物远离了特定的生态环境。更为重要的是,我们在自然世界当中再也找不到与之类似的例子了。[2]

派森与波姆是母女关系。在寻找食物的过程中,她们显然具有一种合作关系。但是我们能感受到一种紧张的气氛,关乎谁将得到马钱子果实。派森与派克斯是母子关系,但派克斯还是需要乞求母亲才能得到点儿食物。而他们的观察者回到研究所,便可自由自在地传递和接收一盘盘的美食。这位女研究员也许会参加同事聚餐,与相识不过一个月、一个星期甚至一天的人坐在一起,从同一个盘

---

[1] Goodall 1986: 231.

[2] Goodall 1971.

子里分享食物,这丝毫不会令她惊讶。或许还有一些素不相识的进餐者面对面地坐在餐桌旁,而这种场面无疑会令许多动物感到对峙的威胁。人类用餐的不寻常的亲密气氛来自他们最为精华的品质,那就是一种与食物本身至少同等重要的用餐因素——无止境的、活跃的谈话。

尽管如此,派森的一餐还是与她的观察者的一餐有着许多共同特点。虽然派森的食物不像其观察者的那样来自一个全球化的生态系统中,不过这些食物来自派森生活的坦桑尼亚贡贝森林。在贡贝森林可辨识的600多种植物中,黑猩猩大约利用了其中四分之一作为自己的食物来源。有的食物柔软的叶子和花蕾,可以直接食用;另外一些比如豆荚、坚果和茎,就需要灵活地打开才能获得可食部分,幸好灵长类动物有敏捷的双手,还可以用下颌辅助。由于这些被打开的食物并不能长时间保存,所以他们需要有一种时间观念,并且对自然界的循环周期要有所了解。[①]

派森的一餐不仅需要灵巧的双手和对博物学的认识,同样带有社会性的一面。就像我们刚才提到的,派森与她的女儿波姆在马钱子树前确实存在一种紧张的关系。但是,考虑到寻找食物的动物数量,派森与波姆其实进行了一场比较复杂的社会性谈判。有人也许会把波姆的咕噜声与派森威胁性的声音误认为"语言",不过这些声音看上去从未构成过"句子"。贡贝的研究员们多年来已经理解了黑猩猩一系列的声音和肢体动作,其中许多表达了进食的欢乐。在许多雄性黑猩猩进食的过程中,首领可能发出一种类似"吃饭啦"的"啊啊"声,闻讯而来的进食者们挤进来,也会发出粗莽的

---

① 关于野生黑猩猩的饮食有很多参考文献,比如 Nishida el al. 1983;Richard 1985;Milton 1993;Malenky et al. 1994;Conklin-Brittain et al. 1998;Wrangham et al. 1998。本章的论述主要参考了理查德·兰厄姆(Richard Wrangham)的博士论文(Wrangham 1975)。

咕噜声。在派森一家的马钱子大餐中，波姆发出的轻轻的咕噜声是更常见的、表达尊敬的一种很"私人"的方式，由于她和母亲同时看到了马钱子树，所以这种表达方式无疑凸显了母亲更高的群体地位。而派森所发出的低低的威胁声确认了女儿的次级地位，潜在的含义是，在你母亲到达马钱子树之前，别想先吃！我们看到的结果是，波姆顺从地离去，把马钱子留给了母亲和弟弟。派森与她3岁幼子的关系，和与女儿之间的关系十分不同。如果派克斯年龄再大些，比如像那天缺席的哥哥普洛夫（Prof）那样长到9岁，就可以与母亲竞争抢夺食物了，他俩可能不断会发出、做出威胁的声音与姿势。普洛夫经常和他的亲人们待在一起，不过我们可以看到，在这顿马钱子大餐中他已经出局了，意味深长。他可能暂时加入了其他雄性群体，争夺社群中的等级地位，而那往往是一片喧嚣混乱。他年幼的弟弟仍然需要母亲照料。这些形形色色的交流建立起家庭当中统治者和顺从者之间清晰的社会关系，这种关系体现了家长在餐桌旁的领导和决定性地位。然而，派森绝不是黑猩猩中最有社会地位的成员之一。我们对贡贝森林中生活的黑猩猩社群观察得越仔细，就越能发现这里的食物分享所体现的社会性。

让我们回到小派克斯出生那年。那是一次对派森的长距离跟踪观察。之所以称为"长距离"，是因为当时她带着两个孩子穿越了山脊和沟壑，一路经过茂密树林覆盖的缓坡，这些缓坡一直向下通向坦噶尼喀湖。尽管这次跟踪观察是在干燥季节末期，空气仍然炎热。每当傍晚时分空气逐渐凉爽下来，派森和波姆就会将油椰子树的树叶剥下，将这些树叶搭在树的高处，做成过夜的窝。接下来的每一天，这个小家庭的成员们都会走上几公里，行程中大约一半的时间都用于觅食了。多数情况下，他们从一棵树跳到另一棵树上，采集树叶，如果季节合适的话，还会采集到花朵、果实和五倍子。

贡贝自然保护区的黑猩猩派森与她的两个孩子派克斯和波姆在一起（摄于 1978 年 11 月）

有时候他们也会吃树皮、木髓和树脂。就是以这种方式，黑猩猩们把大约 150 种植物作为食物来源，大约占贡贝森林植被物种的四分之一。①

　　派森的食物中包括如此丰富多样的植物，她却不是一个素食主义者。回到 20 世纪 60 年代，她其实是当年珍妮·古道尔（Jane Goodall）观察到的第一批使用工具钓白蚁的黑猩猩中的一员。在这个过程中，黑猩猩会拿起某种合适的工具，比如一片草叶，将其伸进已经掏挖出一个小洞的白蚁巢中，再小心翼翼地把它和粘上的猎物从洞中取出。在长期的观察过程中，研究人员还发现派森曾杀死过两只刚出生的长得像鹿的瞪羚幼崽，并且与她的孩子们包括普

---

①　Goodall 1986: 219-220.

洛夫和波姆，一起分享了有肉、血和脑髓的丰盛大餐。贡贝河研究所的人员坚持记录着他们行走的路程、建窝的地点、食用的动植物种类等。他们看到黑猩猩筑窝的残留物，地面杂乱无章的痕迹，扔掉的马钱子和其他果实的空壳，还有黑猩猩的粪便。研究者们用一个大桶把粪便装起来，在桶的底部钻些小孔，放进流动的河水中，这样河水会对粪便进行漂洗，直到把已经消化的部分冲走，留下那些大块的尚未消化的东西，比如肉类、果核和其他有助于我们了解黑猩猩食谱的东西。珍妮·古道尔对每个黑猩猩都很熟悉，还为他们取了名字，记录他们的饮食起居。通过这种方式，我们可以了解谁与谁一起共同外出觅食了，哪些黑猩猩聚集在一起分享了食物，或是威胁了对方，以及谁又和谁发生了性关系，等等。不同的黑猩猩群体以各种方式拆散又重组，重组的过程中充满了觅食、温柔、暴力和流血事件。派森在被跟踪观察的过程中，表现得很不社会化，只与自己的直系亲属在一起，避免与其他母黑猩猩接触，而她们似乎也避免与派森接触。这样做是有理由的，和许多喜欢吃瞪羚、南非野猪、狒狒或是髯猴的猩猩不同，派森和她十几岁的女儿波姆已经开始喜欢吃自己的同类了，并且在过去的几年中不断恐吓其他黑猩猩母亲，残忍地抢夺她们怀中的新生儿，甚至当着这些失去孩子、身心皆遭受创伤的母亲的面，吃掉这些幼崽。[①]

　　让我们回到派森、波姆和派克斯享用马钱子大餐的十年之前。当时派克斯还没有出生，波姆那时就像现在的派克斯这样大，我们在贡贝的黑猩猩中间还能看到一些带有社会化色彩的饮食活动。当时的派森，一点儿也不像现在这样粗暴，而是珍妮·古道尔眼中标准的教科书式母亲——正常地哺育波姆，她的幼女也经常自由地闲

---

① Goodall 1986: 283-285, 351-356.

逛。直到有一天，她参加了一场从早上8点开始持续到下午5点半的大餐。[①]

当时，整个卡萨克拉（Kasakela）黑猩猩社群中最优秀、最有权威的成员都在现场。这个社群的名字是由研究人员取的，源自这群黑猩猩的居住区，即从卡萨克拉到卡克姆贝（Kakombe）河谷地带。这个区域位于贡贝自然保护区的中央，也是研究所的位置。宴会的中心是社群的雄性首领——麦克（Mike），一个喜怒无常且不讨人喜欢的家伙。凭借着自己的勇气、智慧，以及利用研究所周围的空煤油罐恐吓其他同伴的手段，他一路爬上今天的位置。麦克抓住了一只年轻的髯猴——这次宴会的焦点，杀死这只髯猴的行为吸引了其他的雄黑猩猩。这些雄黑猩猩在生命的某个阶段，也有可能跻身较高的阶层。在场的雄黑猩猩有麦克上台之前的首领格里阿斯（Goliath），现在是他的朋友；还有未来即将取代麦克成为新首领的费根（Figan）。不久之后，在他哥哥和伙伴——残疾的费本（Faban）以及我们待会儿要提到的他母亲的帮助下，费根会成为这个社群阶层的顶级角色。接着到来的是查理（Charlie），它永远不会成为卡萨克拉社群的雄性首领，不过几年后它会带领一支队伍脱离卡萨克拉，向南迁徙到达卡哈马（Kahama）流域。

一些强有力的雌黑猩猩也聚集到宴会中，比如处于青少年时期的梅莉莎（Melissa）和诺普（Nope），还有曼迪（Mandy）和雅典娜（Athena），雅典娜还带来了她一岁的女儿阿托拉斯（Atlas）。不过，这场宴会中最值得注意的雌黑猩猩不是她们，而是比她们年长两倍，在整个社群，无论雌性还是雄性，都有着相当的地位——女家长费萝（Flo），现年将近40岁，是宴会中4个成员，即未来的

[①] Teleki 1973.

雄性首领费根、他的哥哥费本、他们10岁的妹妹费菲（Fifi）以及4岁的弟弟费林（Flint）的母亲。她一生与社群中的许多雄黑猩猩都有过性关系。她怀上费林的时候，甚至有14个雄性成员成为她的随从，其中一个就是现在的首领麦克。8年之后，她成为第一位出现在《星期日泰晤士报》讣告上的非人类成员。讣告内容摘录如下：

> 虽然一个月已经过去，可我们还是不能相信费萝已经离开了我们。在过去十多年间，这只老黑猩猩已经成为贡贝河不可或缺的组成部分，我们怀念她被撕破的耳朵、球状的鼻子、偶然充满野性的性行为、大胆有力的个性……她就躺在卡克姆贝河边。当我帮她翻过身来，她的表情平和安静，没有任何恐惧或痛苦。她的眼睛依然明亮，身体依然柔软。①

在这个群体的中心，变化无常的麦克掌握着髯猴大餐的分配。或许是由于目前的首领地位还不够稳固，他试图表现为一个慷慨的食物分发者。在接下来的9个小时里，研究人员观察到大约40次其他黑猩猩与麦克进行协商分享食物的场面，以及大约相同次数为再细分食物而在群体外围进行的协商。在这些协商过程中，偶尔会出现攫取的行为，不过多数仍通过恳求的方式，比如凝视、轻触，甚至是孩子般发怒的表情。对于这些行为，地位较高的成员要么会踌躇地拒绝，要么会爽快地分享食物。

3岁的波姆从母亲身边走开，要去参加这场宴会，她只向麦克提出了一次不合理的请求，就遭到拒绝。通常情况下，参加宴会的4个

---

① 《星期日泰晤士报》（伦敦），1972年9月，转引自 Goodall 1986：79。

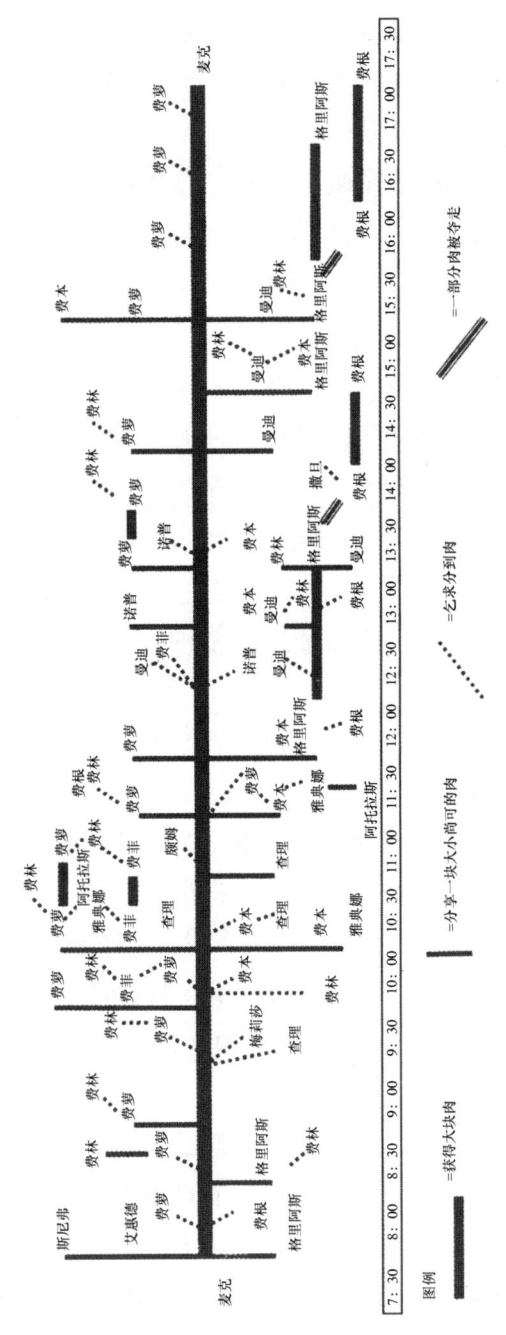

贡贝自然保护区的祖玛·特雷基（Giza Teleki）记录的持续一天之久的黑猩猩分食一只疣猴的"宴会"过程

第2章 人类是否与众不同？——从猿的进食方式说起

孩子只能通过雌性获得食物，或者是从一些顺从的雄性比如前任首领格里阿斯那里获取。唯一从麦克那里直接获得食物的孩子是费林，不过他的情况很特殊，因为他母亲是所有来宾中最成功的接纳者。整个宴会中，麦克直接向费萝传递大块的肉，这样的行为共有12次。

这一天结束的时候，在聚集起来的17只黑猩猩当中，有13只成功分享了疣猴。对整个宴会中食物分享活动的详细记录揭示了一个完整的关系网。当地位低的黑猩猩发出乞求或者恳求的信号时，地位高的黑猩猩将食物传递给他们，表示强调了他们之间这种关系。这样，食物从雄性首领传递到低层级的雄性那里，再由雄性传递给雌性，有时这种传递还伴随着性的许诺。再从成年黑猩猩那里传递到幼崽，特别是从母亲传递到孩子那里，其他任何物种也会这样做。

依然陌生的物种

读到这些与我们最亲近的物种分享食物的翔实记录，亲和与敌对，细微的灵巧和血腥的暴力，这一切把我的思绪带到不久前我刚刚参加的一次剑桥大学的宴会中。那次宴会也有来自许许多多不同植物种类的丰富多样的叶子、种子、果实、根、块茎和调料。在这个植物的大背景下，整个宴会还点缀着少数动物，虽然没有真实的屠宰场面。就像贡贝的黑猩猩一样，我与自己的同类聚集在一起，不断变换位置，在不同的情况下分享食物，每一个特定场景都以不同的方式体现着阶层与地位的差异。

在剑桥大学的宴会上，许多来宾都是我以前从来不认识的——换言之，他们对我来说完全是陌生人。在自然界这是最不同寻常的事情。即使与我们亲缘关系最近的物种，也不会像人类这样，能与陌生人聚集在一起分享食物，尽管我本人也并不那么容易与陌生人亲近起来。如果我自己带着午饭到公园里去，我会保留私人空间，不与周围其他吃午饭的人混在一起，我们都沿着草地划分出一块一块的边界坐，就像在牧场吃草的动物一样。不过人类饮食活动的界限毕竟更具社会化的特点，也更强调特定的空间背景。同时，我们的饮食从生态上来讲范围更广，涉及了一个遥远而宽阔的全球化生态系统圈。

把人类这个整体划分开来的边界有着许多形式。性别与死亡可能是最为常见的区分方式，不过在我最近参加的宴会中，并没有真正出现过这样的情况。身体的接触往往要限制在规则允许的范围内，比如我与食物的接触、食物与食物之间的接触是可以的。在最近的那次大学宴会中，扫视了刀叉、盘子、桌布等之后，我发现自己的座位周围一共有13种用于饮食的餐具，这样就可以确保没有人会打破规则。除此之外，我还看到四周的墙和门将食物制备、消费和废弃等环节适宜地隔开。用人类学家玛丽·道格拉斯的话说，确立规则的每个细节都很严格。我还要用大约10种服装类物品来修饰自己，看上去要像规则要求的那样得体，这些物品包括学袍、晚宴礼服和相关饰物，比如礼服衬衫的袖扣、领带等。这10种物品里面有7种是我专门为参加宴会而定制的。

与这些规则和社会阶层界限相伴的还有宴会中食物所体现的显著的、无限广阔的生态范围。贡贝森林黑猩猩的食物有着与人类食物相似的多样性，不过这些食物始终局限在森林本身所提供的资源范围内。贡贝森林向南大约140公里，在坦噶尼喀湖边还蜿蜒着马哈尔山脉。在这里，也有研究人员对黑猩猩进行长期观察。马哈尔山脉拥有丰富的植物资源，其中三分之一到二分之一的植物种类被当地黑猩猩作为食物来源。有意思的是，马哈尔山保护区的黑猩猩与它们在贡贝自然保护区的同类选择的食物有很大差异。将两地黑猩猩的食谱放在一起，我们可以得到一份完整的黑猩猩可食用植物名单。不过，其中只有不到60%的种类是两地黑猩猩共食的。坦桑尼亚的黑猩猩们在国家森林中活动时，会不断见到一些其他地区黑猩猩喜欢吃的植物，不过它们却对此视而不见。这种黑猩猩群落之间的"文化"差异在其他方面也有所体现，比如它们在钓白蚁时会使用不同的东西插入白蚁洞。我们对黑猩猩社群了解得越多，越能感受到它们的行为在生态空间上有多局限。①

当我参加大学宴会，坐在指定座位上时，面前摆着来自世界各地的食物。在宴会的不同阶段，我们尝到了最富含热量、在目前全球人类食物链中占主导地位的几样：起源于西南亚的小麦、起源于南美的土豆和起源于中国的稻米。食物纷繁多样，来自食物链上上下下，我们可以品尝来自各大洲海洋、天空、河流和陆地的食草动物、食肉动物的佳肴。关于黑猩猩的饮食对非洲大森林的影响我们所知不多，不过人类对餐桌上丰富食物的追求，却在日复一日地破坏着我们赖以生存的环境。毫不夸张地说，人类给环境带来的压力丝毫不亚于冰河运动、火山爆发和彗星产生的影响。

我并不经常参加这种盛大宴会。不过，对普通聚餐的餐桌进行观察，也能发现类似特点。比如像派森一家的观察者珍妮·古道尔期待的那样，回到研究所吃饭。珍妮·古道尔在她的好几本书中都提及这样的普通就餐：从早上5点半匆匆忙忙地吃点烤面包、喝点咖啡的草率早餐，到傍晚在阳台上放松的晚餐，或是有时候像黑猩猩那样在夜空下露营吃东西。即便是在营火边露天吃的晚餐也带有显著的人类特点，就像我们的大学宴会那样，露营的人们面对面围成一个聊天的圈子，除了吃东西之外，他们还放松地交谈、窃窃私语或者放声大笑。与珍妮·古道尔一起露营的可能有她亲近熟悉的

---

① Nishida et al. 1983; Malenky et al. 1994.

人，比如她的丈夫胡戈（Hugo）、妈妈温尼（Vanne）以及研究所的同事，或许也有一些不熟悉的人，有的人可能是第一次来坦桑尼亚或古道尔的研究所。这些简单的会餐就像一出戏剧，以举杯畅饮或者播放音乐开始，以咖啡和游戏结束。在开场和谢幕之间，常会陆续献上烤豆、罐头牛肉、西红柿、洋葱以及香蕉等食物。何时往餐桌上放哪种食物，取决于不同的文化习俗，就餐者所享用的是预先设定好的一道道带有文化意味的菜肴。圣诞节时，这个偏远而特殊的非洲研究所的宴会将与大多数英语地区紧密联系在一起。如烤鸡加水果布丁，它将古道尔与她的出生地（伦敦）以及英国传统联系起来。单说水果布丁，其中就包含了来自欧洲的无花果、葡萄干和白兰地，加勒比海的糖，斯里兰卡的肉桂和丁香，还有香料群岛的肉豆蔻，看到这些就如同在读一张英格兰的"全球殖民地图"。

　　就像贡贝自然保护区研究所的这些食物一样，大学的宴会也包含丰富的社会信息。我穿去就餐的服饰中最不寻常的是那件学袍，它的款式和长度，以及上面不成对的贴花图案，在向那些与我一起用餐的人们暗示我曾获得过哪些学位、这些学位都是哪些大学授予的等信息。复杂的开场仪式和宴会进程要求我穿着学袍坐到某个特定位置，为了这个位置我花费了人生中的大部分时间，也付出了大量精力。环顾四周，我看到自己从前在类似宴会中曾经坐过的位置，那是在别的庆典仪式中。宴会中显然有些人是新来的，他们与宴会主人紧挨着坐在一起，细心地留意着宴会进程中每个细节的引导词。在我周围，还有几个位置是以我目前的资历所不能坐的。这个精英群体的核心位置属于我们的"雄性首领"，只有他就座之后我们才能就座，只有他开始品尝一道新菜之后我们才能吃。他先从桌边站起身来，我们要紧跟着站起来。在就餐过程中，我们不断按照某种顺序站起来又坐下。在某些情况下，有时带着醉意，我们大声抱怨着那些餐桌边没有真正出席却地位尊贵的人物。其中一位是我们这个部族的法定首领，另一位是我们这些老人最终都要向他报到且备受尊敬的神，还有一位则是施与我们恩惠并使这种宴会每年一次永不间断地轮回开展的祖先。

恐龙的亲昵？

经过40年来对贡贝自然保护区黑猩猩的观察，研究人员熟悉每一只黑猩猩并给它们分别取了名字，对它们的血缘关系也很清楚。看上去黑猩猩远不只母亲与孩子或是求偶者与被追求者之间分享食物那么简单。在大自然更宽广的范围内又是怎样的情况呢？其他物种的进食过程具有多少社会化的特点？

在恐龙还没有灭绝的时候，我们推测恐龙母亲与孵出不久的小恐龙很快就成为相互独立的觅食者了，至少我们对现有爬行动物的观察结果是这样。在蜥蜴家族的一个小型群体"石龙子"中，母亲在孩子出生两个星期之内允许它们从身下获得食物，但两周之后这种哺育就到此为止了。至于鳄鱼，家长会守候在卵所在的巢穴中，直到小鳄鱼破壳而出，不过从这一刻起，鳄鱼家长就开始为自己的生计忙碌去了。海龟和鬣蜥的母子独立性更甚。母亲找到一处潮湿的地点，或许在岩石下，或许在碎石间，或许在泥浆中，产卵之后就离开了，下一代必须完全依靠自己出生、长大。对爬行动物和多数两栖动物，以及动物王国的许多其他成员而言，觅食是一种完全利己的行为，是个体为了生存而付出的努力。时至今日，伟大的恐龙消失，其他动物逐渐多样化并继续主宰这个星球的陆地和天空，不过他已不再是延续古老利己传统的物种了。

一只哺乳动物幼崽刚出生时，或者小鸟刚从鸟蛋中孵出的时候，它们的母亲是不会与之争食的。相反，母亲的行为带有一种"前社会性"。它们会花费大量时间和精力来照料幼儿，而没有为自己的健康着想。母亲保护着孩子，为它们遮风挡雨，嘴对嘴喂食，或是将食物弄碎了让幼儿食用。尤其是鸟类，鸟爸爸会肩负起为幼儿和鸟妈妈寻找食物的重任，有时甚至全靠鸟爸爸一手操持，既要寻食、喂食又要保护幼儿。所有的证据表明，父母与孩子之间的这种"前社会性"是分享食物特性的起源，这也是自然界中唯一真正普遍的、主动分享食物的行为。这种"前社会性"的喂养幼儿的行为在我们的直系血亲——猿当中显然存在，并且，还在喂养的过程中使用前肢做辅助。它们会使用灵巧的手指把单纯的嘴对嘴喂养发展成用手把食物放到幼儿嘴中或是放到幼儿手中。当然，在哺乳动物和鸟类中，嘴对嘴的喂养方式是主要的。在非洲南部卡拉哈里沙漠的昆人（Kung）和巴布亚新几内亚独立国的高原居民当中，我们也会发现这种现象的人类版本，这种方式有时被称为"吻食"，即母亲会充满爱意地将一口食物嘴对嘴地喂给婴儿。[1]

食物与性别

类似父母对幼儿的关爱行为常常也会出现在求偶期。好像这种父母对孩子的爱护行为就是从求偶期的恋人们那里"借"来的。至少分享食物时嘴对嘴或者喙对喙的方式是这样。许多鸟类，从大乌鸦到鹦鹉，从银鸥到啄木鸟，它们喙对喙分享食物的行为不仅限于父母与孩子之间，还表现在一对雌雄鸟儿之间。在求偶期，这种行为真正传递食物的功能可能已经消失，只是用嘴与嘴的接触表达亲

---

[1] Rosenblatt 2003；参见 Eibes-Eibesfedt 1970；第 7 章"敌对情绪的解药"。

密的感情。海狮会与它的幼崽磨蹭鼻子，在求偶期也会与配偶这样做。一只雌鼩允许孩子的口水滴在自己嘴上，也允许它的雄性配偶这样。我们知道在某些社会群体当中，人们采用"吻食"的方式喂养婴儿，不过这种方式可能也会出现在一些不需要真正传递食物的场合。在另一些群体中，嘴对嘴的亲吻已经成为恋人们的专利。[1]

喂食与恋人之间行为的相似性或许可以理解为繁衍后代的需要，不过性别差异并不只在恋人和配偶之间发挥作用。食物和性也可以通过一种更直接的方式联系起来，那就是它们都会带来感官的快乐。确实，二者或明或暗地可能会存在一些交易。这一点可以在我们人类中观察到，也能在我们的近亲之一——倭黑猩猩那里观察到。

这种矮小的灵长类动物，最初被误认为是还没有发育成熟的非洲黑猩猩，直到1933年才被认定为一个独立的种。从那时起，对倭黑猩猩的观察不断显示，它们的性行为与人类有着极大的相似性。它们雌性之间的性行为更为流行，同性或者异性混合的群体里会出现各种各样的性姿势，用以缓解紧张状态，也使它们更为社会化。不出我们所料，倭黑猩猩的很多行为，包括分享食物，都体现了性别特征。刚果民主共和国中部洛马科（Lomako）大森林的研究者们携带着录音机、摄像机、便携式天平和卷尺来到伊恩格（Eyengo）群落对倭黑猩猩进行实地观察。他们详细观察和记录所见所闻，这些动物先是挑选了面包果，然后分享这些食物，中间偶尔会去捉松鼠或是其他小猎物。研究者们绘制了与它们进食相关的行为图，这些行为多数与性相关。最常见的一种行为是两只雌性倭黑猩猩互相摩擦生殖器，作为分享面包果的美味果实的序曲。交配也常常成为交换食物的筹码，虽然并不总奏效。研究者记录了一只

---

[1] Eibes-Eibesfedt 1970；第8章"是什么在维系着人类群体？"。

拥有食物的雄性倭黑猩猩和一只精力充沛而在乞求食物的雌性倭黑猩猩之间的持续性行为。经过 7 次交配，这只雄性倭黑猩猩仍然连一口面包果也不肯给那只雌性倭黑猩猩。[①]

这一切看起来与剑桥大学的宴会十分遥远，不过我们的进餐过程也与性别有关系，当然并非类似倭黑猩猩的行为方式，正好相反，对这种行为方式存在禁忌。现代人的进食过程中，通常会排斥与性有关的行为。在过去的几个世纪里，剑桥大学曾限制异性共同进餐，防止这种事情的发生。20 世纪 60 年代，珍妮·古道尔来到剑桥从事她的博士课题研究时，她都不能正式注册成为她导师的学生，更不要说与他一起参加大学宴会了。如果珍妮·古道尔早出生半个世纪，她甚至不可能进入剑桥大学学习。再早半个世纪，那些大学宴会的嘉宾们甚至被要求禁欲，也不能结婚。

以道德规范约束饮食绝不只发生在这些比较单纯的环境中，它在全世界各种社会组织中普遍存在。确实，人类的饮食受到各种各样的道德框框限定，比如性别、年龄、阶层和种族，进食的人们通常不会意识到这些规则是可以协商改变的。种种规则在某一个时间被某一些权威制定，这些权威，一半是人类，另一半是所谓的神灵。行为的规则就这样一代一代传递下去。

这些规则似乎可以将我们和我们的近亲区分开来。黑猩猩与倭黑猩猩显然拥有社会组织结构，并且有着共同的阶层意识。很明显，它们总是在一个广义上同性的圈子中活动、觅食。虽然如此，我们还是能感觉到其中存在很多可变动的策略，这些策略使它们在不同的地点以不同方式不断进行重新组合。一个 3 岁的孩子跟随母

---

① Hohmann and Fruth 1996；具体研究参见 Fruth and Hohmann 2002；Kano 1992；关于小倭黑猩猩的生活习性参见 De Waal 1997。

亲觅食是常见现象，但是有点缺少照料的波姆也会独自走开，去参加一次盛大的"权力宴会"。可能通常情况是雄性进行捕猎，然后将猎物分配给一个较大的群体，而雌猩猩钓白蚁和采集植物，并且与亲近的家人一起分享食物。可是，某些情况下的雌性比如派森，也会狩猎，而植物食物的分配也不总局限在一个小家庭内部。黑猩猩与倭黑猩猩的生活受到社会规范和生态现实的双重限制。在这个机动灵活的限制范围内，它们比较自由地生活在自己所属的生态系统中，祖先们传下来的经验教导对它们并没有多大影响。现代人生活在一个更为开阔也更全球化的生态系统中，不过却把自身限制在一种更严格的社会"建筑"当中。称其为"建筑"，是为了强调这些限制是永久存在的，并且它们来自这些受限制的人群之外，又一代代毫无遗漏地传递下去。现代世界的建筑空间将我们的行为划分为几种不同的类型。在某些空间内，我们是社会人，坐下来聆听彼此的谈话或是欣赏音乐，创造也享受着文化产品。在另一空间内，我们是生物有机体，满足自己身体的需求，睡觉、洗澡、洗衣服，或是生病、康复。在其他地方，我们又是经济动物，我们翻动土地，使用机器，创造财富，这些财富正是我们作为社会人和生物有机体存在的基础。然而，对我们的另一些行为很难进行归类。这些行为体现了我们作为社会人和生物有机体的整体。这些行为的社会性和仪式化特点，成为联结我们不同特性的通道，显示着人作为社会人和生物体的不可分割性。

起　源

对黑猩猩和倭黑猩猩的观察使我们开始反省人类自身及其特性。重要的是我们得记住，从进化论的角度讲，这两个物种是我们的近亲，却不是我们的祖先。它们是进化谱系中的一支，却不是我们这支进化谱系的组成部分。它们的进化史，同样充满了环境变化以及应对措施的变化。通过比较生活在两个截然不同的森林中的黑猩猩所吃的食物，我们就可以明白这一点。演化谱系中，除了黑猩猩和倭黑猩猩，还有其他200多个现存灵长类物种，它们都有自身进化史。对于这些资料，我们可以做的是，将人类演化谱系中现存物种的某些共性与古代化石联系起来，向前追溯进化的历史。

多数灵长类动物有一个显著的共性，即都是社会动物，它们不只是父母与子女待在一起，还有更大范围的群体生活。灵长类包括猴、猿和我们人类在内的一支，其社会化形式多种多样，有时你观察10个个体之间的社会关系网，只有其中3位存在社会关系。我们理所当然地认为猴和猿的祖先也像它们现在这样具有一定的社会性。在埃及的法雍（Fayum）采石场，人们发现了猴和猿的祖先化石，至少是与它们有血亲关系的化石，定名为原上猿（*Propliopithecus*）。它的牙齿和骨骼堆在高大繁茂的树丛边，这些炎热潮湿的雨林已经存在了3200万—3500万年之久，有些石化了的树干至今还在。这些化石属于一只像猴一样的小型灵长类动物，从肢骨来看，它具有灵长类典型的特征即四肢灵活，这使它可以毫不费力地爬上高高的树干，用灵巧的手指和牙齿剥去果子的外壳。它的颅骨有点像狗，脑容量大约30毫升。这种脑容量在灵长类中不算突出，不过与其他多数动物相比还是较大的。脑容量的变化是衡量动物能否从事复杂社会活动的标尺。[①]

我们对接下来一千万年间猴和猿的复杂社会生活增加了不少

---

① 关于猿类和人类社交进化的讨论参见 Foley 1989；Foley and Lee 1989, 1996；Maryanski 1988；Foley and Lee 1991；Dunbar 1993。

了解。从那时起，人类所在的进化路线分为猴和猿两支，这也使我们对这两个亲近的物种更为关注。生活在非洲森林中的多数猴都是按照母系来建立社会群体。围绕着食物来源，由母亲、姐妹、女儿组成群体，周围则是数量不等的雄性群体。考虑到父亲和母亲在繁育下一代中的不同角色，这种模式显然符合生态逻辑。从理论上讲，母亲要经历一段艰苦的繁育期，怀孕、哺乳以及将孩子带大直到能够独立生存。这一切需要大量的精力，同时更增加了对食物的需求量。食物对母亲来讲是件头疼的大事，要实现最大限度的成功进化，要给母亲们充足的食物和一根木棒，让她们能喂养和保护孩子。而繁殖下一代对于父亲不是什么挑战，他只需要尽可能地使雌性受孕就可以传递自己的基因了。这种假设显然认为性行为的发生过程是没有什么挑战的，不过这并不适用于所有雄性。就像研究人员在贡贝自然保护区观察到的，为了赢得雌性的青睐，雄性需要与其他同性竞争，要证明自己在获取食物方面更有优势。这样看来，雌性繁育下一代必须依赖食物，而雄性繁殖下一代则必须依赖雌性，这个规则可以用来解释今天森林中猴的社会组织结构，它们当中的雌性总是围着食物打转，而雄性则围着雌性打转。这种现象甚至可以追溯到2500万年前它们的祖先那里。对于我们所属的猿类支系，情况则更为复杂。

现存各种猿类与它们共同的祖先所采用的社会形式并不相同。红毛猩猩倾向于独处；长臂猿则组建一雌一雄的家庭，当然在保卫地盘的时候性别发挥同样重要的作用；雄性大猩猩往往占有多个雌性；黑猩猩和倭黑猩猩会不断离开和重组它们所属的社会群体。这种非单一的、具有弹性可变化的社会组织形式构成了猿类进化的显著特点，这种弹性既体现在不同猿类之间，也体现在同一物种内部，包括人类在内。大量个体组成的大型社会组织需要相当的脑容量来进行内部管理，而处理这些大型组织之间的关系则需要大脑发挥更大的作用。的确，我们看到某些猿类的脑容量大得非同寻常，尤其是距今200万年前后分化出的一个属——人属（Homo），即我们现代人所在的属。[①]

人类何以独特？

关于人类区别于动物的显著特征有各种说法，但这些说法已经被我们观察到的灵长类近亲的资料逐个推翻。最著名的说法是，人类可以使用工具来加工和消费食物。然而，现在我们都知道，使用工具的行为在我们的近亲以及许多其他哺乳动物甚至鸟类中十分普遍。[②]还有人提出，人类和动物的区别在于他们对于大自然的历史有着丰富而深刻的了解。人类丰富多样的食物，包括人们熟悉的数以千计的物种和许多还不太了解的食物，都被解释为人类拥有分类、再辨别和实验的能力。这些食物许多来自植物界，但是从珍妮·古道尔开始，研究人员不断发现灵长类动物也捕猎其他哺乳动物，这显然剥夺了"人作为狩猎者"在大自然中独一无二的地位。与捕猎大型动物相关的是在家长-孩子的系统之外分享和协议分配食物的问题，同样，这种协议分配食物的现象在其他物种中也被发现过。

这些特征都不足以使人属与其他物种区分开来。他们还处在早期人类演化到截然不同分支的开始阶段。不过，在许多情况下这些变化的尺度和多样性是很大的。比如我们使用的工具更为复杂，我们的自然历史也更复杂。伟大的考古发现用早期人类捕猎动物的大小证实了变化的尺度。人属早期历史中捕猎的动物可能超出了猿类猎物的

[①] Foley 1989; Foley and Lee 1989, 1996; Maryanski 1996.
[②] Wrangham et al. 1994.

20倍甚至更大。在后来的史前社会遗存中，我们发现人类捕猎了许多大型动物并且进行了分享的宴会，参与宴会的人可能数以千计。

除了上述量的区别，人类遗存在质的方面也很独特。这使我们回到了玛丽·道格拉斯关于饮食是一种结构化了的语言的论断上。我们的近亲黑猩猩花费大量的时间觅食，它们的进食行为通常是连续不断的，也带有机会主义色彩。我们人类觅食则是周期性的，每日、每周、每月、每个季节、每年甚至一生中都可以划分出几个周期。每一顿饭都有始有终并且带有某种戏剧性色彩，有先后顺序。不只剑桥大学的宴会如此，贡贝自然保护区研究所的工作餐也是这样。这种饮食的体系和顺序还局限在固定的建筑当中，不仅仅是允许（或反对）就餐的空间，还有食物生产的背景，由一块块土地和农田所构成的景观。现代食物主要来源于农业，事实上，农业可以被视为将植物、动物和人类紧密联系在特定空间和时间范围的一种严密组织。

本章开头描述的1980年派森、波姆和派克斯在马钱子树前的一天并非特例。我们提到的那次10年前持续一天之久分食一只红髯猴的宴会也不特殊。那只猴子大约重20公斤，对于早期人类来说，确实算不了什么。考古发现的证据表明，早期人类曾捕食重达几百公斤的大型猎物，当时他们还只是拥有较大脑容量的灵长类动物。接下来我们将探索人在生物标尺上的两个显著变化，提出与之相应的社会组织结构，以及与社会组织的结构方式、秩序相关的问题，并集中探讨其中最大变量——交流（communication）。

第 3 章
围猎大型动物

50万年前，早期人类在英格兰南部海岸博克斯格罗夫屠宰一匹野马的复原场景

大约 50 万年前，英格兰南部毗邻奇切斯特的博克斯格罗夫（Boxgrove）上演着这样一幕：

一匹母野马跌倒在水塘边，杂草掩盖了它的身躯。从悬崖上望去，只有那支插入它肩膀的硬木细柄长矛忽隐忽现，它似乎正跌跌撞撞地穿越泥滩。一群人从铺满碎石的山坡上急匆匆地向这边跑来，加入抛矛者的行动中。领头的是他们当中的佼佼者，他为这次捕猎开了个好头。尽管其他人已经追上那匹受伤的野马，但周围仍有几个人在布满燧石块的坡地上逗留。因为他们知道，最终也有机会分享这猎物。空中成群的飞鸟开始盘旋，似乎也揣了同样的心思。一些人在坡地上翻动着，一些形状规整的燧石被挑选出来作为打制石器的石核；另一些人则随身带着他们精心制作的石器。

小心地穿过盐沼、小溪和泥洼，他们到达了目的地。比他们还快的同伴们已经放倒了这匹野马，围在四周。他们警惕地睁大眼睛，审视着地平线。这片开阔的水域危机四伏，鬣狗和大型猫科动物随时可能出没。假如狮子靠近，他们将不得不舍弃猎物逃命，为此要始终保持警戒，也许需要几个小时的时间。挑选来的燧石块被分散地放到猎物周围选好的地点。

下面的行动为最后的高潮做准备。每个人都将长矛放到身边，拔出腰间的鹿角锤，来到选好的地点，一条腿伸开，另一条腿弯下膝盖做砧，开始打制石器。打击正确的着力位置至关重要，若打击的位置不对，或者用力方向有误，那么整个石核就不易破裂。而自然流畅地打击正确的着力点，就像人呼吸或者行走一样不费力气，石头会从节点处裂成两块，露出来新的潮湿的闪光的深蓝色石面。

几分钟后，那些湿润的石面逐渐变干，颜色也随之暗淡下来，新形成的棱角看上去不再锐利。在接下来的几个小时里，它们会成为工具。经过反复打击，一个个球状石核变成了光滑的卵圆形，原有的白色表面打击后露出内部微微泛光的深蓝色。打击下来的部分，则被加工成猎人们随身携带的锋利工具。

领头的猎人带着他的屠宰工具或者"手斧"，向猎物走来，负责警戒的人们给他让开一条路。他先是用手斧在猎物颈部动脉上切下去，确保猎物死亡，然后顺着腹部向上屠宰，新做的石片工具一直划向颈部。接下来马上开始处理头部，割下马舌头，砸开马头。那些在围捕活动中出了力的人开始商议要为自己争取到柔软易食的部位。当野马的肝、肾、胃和其他内脏都被取出之后，人们关于食物分配的热情愈加高涨。不过与此同时越来越多的人聚集过来，分享食物的队伍正在扩大。

随着越来越多的人加入，现场开始变得拥挤。有人准备用性作为交换食物的筹码，在一餐结束之前，这样的提议会在不同情况下被接受。年轻的母亲们央求着，希望能得到几块肉，最好能获取柔软肥腻的野马脂肪。拥挤推撞着的男性们偶尔会毫无争议地同意这些母亲的要求。

当人们的胃里逐渐填满了食物，猎物周围慢慢安静下来。负责警戒的人感觉到一种更为静谧的气氛。峭壁上的树丛里，正潜伏着一群鬣狗。到目前为止，它们一直徘徊在幕后。人群中有两个人分别钳住猎物肋骨架的一部分，有经验的人巧妙地扭动猎物的颈部肌肉，肋骨就会脱落，人们可以顺利地取出心脏和肺。很快，一直盘旋在上空的几只鸥鸟大胆地俯冲下来，叼走一些小肉块。接下来是更为巧妙的石片切割工作，马蹄子、眼眶、头颅，每一处都被整齐地切开。这样，人们就可以用石片把兽皮完整地剥下来。

一位年长的石器制作者龇着牙大声叫喊起来，带着令她骄傲的手斧工具，显得精力充沛。她很快来到带皮的动物旁边，熟练地一击，手斧打在后腿关节上。她招呼着直系亲属帮忙肢解这条后腿。经过对肌肉和肌腱多次打击、拧扯和切割，他们终于将后腿卸了下来，拖到一边。另一位石器制作者已经开始忙着卸第二条后腿了，其他人则移向前腿部位。

现在，猎物周围的人群已经分散为不同的小组，每一组都在为自己要获得的那块食物忙碌着，切肉的工作也已经开始。在他们身后，另一群人也在紧张地忙碌着。每个亲族小组都派出一名成员，到海岸边去捡些大的鹅卵石。当他们返回时，切割下来的肉片已经堆了起来，厚厚的肉片从野马身上切下，叉在长矛上，以便携带和运送。人们开始敲击骨骼，准备把猎物的骨架卸开。

他们把骨头垫在鹅卵石上，再拿鹅卵石用力敲击，将其击碎，从而获得里面柔软可口的骨髓。整个骨架就这样被打击成碎块，现场洋溢着吮吸和咀嚼的欢乐气氛。

整个用餐过程持续了几个小时，事实上他们几乎没有真正食用好的肉。那些肉都被卷好带走，供他们回到峭壁后面的树林中享用。精心制作的工具也要带在身上。即便没有吃肉，他们还是因为进食了大量的蛋白质而感到胃部发胀，还微微有些迷醉。

人们带着包好的食物离开了，留下了难得的细碎肉渣。鬣狗到底还是来了，在零散的碎骨和可怕的尖锐燧石块中继续咀嚼着。然而，这里注定只有小小的收获，它们最后只得悻悻离去，剩下的多数残羹冷炙留给了鸟儿们。几天过后，肉都消失在丛林中，大多数碎骨也被飞鸟带到空中。

猎物遗骸大部分已经消失，不过总有些残余。那些留下来的骨骼碎片对于复原上面的故事情节至关重要。大约180片碎骨被小心地从英国南部海岸附近的采砂场发掘出来。这个看起来近似弹坑形的采砂场覆盖着灌木、杂草和采矿的重型机械。几个整齐的矩形探方打断了它不规则的表面。探方四壁垂直、干净，暴露的表面点缀着一些黑色的小旗子，标志着考古学家曾经在这儿小心翼翼地发掘出燧石片或动物碎骨，这些遗物的出土位置已被精确地记录下来。沙地上成组的黑色小旗子大致勾勒出燧石片和野生猎物因为人类寻找食物而被共同保存下来的故事发生地点。考古学家们已经在这里进行了几个季度的发掘，详细记录了这些发现的出土背景。1989年，他们发掘出了这个狩猎故事中残留的燧石片和碎骨，这组遗物揭示了人类寻求食物的一个惊人举动，即捕食大型动物。在发掘现场，180块动物碎骨分散于70平方米左右的沙地表面，大量打击燧石混杂其中。[①]

---

① Roberts and Parfitt 1999：372-378；Robert et al.（待刊）

在博克斯格罗夫采砂场发现的这些燧石中，最引人注目的是一系列精心制作的大型工具——手斧，它们的两面都经过巧妙的加工，可谓世间罕见的耐用工具。不过到目前为止，发现更多的还是那些不同形状的燧石片。考古学家用三维智力拼图的方式，偶尔能将其中一些石片按照其剥裂面的形状拼对复原。这项工作虽耗费时力，却也回报颇丰。如果能获得足够多的燧石片，就可以还原手斧所在的原有空间。由于考古学家们记录了每个石片在沙地中的最终位置，它们与原有石核的相对位置已知，这样就可以还原人类加工燧石块的行为过程。石片的空间分布规律，以及燧石表面的新鲜度，都与不断积累的现场堆积所显示的情况相吻合。在沉积速率较快的沿海环境中，这些分散的遗物短时间内就被埋藏起来，因而那个时间段发生的故事也被迅速地掩盖并保留下来。直到今天，这些遗物分布的位置还被精确地保留着，我们可以推测石器制作者坐着的位置，仿佛可以看到从他手中不断崩落的石片和石屑。保留下来的遗物分布模式，记录了一系列石器制作过程中产生的燧石片，以及石器使用后留下的零散破碎的骨骼。[①]

对于普通人来说，猎物的大部分骨架都已经消失，剩下的这些碎骨看起来似乎没有什么价值。然而，即使是保存下来的很小一部分，清洗干净后，放到扫描电镜下观察，还是会发现故事中更多的细节。以一块脊骨为例，仅凭肉眼观察，专业人员可以认出这是一块椎骨，还能说出它属于哪个部位。经过与现代动物骨骼标本的比对，专业人员判断出这些骨骼的形状和尺寸与野马（*Equus Feris*）

---

① 关于燧石片模式反映的特定行为分析，参见 Pope 2004；另见 Bergman 1986；Bergman et al. 1990；以及 Rees 2000。

相匹配。再拿一台低倍显微镜来，就可以获得更为详细的信息，比如当时这个动物是如何被屠宰切割的。将骨骼放大75倍，可以看到上面的砍砸微痕、割痕，甚至埋藏在土壤中所留下的羽化效果。这些痕迹，可以通过实验考古的方法，使用复制的石片在现代骨骼上加工出来。根据模拟实验所形成的遗物分布场景可以推测，我们在显微镜下所看到的微痕，是由锋利的石片沿着脊骨切割所形成的痕迹，只有这样，才能切下肋骨肉来。这样的观察结果是令人兴奋的，并且不止一例。经过仔细检查，在遗物当中，大约一半的碎骨上面有此类痕迹。[①]

正是在研究中使用了微痕分析的方法，考古学家才得以对年代久远的这一餐进行细致的研究。考古遗址出土动物骨骼的传统研究方法，旨在判断动物的种属、性别、死亡年龄以及是否存在不同部位骨骼所占百分比不同的情况。这些资料可以告诉我们当时生活的人口情况，以及他们如何狩猎、食腐肉或是精选食肉部位的信息。不过，当第一次有人注意到骨架上的石片切痕时，一个全新的法医学证据领域在我们面前展开，开始积累关于古代骨骼的更多资料。新鲜的骨骼比较柔软，即使吃饭时用餐刀在上面划一下也会留下持久的痕迹。因而，不只是使用手斧打击动物骨骼，哪怕小心地从骨骼上切下肉片，或是剥皮，都会留下具有典型特征的痕迹，而当骨骼干燥后，这些痕迹就一直保留下来。

分解动物有不同的方法。可以很随意地砍下一块够吃一顿的分量，也可以系统地解剖，把肉分成多份。椎骨可能都被切成左右两块，表明运输或者储藏时会按照肉来自椎骨哪一侧的部位进行，或

---

① 关于西蒙·帕菲特（Simon Parfitt）对屠马现场的详细研究，参见 Roberts and Parfitt 1999：第6章第5节，395—405。

博克斯格罗夫屠马地点密集分布的打击燧石片

是横向切割来准备排骨。最近几个世纪留下了一些关于屠宰活动的文字记录。很显然，屠宰方式的不同，不仅反映了摆在桌上的肉类的切割以及关节连接的情况，同样也反映了不同社会阶层、宗教信仰对肉类的偏好方式。某些切割方式可能被认为是不洁的，因而在屠宰行为中是被禁止的；还有一些切割方式或许只有在祭祀神灵的时候才能使用。在现代多元社会中，不同宗教信仰的屠户们可能拥有独立的设施，使用不同的工具对动物进行屠宰。在中世纪的爱尔兰，切肉的人在宴会中扮演着重要的角色，他将根据宴会成员的地位决定给他们分配什么样的肉食。再向前追溯50万年，当时没有文字记录，但是我们可以根据博克斯格罗夫那匹野马的分食过程再现当时的程序。

切割痕的方向也为我们的研究提供了有效信息。在一块靠近颈部的脊背骨上，切割痕迹呈现向右的方向。这个动作应当与切割野马头是连续的。其他痕迹虽然在切割方向上没有差别，但是它们的形状不同，显示了打击、敲击而不是剥皮的行为。对现代骨骼进行模拟切割实验，为解释这些石器留下的切口提供了很好的对比材料。用一个大块鹅卵石打击骨骼，可以得到圆形的碎片，这在一些古代骨骼中可以看出规律。在一块左前腿的骨骼两侧，残留着这样的圆形痕迹，一侧是鹅卵石敲击的结果，另一侧是砧石反作用力的结果。这些鹅卵石最初是捡来敲击长骨取骨髓用的。然而另一个碎块又有所不同。这是一块肩骨残块，上面残留着半圆形的缺口，呈放射状，像德国一个年代稍晚近考古遗址中的人工制品打击留下的痕迹。在现代的德国城市舒宁根（Schöningen）附近，曾出土了3根大约2米长的尖头木柄。与它们一起出土的还有一件两端尖锐的器物，很像当代澳大利亚土著人使用的掷棒。这些出土物被认为是木制的矛，正是这种类型的矛能够造成博克斯格罗夫野马肩骨上的伤口形状，它也是当时射中野马使之倒下的关键武器。[①]

真正意义上的野生马在地球上已经灭绝，不过留下了足够的骨骼遗存，使我们能推测它们的形体大小。在博克斯格罗夫发现的骨骼表明，这是一只很大的动物，大约能够提供400公斤可食用的肉和内脏。更甚者，食用者还在野马的骨骼上留下了信息丰富的痕迹。正如石片在骨骼上留下细细的凹槽一样，在一些骨骼上还发现了一些更宽更深的凹槽，更像是牙齿的咬痕。经过与现代各种动物咬过的骨骼痕迹进行比较，这些痕迹应当是斑鬣狗撕咬的结果，在博克斯格罗夫也发现了它们的骨骼遗存。

这些啃咬痕迹还告诉我们关于事件发生的时间信息。个别骨骼上面既有石器切割的痕迹，也有鬣狗啃咬的齿痕。用放大镜观察这些痕迹，很明显可以分辨出不同微痕形成的时间顺序。鬣狗的齿痕总是叠压在切割痕之上，从没有发现过相反的情况。显然这不是两种食腐动物分享猎物的结果，而是两个截然不同的事件。人类先消费了猎物，离开之后，鬣狗才来享用剩余的食物。这使我们对于整个事件的时间先后顺序有了大概的认识。这一切发生在临水盐沼和泥塘的开阔环境中。这个信息来自博克斯格罗夫的堆积中保留的一些海侵和不稳定的河流冲刷的线索。堆积中河流冲击带来的贝壳和小动物的骨骼，更支持了上述观点。大约100种贝壳和动物遗存为研究遗址的生态环境提供了详细的信息。[②]

在采砂场不同层位发现的其他骨骼表明，当时的水域环境与今天大不相同。在距离野马骨骼不远的地方，考古学家发掘出一具完整的狼骨架。稍微远一点的地方，还发现了非洲狮爪子的骨头（距

[①] 关于舒宁根出土的长矛，参见 Thieme 1997；关于博克斯格罗夫野马肩部的伤口，参见 Roberts and Parfitt 1999：第378页，图279。
[②] Roberts and Parfitt 1999：第2、3、5章。

骨）。将类似的骨骼遗存放在今天的非洲环境中来分析，很明显，在这片沿水沼泽地带常有许多体形较大的动物出没。这些矫健的食肉动物在等待猎物到来时，一定也意识到这片小小的水域会吸引大大小小的其他动物。此处开阔的地势为食肉动物从高处伏击猎物提供了有利条件，而宽阔的湿草地利于猎物尸体的腐臭味道的传播，甚至会吸引远在几公里之外的动物前来寻食。由人类捕猎任务的艰巨程度，我们可以推想当时他们对食物的渴求是多么急迫。在极端的情况下，这种围猎分食的过程可以从天黑持续到第二天日出。

让我们把这场分食与第 2 章讨论的贡贝自然保护区 20 多年前黑猩猩的宴会比较一下。一只髯猴的分配吸引了卡萨克拉黑猩猩社群里相当数量、最有权势的雄性和雌性前来。这场有史以来最具有社会性的动物分享食物活动一共持续了 19 个半小时，而食物只有大约 20 公斤。而 50 万年前，博克斯格罗夫水塘边的一群人类狩猎者，在几乎相同甚至更短的时间内，分配了黑猩猩们食肉量的 20 倍——大约 400 公斤的肉。

到现在为止，我们为开篇故事的基本情节都找到了切实的证据，这些证据已经远远超过了对肉食和捕猎工具的鉴定分析。博克斯格罗夫项目的考古工作者还复原了古代的自然景观如白垩崖、沿海泥滩、延伸的海滩，以及生活在其中的生命。根据鹅卵石和燧石的产地，考古学家确定了当时狩猎者的活动地点，以及他们停留下来制作燧石工具的位置。我们可以看到一个石器制作者的完整活动流程：他或她先是坐在地上打制石器，然后起身走到一两米之外的地方来完成关键步骤的加工，通过工具在猎物旁边留下的痕迹，可以看出他们如何使用自己的下颌作为"第三只手"来辅助屠宰。手斧加工的不同阶段也可以在猎物周围的不同地点描绘出来。

上述考古学家的研究为我们的故事提供了宏大的舞台背景。然而，具体故事情节又是怎样的呢？故事中主角们的生活又是怎样的？上面我根据考古学家的研究成果编织的故事已经远远超出了这个舞台背景，其中还涉及角色分工、血缘纽带、竞争，大群体或小群体范围的合作与信任、讨价还价、欺骗与出卖、嘶吼作声与龇牙咧嘴的愤怒，以及反复讨论的性别角色对柔软内脏的分配方案的影响。这一切又因何而起呢？

"原始"的概念

著名虚构侦探夏洛克·福尔摩斯善于排除一切不可能的推测，直至发现事件真相。他运用推理和法医学证据来描绘案件发生的具体背景，而在这种背景下只存在一种可能性，那就是真相本身。对于现实中能否做到这一点，我十分怀疑，更不要说推断与我们相隔数千年的真相了。我们要参考现代有着类似寻求食物经历的人们的行为，来为解释几千年前的真相寻找各种可能。要做到这一点，在福尔摩斯生活的19世纪末的伦敦相对于今天要容易得多，因为那时的人对"野蛮人"有更加直接的想法。当时布法罗·比尔西部荒野秀（Buffalo Bill's Wild West Show）正在伦敦和欧洲其他城市巡回演出，演绎"蒙昧人、野蛮人和文明人"的故事。这三种人类，并不只是娱乐素材，当时的评论家还用此描绘人类发展的历程，甚至那些具有同情心的评论家也同意这样的观点。其中最有影响力的是19世纪的美国学者路易斯·亨利·摩尔根（Lewis Henry Morgan），他对于美洲印第安人生活的记录在后来很长时期，都是考古学家解释出土动物骨骼和石器的依据。

1859年达尔文的《物种起源》出版，引起一场轰动，它使人们意识到在漫长的史前时期，人类可能是大型动物的狩猎者。摩尔根启程前往美国西部,力图了解关于美洲土著印第安人生活的更多知识。他穿越河流、牧场,走过许多地方,记录了形形色色的部落生活,既有农耕社会,也有渔猎社会。他就像穿越回过去,和考古学家们发掘一层层古代堆积十分相似。用摩尔根自己的话说,他觉得自己远离了"文明",记载了处于"野蛮"状态的人们(或者称之为"初民")的血缘关系和生活的方方面面。沿着密苏里河逆流而上,向西到达堪萨斯大草原,摩尔根见到这里的人们处于一种距离文明更远而更贴近自然的社会状态。他们围捕大型动物比如北美水牛。摩尔根称他们处于"蒙昧"(savagery)状态。一个半世纪以后,"蒙昧"一词已经失去原意,成为贬义词了。摩尔根较之同时代的其他民族学家,更尊重和同情美洲土著居民,对他而言,"蒙昧"这个词与法语中的"sauvage"意思更为贴近,暗指这些社会的"野性"和"未驯化"特点。他们生活在一个更贴近自然的天真状态下,却成为所谓文明的牺牲品。在东部沿海地区的人和与之同时代的欧洲人看来,他们象征着自然循环系统中的无限和谐景象,还没有踏上人类历史和进步之路。①

被摩尔根形容为"蒙昧"的人们惯于迁徙,他们往往随着北美水牛的季节性迁徙而移动,根据猎物的生长周期来决定自己的狩猎时机。和水牛群居一样,这些猎人也组成一个个合作团队。到了炎炎夏日,水牛数量达到高峰,此时进行捕猎活动十分危险,很难达到预期目标,猎人们会举行太阳舞的仪式。在仪式上,他们会庆祝大自然固有的死亡、重生和繁衍的和谐周期。仪式的参与者会麻醉自己,有时候会以自残的方式使自己失常,从而达到融入自然界的效果。整个仪式中,水牛是核心主题,常常伴有水牛舞、水牛歌以

---

① Morgan 1877;1959. 关于摩尔根西行旅途的详细情况,参见 Leslie White 1951。

及分享牛肉的宴会。

摩尔根对高原蒙昧人的观察，使得解释欧洲常见的发现于采砂场或者陈列于古物博物馆的大型动物骨骼、手斧等遗物的工作变得容易起来。但如果发掘不够细致，对材料的解释就可能产生很多不确定性，故事也有可能从19世纪变成旧石器时代。进入20世纪，对博克斯格罗夫遗存的解释完全是平原印第安人和因纽特人的版本。我们会使用部落（tribe）和游群（band）这些概念，或许还会谈到礼仪和图腾信仰。我更愿意复原一个高尚的、较少带有野性色彩的场面。我们或许会在故事里给他们加上印第安人使用的圆锥形帐篷，或许还有头饰和描绘战争的岩画。然而，经过博克斯格罗夫项目工作人员的仔细研究，这里所发生的故事并不像我们想象的那样丰富多彩。现代福尔摩斯会将注意力集中于这个场景的两个简单而本质的特征上。第一是资料上的不匹配，第二是骨骼碎片。不匹配是指，有两种资料分别反映了博克斯格罗夫猎手们截然相反的行为。两种资料都与遗址发现的最典型的人工制品，即反复出现在野马尸体附近的精心制作的手斧有关。这种工具在较大范围、较长时期都有发现。19世纪，在法国北部圣阿舍利索姆河（Somme River）流域的一个沙砾坑内出土了大量手斧，吸引了大批考古学先驱前往。这个村庄因出土双面"阿舍利"手斧而闻名世界。在人类进化的中心地带，如奥杜威（Olduvai）遗址和欧罗结撒依立耶（Olorgasailie）遗址都发现了极为相似的工具，在非洲大陆的南端和西缘也有发现。手斧的分布，向东一直延伸到印度，并且穿越整个西欧，比如在西班牙的托拉尔巴（Torralba）遗址、安布容那（Ambrona）遗址就曾出土过。它们分布的纬度范围包括从南非最南端，向北一直延伸到博克斯格罗夫的位置。这个地理区域的形成，必然与这个广大范围内稳定的生态系统包括气候、地形、动植物等息息相关。这些手斧工具的制造者，在这个生物圈里扮演了多重角色。在这一点上，他们与摩尔根描述的美洲印第安人具有可比性。印第安人在新大陆生存了几千年，他们的食物来源非常多样，包括鱼类、鲸、各类野味，以及植物种子、果实、块茎等。这些食物的产地从北极到亚马孙森林，从佛罗里达的沼泽地到巴塔哥尼亚的寒冷冰川，还包括地球上最炎热的干旱地带。与之类似，博克斯格罗夫所在的西北欧泥泞多风的盐沼环境与东非人类起源的核心区域相比，生态系统截然不同，不过这里的猎人们显然也发展了他们的祖先在东非所积累的生存技巧和知识，以应对改变的环境和物种条件。

另一方面，博克斯格罗夫的猎人们蹲坐着制作切割工具的场景，体现了他们与美洲印第安人明显不同的特征。后者所使用的工具多种多样，与他们生存环境的复杂特点相匹配；而博克斯格罗夫的猎人们使用的工具相对单一。从他们的打击石器当中，我们看不出当时生态环境的变化以及人类应对的策略。我们没有发现任何为了有利于捕获新的猎物而改变石片制作方式的证据，更不要说像美洲印第安人那样丰富多样的工具组合了。博克斯格罗夫的猎人们制造和使用的工具，与他们的祖先在100万年前使用的工具并无二致，但二者的生存环境显然大不相同。这种单调的工具在之后的千百年间在不同地区又一直持续使用着。我们不禁想问，这些远古的石器制作者们脑子里到底在想些什么？他们适应了与祖先截然不同的北方寒冷的气候，发展了自己的生存策略，石器工具的制作却始终没有创新，难道他们的行为固定在一个不可改变的模式中了吗？答案隐藏在第二种关键材料当中，即骨骼碎片。

这些骨骼共6块，属于当时狩猎群体当中一名成员的胫骨，他

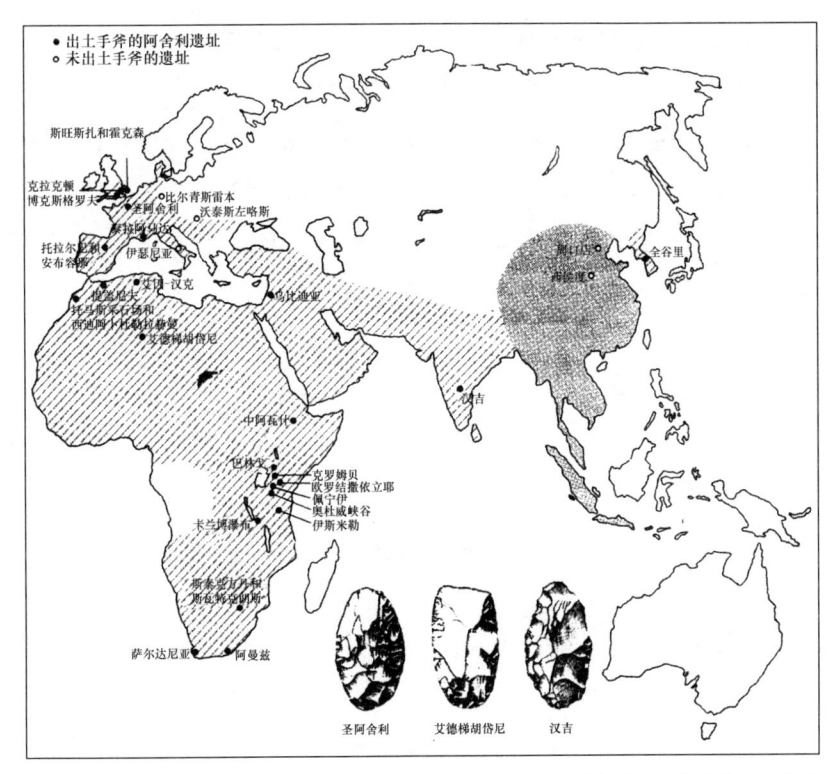

阿舍利手斧的主要出土地点及三件代表性石器：法国圣阿舍利遗址出土的手斧，阿尔及利亚艾德梯胡岱尼（Erg de Tihoudaine）遗址出土的刮削器，以及印度汉吉（Hunsgi）遗址出土的手斧（此为示意图）

的生活时间与野马被捕猎的时间差不多。经过仔细复原和测量，我们推测这根胫骨的主人身高大约6英尺（约1.8米），身体强健，体重大约80公斤。测量结果显示，胫骨主人的体质特征已经超出了现代人的正常范围。博克斯格罗夫的猎人们属于早期人类的一个种属，从体质上讲与现代人有明显差异，他们体形高大，脑容量却比现代人小。根据这种区别，我们将博克斯格罗夫的猎人们归入海德堡人（*Homo Heidelbergiensis*）。这个早期人种在旧大陆许多遗址中都有发现,他们的骨骼遗存与现代人体质特征的差异使我们开始思考,他们的大脑思考能力与现代人是否也有不同。[1]

摩尔根在观察大型动物的猎杀者——一群已经具备了现代人特征却从事古代狩猎活动的人群时,对其他人种所知甚少。他所知道的,大概只有在德国尼安德特山谷发现了人类化石。今天的考古学家对于世界各地发现的生活在不同区域、不同时期的古人有了更多的了解。不过也只是最近这些年,大家才真正认识到这些古人类其实属于不同的人种,这一点对于我们解读博克斯格罗夫的场景至关重要。

另一种人

人和人有着显著的区别,这个观点算不得新鲜,在发现和认识新人种之前就已被提出过。事实上,摩尔根时代的人们认为野蛮的"红种人"与文明的"白种人"是截然不同的。在他们看来,"红种人"的生活贴近自然却必须遵守自然法则,而"白种人"已经从自然界解放出来,能够创造自己的文化历史。这种观点在很长时期影响了我们对古代狩猎者的解读。这些狩猎者同样依赖大自然,我们可能把他们简单当成了一个生物有机体来看待,认为他们完全遵循自然法则,和鸟类、鱼类等其他动物一样受到自然力量的束缚。过去,在某种程度上,人们认为"白种人"已经从自然中解放出来,成为社会中人,并不断塑造自己及其周围世界的历史。今天,我们已经认识到美洲印第安部落也有复杂的社会结构和历史,而现代社会的发展同样受到人作为生物有机体的限制。我们还知道,"红种

---

[1] Roberts et al. 1994; Stringer et al. 1998; Trinkaus et al. 1999; Streeter et al. 2001.

人"和"白种人"从基因的角度讲是相同的,皮肤色彩的差异,红或者白,只是非常微小的基因差异,我们都属于完全成熟了的现代人种,都作为生物有机体和社会人的复合体存在。

然而,对距离我们年代最近的其他人种——已经灭绝的尼安德特人进行的DNA测试表明,他们与我们有着显著差别。[①]如果我们有机会测试人科的其他远古种,比如博克斯格罗夫的猎人们,可能看到的差别更为明显。考古学家史蒂文·米森(Steven Mithen)对不同人种的差异做了深入研究,他认为考古学证据中一些自相矛盾的现象,比如我们刚刚讨论过的,可以直接引导我们探索早期人种的大脑认知能力。米森提出,早期人类制作和使用单一的工具与复杂的生态环境之间的矛盾,或许可以从他们的大脑运作方式中找到合理答案。通过研究现代人大脑的构造,他认为早期人类的大脑可能不是一种完全交互式智能,而是由多个特定认知领域构成的多元智能。米森将人的大脑运作方式与大教堂做了一个比较。在某些情况下,大教堂只进行一种固定的仪式或者服务;在其他情况下,又会在不同的小礼拜堂举行某些特定仪式。米森认为,现代人的大脑运作像大教堂进行仪式一样是相当流畅的,但早期人类的大脑可能与小教堂的运作方式更类似。在一个"小教堂"中,他们对于自己生活世界中不同物种和特征都有着丰富的了解和认识,这一部分可以称之为"生态智能区"。这部分智能区的横向思维指引着他们如何应对这个星球上无数不同的生态系统。另一个"小教堂",则指导他们运用灵巧的双手把原材料加工成为工具,可以称为"技术智能区"。这部分智能区遵循着较为严格的规则,指导他们反复把

[①] 关于尼安德特人DNA研究的最初报告参见Krings et al. 1997;研究综述参见Jones 2001;第3章;研究最新进展参见Pääbo et al. 2004。

同一种原料加工成固定的工具类型。第三个"小教堂"帮助他们认知自己的同类,并与同类进行社会关系的互动,它被称为"社会智能区"。米森提出的这种模式,显然解释了许多考古学材料最初反映的不寻常的特点,他的学说也被一些精神疾病特征所反映的大脑神经功能分区现象支持,对于研究现代食物分享的本质特征具有重要的意义。这个特征是人类特有的,需要我们大脑的不同区域协调工作,由持续对有生命的和无生命的物体形成社会认知和我们身体本身的运动交替作用完成。这就是在现代饮食中和食物同样重要的特征——交谈。[①]

毫无疑问,早期人类会通过声音表达自己的思想,其他灵长类动物都可以用声音进行交流,表达精确的含义。第 2 章中派森一家的一餐中就有这样的情节。我们知道,许多灵长类动物用特定的信号表示警报、警告和欢迎,还会以"理毛"(grooming)的方式表达安抚。这类信号数量庞大,甚至可以专门出版一本词典进行解释,我在这里不再详述他们发声的方法。然而,一本关于声音信号的词典与现代人所理解的"谈话"之间,毕竟还有很远的距离。

想象一下,两个现代人站在刚刚杀死的猎物旁边,商量去附近海滩寻找鹅卵石来打碎骨骼的情景。他们的谈话一定会涉及以下细节:海滩的方向,警惕途中可能会遇到狮子,如此等等。即便这是一番非常简单的对话,也至少包括句子、语法,主语、宾语,地点以及一系列表达将来时态和条件的关联词。那么,早期人类是否也能做到这一点呢?

这个问题可以通过很多方式回答,比如根据早期人类的骨骼遗

---

① Mithen 1996;关于旧石器时代人类的智力见 Mellars and Gibson 1996;关于旧石器时代人类的社会性见 Gamble 1999。

存，或者根据他们在生活地点留下的考古遗迹来分析。通过研究他们的颅骨和脊骨，人类学家一般认为所有人种都拥有发出一系列声音信号的必要身体特征，并且大脑有能力对这些信号产生有意义的反应——且不说这"有意义的反应"是不是能与我们在考古遗址中发现的和遗物、遗迹有关的语言或者谈话对应起来。在考古遗址的发现中，一系列线索表明遗物或遗迹本身拥有"叙述"能力，它们代表了一连串意思，可以视为连续的情节。它们或许是人工制品，需要许多不同步骤制作完成，从而反映出制作者的思维模式。很难想象，如果没有语言，这些制作工具的知识将如何传承。更直接的线索是岩画，它们使用符号或运用象征来讲述一个故事，我们称之为"艺术"。早期人类遗留下来的乐器也反映了类似的情节。

这种叙述方式毫无疑问会在我们自己所属的人种生活过的遗址中留下痕迹。对于尼安德特人的艺术、音乐叙事思维和对未来的想象能力颇具争议。不过，我们属内其他物种也并未留下如此明显的与思维表达有关的人工制品。事实上，阿舍利两面器单一的造型可能提供了相反的证据。让我们回顾一下史蒂文·米森的智力分区学说，或许只是较大的脑容量和语言没有与工具制作发生强烈关联所导致的结果。语言可能与技术智能没有直接联系，反而隶属于一个特殊的与社会智力相关的"心灵小教堂"。例如，早期人类拥有丰富的表达保证、确认、警告和问候的词汇，并能够让一大堆人在进行屠宰野马这种大型捕猎活动中成功互动、交流；但是本质上不能与心智小教堂联系起来。

乞求与联盟

按照米森的逻辑，博克斯格罗夫的屠马现场一定充满了"交谈"声，早期人类之间的交流，目的在于使这样一个较大的群体能够顺利地分享丰富的食物资源，并且集中力量应对外在危险，控制内部可能引发的暴力。我们推测，早期人类的所谓交谈能力实际是一种低成本的咕噜声，在大群体狩猎者分配大型猎物的各个步骤中，这种交流反复出现，以实现最大程度的思想表达。这使我想起这出食物分享剧中以性别为资本进行讨价还价的一幕，就像我们在黑猩猩和倭黑猩猩中观察到的那样。

除了这些交易，我们还看到年轻母亲们在分配过程中乞求并成功得到了马肉脂肪。这与贡贝自然保护区的黑猩猩母亲们从麦克那里乞求髯猴肉并无区别，这种现象背后或许还隐藏着给予者与乞求者之间的性行为交易。不过总体来看，黑猩猩母亲通常会独立抚养孩子。早期人类可能也是如此，不过有两个关键性的变化大大转移了母亲们喂养孩子的经济成本。首先，早期人类脑容量明显增大。孕妇和哺乳期的母亲们必须储备足够的营养来保证子女的大脑发育。其次，此时的早期人类面临着大量植物食物来源的减少，捕猎大型动物在生存中日益占据主要地位。在捕猎活动中，年轻力壮的小伙子总是占有竞争优势。一些年长的男性和胆大的女性可能也会成为捕猎群体的核心成员，不过孕妇和哺乳期的母亲们显然没有能力与其他人竞争。从进化论的角度推测，这种觅食力量的不均衡可能促使了某些形式血缘关系的合作，比如母亲和祖母之间，或者母亲和父亲之间的同舟共济。[1]

博克斯格罗夫的早期人类在进化史上距离摩尔根所观察的美洲印第安人遥远得很，那种将远古与现代大型动物狩猎者简单等同起来的做法，很明显站不住脚。博克斯格罗夫的猎人们属于人类的另

---

[1] Hawkes 2003, 2004a, 2004b; Foley and Lee 1989; McHenry 1996.

一旁支。从基因和认知能力上讲，美洲印第安人与我们大致相近。我们不能将他们的文化世界一下子推回到5000年以前，同样也不可能将他们所处的自然世界推回到5000年前。社会的演化有着复杂的原动力，人类分享食物的历史和演化进程也是如此。

变化的大自然

摩尔根观察描述美洲印第安人生活的森林、河谷和大草原时，所使用的"自然"和"环境"这样的词汇并没有多少科学意义，而是带有诗意的和审美的倾向。虽然摩尔根敏锐地意识到食物渴求及其对他观察的社会生活产生的重要影响，但是将它放在"自然的环境"中，无疑比科学分析更能传达一种浪漫的情调。这种浪漫多少赋予大自然一种永恒不变的特质，一种平和的历史变化。然而，这种印象与目前大西洋另一端关于泥炭沼泽的研究结果并不吻合。

在北半球高纬度的广大区域，树木稀少的草原上覆盖着一层泥炭，它能保持地下湿冷，抑制新树苗的生长。当人们为寻求燃料和肥料在这里挖掘泥炭时，发现在泥炭层下面保留着完整的森林，树的残端都还在，有时仅距地表几米。这些森林的发现使与摩尔根同时代的人意识到，自然界并非是永恒、一成不变的。这片广大森林即便远离人类的刀斧，仍会被开阔土地所取代，在之后的某个阶段又重新生长。当时人们没有很好的测年方法，不过他们已经意识到泥炭的生长速度是很快的。这些林地开阔的泥炭层并没有被几次地质变动所打断。[1]

---

[1] Blytt 1876; Sernander 1908.

摩尔根具有历史意义的西行结束不久，伴随他旅行笔记长大的新一代美国自然史学家们已经读到了有关斯堪的纳维亚泥炭的研究成果。其中一位生态学家弗雷德里克·克莱门茨（Frederick Clements）认为，农耕社会的人们就像他自己的家一样，导致了环境的变化。从他的家乡内布拉斯加向东望去，他看到摩尔根所描述的许多村庄的树林因为开垦麦田已被砍伐殆尽。向西望去，那里仍是开阔的大草原，他看到的还是无休止的大型狩猎活动，印第安人仍在这片广袤的草原上不停息地捕猎着水牛。不过，从这些现象中，他确实总结出了环境变化的某种逻辑，这种逻辑包括两个基本模式，进而形成了早期生态学的基础。①

模式之一是"演替"（succession）。他结合斯堪的纳维亚的森林与开阔地带之间的交替变化，以及他本人观察到的其他环境的类似变化，提出受到缓慢的气候变化或者频繁的人类行为影响，植被带会不断发生消退和迁移。这是可预测的，它们是交替出现的，也就是"演替"模式。第二个模式是"食物链"（food chain），也就是早期生态学家所提出的"食物网"和"生态金字塔"。这些提法通过动物的觅食链条将动物与植被带联系起来。"水牛草－水牛－草原印第安人"就是一个简单的例子。当植被带反复消长和变动时，它们所支撑的食物链也相应发生变化。这两个简单的模式为"第四纪科学"提供了理论基础，将对泥炭切片的肉眼观察发展到对过去200万年间环境变化的详细研究。泥炭剖面提供的信息从河流砾石、湖泊和海底沉积的研究得到补充，同时对孢粉、昆虫、脊椎动物、软体动物和藻类的分析也进一步补充了树轮资料。在克莱门茨从事这些工作的那个时期，他和其他科学家详细记录和描述了

---

① Clements 1916.

自然环境的变化。①

第四纪研究中的一个重要问题是导致环境更替和气温变化的气候驱动力。气温变化一个最好的记录,是追踪海底沉积中微生物吸取氧气的不同类型——不同"同位素"之间的平衡。深海钻芯可以打得很深,这样就可以获取几百万年前氧同位素反映的气温状况。气温变化的复杂模式可以分为不同的阶段——"同位素阶段"。顶端是深海氧同位素第 1 阶段,也就是我们目前生活的阶段,这是一个相对温暖湿润的时期。向前追溯 2 万年,气候要冷得多,这个寒冷期就是深海氧同位素第 2 阶段。根据对海底钻孔获取的不同时期的沉积层分析,50 万年前大约处于深海氧同位素第 11—13 阶段,博克斯格罗夫屠马事件就发生在这个时期。②

我们再回到陆地看一下。通过对泥炭和湖泊钻芯的分析,可以观察到其中包含的植物和动物遗骸食物链的变化,以此提取气温变化的信息。在温暖期,在斯堪的纳维亚的泥炭沼泽中发现了树木的残骸;而到寒冷期,它们逐渐消退到有更多遮蔽的地点和低纬度地区。孢粉分析提供了更详细的植物种类名单,昆虫、贝类以及其他动物骨骼研究也为食物链环节增加了丰富的补充资料。博克斯格罗夫项目的考古学家们使用了各种不同的测年方法,并对遗址出土的动物骨骼进行了种属鉴定和定量统计,最终得出当时处于深海氧同位素第 11 阶段的结论。这些动物骨骼提供的信息实际上比由狮子、鬣狗和犀牛食物链构成的景观更为丰富,它们本身就带有测年功

---

① 相关方法论及结果综述参见 Birks and Birks 1980;Bell and Walker 1992。
② 地层当中有许多地质特征可以追踪热量轨迹和同位素序列。一系列的放射性测年方法显示地层时代处于深海氧同位素第 6—11 阶段。动物骨骼则表明当时的物种组合与深海氧同位素第 13 阶段最为契合。不过,微生物和生物分子学分析结果倾向于深海氧同位素第 11 阶段。从这些资料当中选取平衡点,深海氧同位素第 11 阶段可能是最符合实际的。参见 Roberts and Parfitt 1999:303—311。

能。因为某些物种只会出现在特定的深海氧同位素阶段，之后就灭绝了，为我们提供一个非常直观的年代标尺。这种特点在不经意间还对复原古代环境所依赖的整个消长更替模式的基本特征提出了挑战。①

平衡与不平衡

克莱门茨的演替模式并没有对灭绝进行真正的解释。按此模式，气候变化时，物种只是在温暖与寒冷的纬度带和避难所之间简单地来回移动，并没有理由消失。然而物种灭绝的现象十分普遍，现在甚至已经成为判断年代的一种工具。为什么会出现物种灭绝？物种的灭绝又告诉我们关于狩猎大型动物时代的哪些自然环境信息？看来答案还是要从消长更替浪潮这个隐喻中去寻找，不过不是隐藏在背后的、反复来来回回的消长更替运动，而是要观察表面的、一"波"又一"波"短暂相撞的时刻。就像波浪形成，又破碎了，这是由于浪潮速度很快、巨大能量释放导致了湍流的形成。这就像水本身很难"跟上"它流失时产生的巨大能量一样。看起来第四纪的气候也是因为变化速度太快，从而导致某些物种和部分生态系统跟不上节奏。这种现象在近年来的地层堆积中了留下了痕迹，比如威尔士海岸暴露的峭壁表面就能直接看到。

回到20世纪70年代，有人从这个峭壁暴露的深色有机质堆积层中采集到一些古代昆虫化石。这些昆虫的特定种属生态习性事实上重现了一个时期的气候变化情况。这些堆积大约从1.3万—1万年前开始形成，峭壁的底层堆积包含着那些在寒冷而开阔的地面生

---

① Roberts and Parfitt 1999：第5章第9节，303—307。

活的昆虫化石。沿着剖面再向上一点，这些"硬"昆虫被一些适应更温暖条件的绿地昆虫所取代。这种变化发生在放射性碳测年不超过 1.3 万年以前。堆积中还包含了孢粉信息，可以作为当时环境变化的第二类证据。不过，那些与喜温昆虫共存的孢粉却反映了寒冷气候条件下的植被。由此向下近 25 厘米的堆积中才确实发现了喜温暖气候的树种孢粉，这个过程大概持续了三个世纪。显然，昆虫对新的温暖环境的迅速适应和繁殖，与森林的缓慢扩散对同一气候变化所做出的反应之间有着相当的时间差。这种时间差拉开了生态系统的低级元素与平衡之间的距离。就像陀螺那样，它们的不平衡状态使之无法控制未来的方向，因而不断形成新的发展轨迹。这可以帮助我们解释为什么不同的深海氧同位素阶段的孢粉证据十分相似，模式却不相同的现象。当温带树林消退的时候，植被的消退与更替模式体现得更为明显。此时生物系统中繁荣的植被与不同消退期交替之际的植被有很大差异。这种现象说明，虽然有的植被对气候变化的反应较慢，但整个森林生态系统组织中的其他部分或许反应得更慢。对气候变化做出反应最慢的可能就是土壤了。在英格兰的地表，今天仍然暴露着几百万年前沙漠条件下形成的土壤，它们没有能够随着更新的土壤变化而改变自身的结构。整个生态系统中存在很多的时间差，它们的消长更替较之海浪更像是一罐糖浆。①

觅食本身就不平衡，当我们观察食物链中的食植动物和食肉动物时，这种不平衡更为明显。适量的植被可以使食植动物的数量保持稳定，然而当它们的捕食者数量剧增时，就会加剧不平衡，导

---

① 关于昆虫与孢粉记录不同时的资料，参见 Coope and Brophy 1972；Coope 1977；关于生态不平衡的概要讨论，参见 Berryman and Millstein 1989。

致一些物种的灭绝。这不只是简单的低级物种落后的问题。在扩张的竞争压力中，它们可能反应得太晚以致根本来不及留下自身的痕迹。整个置换结果——实际上是植物和动物群落的置换结果，可能就丢失了。让我们看看大约 1.8 万年前，最寒冷期的北方地区的花粉雨记录，那时的草本和石楠孢粉所占的比例与今天大不相同，看起来当时很重要的一部分植被已经从今天的地图上消失了。研究这一时期的专家们常用"北极冻土苔原"和"猛犸阶梯"来描述许多已经灭绝的动物赖以生存的北方植被。这些植物群落已经随着它们的食用者一起消失了，不过群落中的植物存活了下来，只是进行了重新组合，紧跟快速的气候变化进行了仓促的调整与适应。所以说，北极冻土苔原并非独一无二。①

有一种孢粉分析方法，不只可以观察单个植物种类的变化，而且能够追踪一个孢粉组合在某个时期的整体情况。这种研究需要从今天的植被中寻找与古代植物群落产生相似孢粉组合的现代植物群落。如果我们只是回到 1.5 万年前，会发现用这种方式可以对大约一半的古代孢粉进行解释。表面上看，当全球气温真的发生变化时，我们所看到的植物群落消失的可能性与存活的概率是相同的，这一点对于理解博克斯格罗夫旧石器时代早期人类的生活和食物寻求有着重要影响。②

海底钻孔证据显示的全球气温变化表明，地球气温一直处于变动状态。这种长期的气温变动是太阳系的物理作用以及太阳和地球

---

① 关于北极冻土苔原及猛犸阶梯的提法，可以追溯到 20 世纪 70 年代（Matthews 1976；Cwynar and Ritchie1980；Ritchie and Cwynar 1982；Guthrie 1982）；关于这个消失了的植物群落的详细分析、最新进展参见 Berryman and Millstein 1989。
② 对孢粉组合的新的解释方法，不拘泥于将现代植被作为直接对等物来复原已经消失的植物群落，这一点很明显体现在一系列出版物中，比如 Overpeck et al. 1985；Webb 1986；Huntley 1990。

之间的引力作用造成的，它导致地球轨道的微小变化以及阳光照射温度的轻微波动。在地球历史上的特定时期，两极冰盖加厚，干扰了气候的微幅摆动，由此产生了温度历时曲线的尖峰，使曲线呈锯齿状，出现了快速的气候变化。过去 200 万年，也就是人属产生以来的时间段，就处于这样一个时期，被称为第四纪。我们有越来越多的资料证明第四纪气温曾产生突变，显示生物群系在面对气温变化时出现了很多问题。[1]

把这些资料汇总在一起，我们可以得到一些关于大自然变化的结论。看起来，"永恒的和谐"这个概念不只用以描述这些猎人——无论是古代的博克斯格罗夫的猎人还是现代的高原印第安人，还被用来描述他们生存于其中的自然界。在克莱门茨写作的年代，也已经有证据表明大草原并不是真正永恒的，事实上它的存在只是高原印第安人生态行为的一部分后果。回到博克斯格罗夫猎人们生活的年代，灭绝概率本身就是自然环境不平衡的指示器，这种不平衡可以扩展到整个第四纪，大致相当于我们所在的人属生活的时间。

与第四纪温度曲线齿状边缘所对应的是有利于这种快速变化的时段。这一突变时期有利于生命周期短的小型有机体多样化，同时灭绝一些大型动物，包括人属的成员。早期人类改变了生存方式，调整适应了气温突变以及伴随而来的自然界不平衡。他们并没有使身体变小或缩短生育周期，反而将觅食群体扩大成具有一定规模的合作团体，在更广阔的地域生活，还发展了大脑长时期记忆的能力。人类没有与"永恒的和谐"一致，而是调整生存策略寻求变化，这一点在觅食行为上体现得尤为明显。应对变化的能力使他们在旧大陆相距遥远且环境截然不同的地区之间迁徙，只要能够捕获

---

[1] Hays et al. 1976; Imbrie and Imbrie 1979; COHMAP 1988.

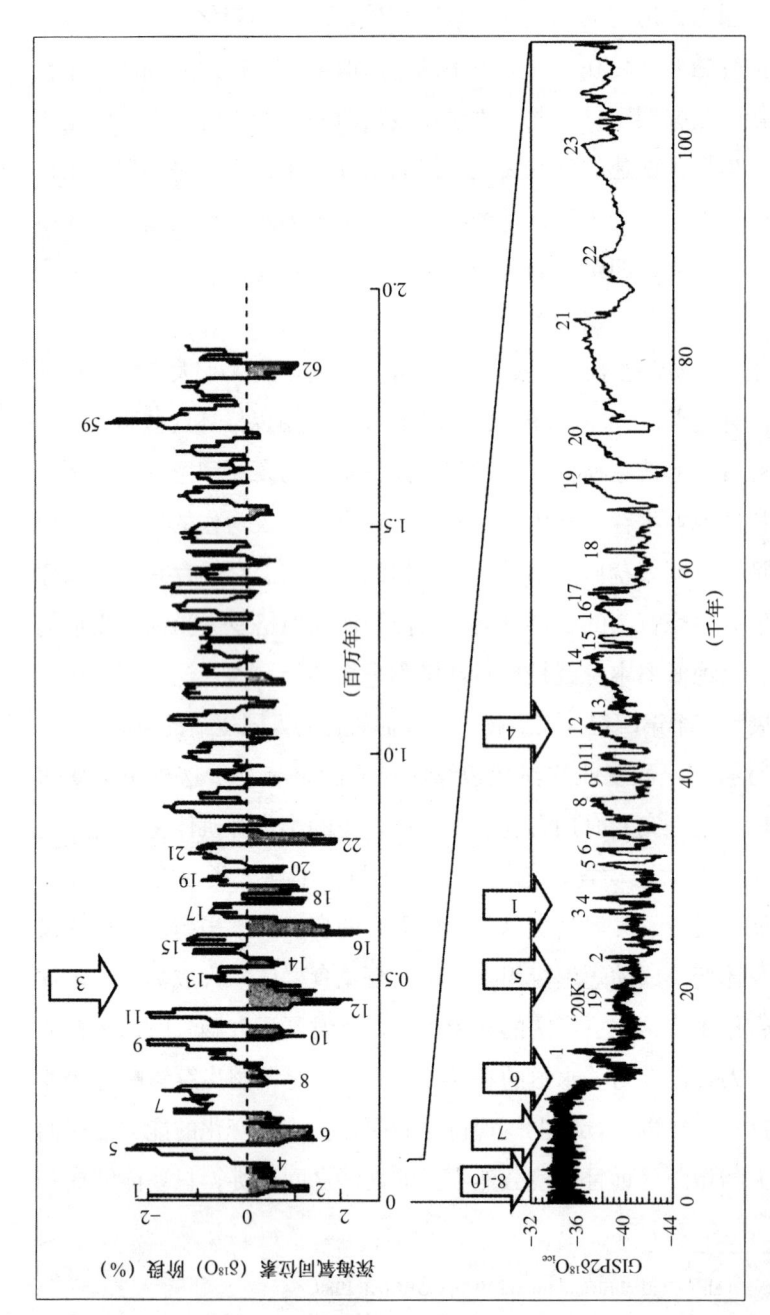

氧同位素（$\delta^{18}O$）显示的气温变化。上为格陵兰冰盖钻探计划测绘的最近10万年的氧同位素曲线图。下为大洋钻探计划测绘的过去200万年的氧同位素曲线图。曲线左侧峰值表示寒冷期，右侧峰值表示温暖期。书中涉及的特定时期的关键研究案例用它们所在的章节号标示。

大型动物，他们就能在较大范围的合作团体中分享食物。整个第四纪，冰盖给我们的星球带来巨大的热量变化，早期人类生存的关键就在于以非常社会化的方式去寻求食物，就像博克斯格罗夫采砂场遗址所体现的那样。

回到本章开头的叙述中，当时的大部分食肉动物和被捕食者已经开始在英国、有的甚至从整个地球上灭绝了。野马已经消失了，鬣狗和一些猫科动物也消失了，故事的主角海德堡人当然也灭绝了。鸥鸟还在头顶飞翔，将食物带到空中，不过我得承认故事中的鸥鸟其实是一种推测。实际上，人类整体上与第四纪的中－大型动物的适应模式非常一致，这些中－大型动物有相当一部分已经灭绝。这再一次说明，观察的范围极大影响了我们所看到的模式。看看我们现存的景观，最古老的建筑也不过是几千年前的作品，而博克斯格罗夫遗址中人类使用的手斧的式样却流行了100万年以上。因此我们可以理解狩猎－采集者们对于他们所处的漫长时代有一种永恒的感受。然而，从动植物进化的更广阔的背景来看，人类的进化史其实很短，只有200万年左右；有的生物在将近50倍于此的时间范围内生命结构几乎没有发生过任何变化。在这短短几百万年间，除了现存种，形形色色的人种都灭绝了，这与气候多变的第四纪中那些生活节奏缓慢的大型动物的命运相似。幸存到今天的动物，通过追求食物以及分享食物模式的多元化得以存活下来。

在博克斯格罗夫，我们已经观察到这种紧急应对环境变化的多元策略的两个关键要素。首先，我们看到非洲人属远离"老家"进行了长距离迁徙。在广阔地理范围内发现的阿舍利手斧证实了人属适应了生态多元化。其次，我们在他们的社会交往中也看到了多元化。尽管关于他们真正的交流还有很多不确定性，不过我们已能明白无误地看到了一大群人一起分享大量肉食的场面。分食大型动物今天依然作为人类标志的一个主题。觅食说到底是一种社会现象，它将不同的人类群体聚集起来，构成了一系列复杂的交换。在人类大脑不断发育的同时，饮食的生态复杂性和社会复杂性也随之扩展并逐渐多样化。

第 4 章

火、炊煮与大脑的发育

西班牙卡佩利亚德斯的艾波瑞克-罗姆（Abric Romaní）岩厦遗址尼安德特人的生活场景复原图

地点：西班牙卡佩利亚德斯（Capellades）

时间：4.6万年前

顺着刺柏灌木丛向上攀爬，他们带着采集的干木头和一天下来打猎的收获，一路往回走。带着这些燃料和一条野马腿，进入洞穴，他们看到温暖的火光闪耀着欢快的气息。他们绕到火的背后，那里，一对堂兄弟正坐在一起，一个抚摸着另一个放在他膝盖上的头，正小心翼翼地清理着头发中的脏东西，还咬着挑出的跳蚤和虱子。他们的祖父被鹿皮遮挡着。另一边，母亲坐在一截圆松木上，正在喂养婴儿。她的小儿子吸吮着她的乳房，津津有味地享受着，虽然几个月前他就开始吃硬食物了。旁边的祖母因火堆与他们隔开，蹲在圆松木上，继续着已经进行了几个小时的工作——照看火焰。她总是拨动和控制着烧过的灰烬，偶尔到窨穴里取些木头来继续烧火。回来的一个猎人将干木送到窨穴中，然后在他日常工作的地方坐下来，从他储藏的燧石中拿出一块石核，开始打制石器，并不时将不想要的燧石片，或者过了最佳使用期的石锤扔到火堆的对面。

祖父被新鲜的马肉混着松脂燃烧带来的芳香气味吸引过来。他的牙齿虽然没有掉光,但已经完全磨坏了,直接吃生肉实在太困难,更不要说去咬一根带骨髓的骨头了。祖母拿来一小片肉叉到烧火棍上,然后烤。这块肉够祖父吃上一阵子了。她的牙齿还好,仍然喜欢吃生肉,慢慢地将更多的肉拿来烤。

男孩子们陆续回到洞穴中,带回来一些奇奇怪怪的东西:蜥蜴、龟、植物块根,甚至还有那些秋季在草地上干瘪了的小种子,它们看上去不怎么样,有的根本不可能生吃,需要放到檐下滴水的地方,等着它们变软,而且可食用的部分不多。还有另一些美味,如榛实、胡桃、野橄榄,就着刚吃完的脂肪和鲜血的余味,品尝起来更加可口。

一个猎人在灰烬通红的小火塘上用木棍支起一个三脚架,另一个猎人将长条肉片系好,打算把肉烤干。与他们血缘关系稍微疏远些的亲戚们在河谷的远处也从事着类似活动。这次加上之前狩猎的不少成果,都要拿来一起慢慢烘烤。他们聚集成一个稳定的群体,大家都在鹿皮遮挡的洞穴前,照看逐渐烤干的肉片和三脚架。火光在黄昏到来时显得分外耀眼。他们凝望摇曳闪烁的火焰时,有意识地分别以某种特定位置坐下来,创造着属于自己的私人空间,也尽量避免过多的眼神接触。没有人彼此对视,他们都透过跳动的火焰,往河谷的方向望去,耳畔似乎听到野兽的嘶叫声以及伴随在草丛中的沙沙声,尽管眼前并没有出现任何动物。

在巴塞罗那的加泰罗尼亚(Catalunia)西北方向45公里处,安诺亚河(Anoia River)的上游坐落着一处洞穴遗址,上文所叙述的故事素材就来自这里。从遗址到安诺亚河,是深90米的石灰岩悬崖峭壁。沿着这条路向下走到大约三分之二的位置，就能看到俯视着河谷的艾波瑞克－罗姆（Abric Romaní）洞穴。泉水流过石灰岩峭壁，形成了大量形态各异的石灰溶解沉积物，其中一种被称为"石灰华"，正是这层厚厚的石灰华使曾发生在河流上游一餐的遗存得以保留下来。铀系测年结果显示，这一餐发生的年代大约是 4.6 万年前。

那时，西班牙和欧洲其他地方生活着与博克斯格罗夫的海德堡人以及今天的现代人都不相同的另一种早期人类——尼安德特人（*Homo Neanderthalis*）。洞穴遗址的尼安德特人对洞穴的利用，看上去和他们在博克斯格罗夫的前辈非常不同。在我的印象中，他们的合作方式与之前大相径庭，正如我们所看到的照料祖父时所体现的那样。家庭驻地中燃烧的火焰和经过炊煮的食物也让人觉得这个场景更加舒适惬意。

大约一个世纪以前，考古学家来到这个洞穴遗址，对最上面 3 米厚的堆积进行了发掘。20 世纪 50 年代考古学家又进一步发掘。最近 20 年，科学的发掘工作仍在继续。结合发掘，他们还进行了钻探，将洞穴内近 20 米深的堆积进行了绘图记录。这些堆积持续了至少 3 万年之久，各层中都发现了燧石片和石英石工具。在上层堆积中，还发现有的石头被用来加工成细石叶，而这种工艺正是欧洲现代人出现时所具有的特征之一。这些细石叶大约距今 4 万年，与欧洲发现的年代最早的现代人时间一致。[1]

在上层堆积之下，深层的堆积中包含的石制品的加工工艺又截然不同。与叠压在上层堆积中的细石叶相反，下层堆积中的石器多为有棱石核和形状不规则的石片，通常经过二次加工之后形成至少

---

[1] 关于艾波瑞克－罗姆遗址之前和现在的发掘情况，参见 Carbonell and Vaquero 1996，1998；Vaquero and Carbonell 2000；Vaquero et al. 2001；Vallverdu et al. 2005。

一个锯齿状或"小齿状"突起的边缘，这是常见的尼安德特人的石器工艺。近年来的发掘主要是围绕研究他们的行为进行的。最近几年的发掘质量颇高，既密切关注人工制品和生物遗存的空间布局，也研究了石灰华掩层的作用。当石灰华层被揭除，其下掩盖的火塘重现人间，里面到处都是炭化的木材和骨骼，某些情况下还有石板夹杂其间。在火塘和洞壁之间，分散着一堆堆的燧石片。它们没有延伸到洞壁那里，表明火塘边的繁忙工作与洞穴其他空间被某种屏障隔开了。在法国尼斯附近的拉扎瑞特洞穴（Grotte du Lazaret）遗址也曾发掘出尼安德特人的类似空间布局，学者们认为这是用石器打磨过的兽皮隔开的一处类似帐篷的遗迹。回到艾波瑞克-罗姆洞穴，开阔地带分布的大块的燧石表明，这里是一处与石器制作地点隔开的"投掷区"。

在某些特定情况下，石灰华会保留一些不同寻常的现象。轻轻拂去石灰华层表面的浮粒，可以看到一些不含石灰的拉长的空隙。有时，刮一下石灰华层，会看到整片的空隙。发掘者很有远见地挑选了一些这样的空隙区，浇铸出硅胶模型，然后带回实验室进一步检验分析。根据它们的形状，可以判断这是某些种类的木材，曾被石灰石堆积淹没，在石灰石变硬之后腐烂，留下与原有形状倒置的空隙或印痕。其中一个印痕经鉴定，为一段长 3.5 米的圆松木，整段松木的直径大约半米。这棵树很大，不可能生长在洞穴中，因而推测应该是人们将它搬运进来的。它就是本章开篇我推测祖母、母亲和孩子三代人坐着的道具。另一堆石灰华层中的印痕是一个倒塌的三脚支架，也就是我推测用来烤马肉的工具。故事中的马腿和用来切肉的燧石片，是根据与博克斯格罗夫类似的研究方法获得的线索。偶尔发现有些带印痕的木材并没有完全消失，可能是因为木材已经部分炭化，或是样品中的某些金属置换作用已经将其转化成了

艾波瑞克－罗姆洞穴最近发掘场景，可以看出剖面上厚厚的石灰华堆积，左侧发掘处露出用火遗迹

某种化石。经鉴定，其中一块为刺柏属的木板，考古学家们推测它是作为一种盘子似的盛器使用的。骨骼遗存获得的动物信息和可以鉴定到种属的孢粉复原的植物信息，以及可能用作食物的小动物、豆荚和草种子等，把这些资料放在一起，就勾勒出欧洲一系列尼安德特人遗址的大致面貌。①

艾波瑞克－罗姆遗址堆积中有规律地反复出现用火遗迹。在石灰华的掩盖下，灰烬、木炭和火塘的红烧土得以保存下来。火塘们的形状和尺寸各不相同，使用时间也有差异。有的火塘使用时间较短，很快就被废弃了；有的要长一些。在许多尼安德特人生活过

---

① 关于木材在石灰华中腐烂的痕迹，参见 Carbonell and Castro-Curel 1992，Castro-Curel and Carbonell 1995；关于当时可能食用的小动物，参见 Walker et al. 1999, Stiner et al. 2000；关于豆荚，参见 Lev et al. 2005；关于草穗，参见 Madella et al. 2002。

的洞穴或岩厦遗址中都会发现火塘，还有在木炭和灰烬掩盖下的断断续续烧红了的区域，有时还有"炉石"（hearth stone）。尼安德特人在这些洞穴或岩厦中留下了石器剥片，有时候还会发现他们的骨骼。这些火塘有力地表明，尼安德特人已经学会了控制火，灰烬中的碎骨块也证明他们对食物的处理方式有了根本的变化，拥有了列维-斯特劳斯所认为的代表了人类从自然世界中区分出来的基本特征——尼安德特人已经开始炊煮。

世界上最早的火塘，年代大约是艾波瑞克-罗姆堆积的2—3倍，即赞比亚北部距今18万年的卡兰博瀑布（Kalambo Falls）遗址。还有几处年代更为久远却存在争议的遗址，但并非所有火塘都能与人类遗存直接联系起来，使我们推断尼安德特人已经开始从事和我们现在一样的炊煮活动。也有人提出炊煮在人类的演化史上应该向前追溯得更远。毕竟，有些用火遗迹年代更古老，而且与早期人类的行为关系十分密切。年代更早些的"火塘"，也会从中发现较早的堆积中包含着灰烬、木炭和烧过的骨头。非洲许多这类用火遗迹的遗址，可以追溯到大约50万年前。肯尼亚巴林戈湖（Baringo Lake）附近的契索旺加（Chesowanja）遗址以及著名的图尔卡纳湖（Turkana Lake）边的库比福勒（Koobi Fora）遗址，只发现了人类用火的间接证据，比如烧过的石器、烧硬的土块，以及断断续续烧过的、发红的区域。年代大约距今150万年。[①]

---

① 关于早期人类用火的考古遗迹见于不少文章，其中价值较高的有 Barbetti 1986；James 1989；Straus 1989；Bellomo 1993；Clark and Harris 1985。这几篇文章从广义上支持了真正意义上"点燃"火种行为除了现代人和尼安德特人之外，在其他物种中都没有足够的证据。关于人类的体质特征以及消化的潜能，参见 Wrangham et al. 1999，作者认为应寻找年代更为久远的炊煮证据；不过，这种炊煮行为或者说体外消化行为，从广义上看完全可以通过利用自然火（火山喷发、闪电）取得火种实现，或者通过一些"冷却"手段实现，比如发酵和腐烂。

我们不能确认这些用火现象确是早期人类所为。在人类进化的中心——东非地区，频繁的火山运动和常见的闪电都会造成自然火。自人属出现以来，火的出现频率大大增加，我们可以通过海洋钻孔获知这一点，钻孔中较年轻的沉积显示炭屑含量增加，这些炭屑以烟的形式离开火焰而被保存下来。不断增加的气候和环境变化也可能将自然火更多地引入易燃的植被中，比如季节性干燥开阔的丛林。我们对人类与自然火的互动方式了解较少。如果某处自然火的密集程度和持续时间足以烧红土壤，那么它也完全可以用来炊煮。很可能在某个时期内，火之于人类就像野蜂蜜一样，大自然有所馈赠时，便取其利，没有的时候，也不依赖于此。早期人类不是唯一会利用自然火的动物。今天野火仍然吸引着某些捕食的鸟类前来追逐从火中逃生的小动物，陆地食肉动物则直接寻找没有来得及逃生、已经被烧成美餐的动物。这些都是大自然馈赠的美味。随后留下的灰烬对动物而言还是重要的盐分来源。早期人类如果有一个探索利用自然火的过程，那么他们也不是唯一能这么做的物种。

从尼安德特人和现代人生活过的遗址来看，很明显，他们要么是从自然界获得火种，要么是主动取火然后控制火的使用。这一点我们可以从火塘遗迹看出来。[1]在这之前的早期人类如直立人（*Homo Erectus*），已经开始接触火，这一点很明显，不过至于这火是由人类掌控的，或是自然的，或是从自然火取来的火种，目前还有很多争议。不管怎么说，无论是对环境、人类社会、人类的体质发展，还是人类食物的制备而言，火的使用意义非常深远。

---

[1] Rigault, Simek and Ge 1995; Pastó el al. 2000.

食用之前的消化

人类为什么要对食物进行炊煮呢？整个动物界，包括我们的亲缘属种动物，没有从事炊煮活动却依然生存得很好。事实上，我们今天仍在享用许多未经用火加工的食物，有些甚至还很奢侈。在社会人类学家比如列维－斯特劳斯和玛丽·道格拉斯看来，炊煮就像语言。它作为一种叙述形式，象征我们的"文化"，将人类从"自然"中分离出来。它允许我们编织形形色色的烹饪故事来塑造和强化我们的社会生活。如果我们看一看烹饪过程中的食物，就会发现它们经历了一系列的物质转化，这些转化结果有的与各种社交活动相关，有的则会影响聚餐群体的社会性质，进而影响食物的营养质量。

列维－斯特劳斯区分了现代社会中两种不同的烹饪叙述方式，即烘烤和炖煮。烘烤是一种"外烹饪"（exocuisine），字面意思是"外在的烹饪活动"。这种形式下，肉相对于火焰来讲是开放式的，就像社会化的聚会对客人们来说是开放式的那样。相对来讲，烘烤可说是一种奢侈的、戏剧性的烹饪形式。而炖煮是封闭式的，带有"内烹饪"（endocuisine）的意味，从字面意思看是"在内部进行的烹饪活动"。煮和炖是一种家庭烹饪方式，意味着与家人一起分享，美食在炖锅内产生。无论烹饪叙述与社会戏剧以何种形式融合，都会涉及我们将在第 5 章讨论的主题。[1]

烹饪叙述的内容包括食物的颜色、质地和味道，每项都经历了加工和改造。在烹饪带来的这些物质方面的变化中，我们最熟悉的是它以多种方式诱惑我们的味蕾。首先，它使食物变甜，通过分解

---

[1] Lévi-Strauss 1968.

原有的长链碳水化合物和其他分子，转化为葡萄糖等简单的糖分来实现。其次，它通过建立碳水化合物和蛋白质的化学链接，或者让糖和氨基酸发生反应，产生一系列更为复杂的分子结构。新形成的更复杂的物质有焦糖和阿马杜里（Amadori）化合物，后者以它的研究者名字命名，是一种会使烹好的食物变成棕色的化合物，还能够在食物表面生成脆壳，并使食物散发出诱人的香味。再次，某些烹饪方式就像画家的调色板一样，各种不同的调味品混合成一份美食。口感和味觉在人类演化过程中发挥了显著的作用，指引我们远离自然界的哪些部分，又可以去利用哪些部分，以及平衡二者的关系。我们对于烹饪艺术到底在多大程度上改变了古人的生理机能还不是很清楚。当然，对于今天的商业食品在这方面的作用我们非常熟悉。不过既然炊煮贯穿了我们现代人产生以来的历史，那么这中间必然经历了一个发生过某些体质进化协调的过程。另外，烹饪调料和营养成分之间的关系在未加工的食物中比在烹饪过的食物中体现得更清楚。[1]

烹饪产生的第二类物质转化是通过破坏细胞壁和缩短分子结构，最终使肉嫩化，这影响了分享食物的群体范围，具有明显的社会效果。软化了的食物对两类人最为有利，一是断奶期的幼儿，二是老人，在尼安德特人和现代人中都占有特殊的地位。断奶期是人类大脑继续发育的延长过程，需要过渡的特殊食物。[2]对许多物种来讲，老弱群体除了遵循自然选择严格的规律等待死亡之外，没有什么特殊的地方。对尼安德特人牙齿和骨骼的鉴定表明，他们的寿命不如我们，大概45岁已经算高寿了。不过，确实有资料显示尼

---

[1] Nurston 2005.
[2] 关于进化论中断奶期幼儿的论述，参见 Kennedy 2005。

安德特人就像现代人一样，对老弱有特殊的照顾行为。这种观点使我在艾波瑞克－罗姆的故事中加入了照顾祖父的场景。

关于尼安德特人如何对待老弱的信息来自少数具有启蒙意义的人骨遗骸，学者们对其骨骼残骸进行了详细研究。在伊拉克沙尼达尔（Shanidar）的巨大岩洞中，曾发现一些关键的尼安德特人残骸，其中一具骨架就是我们所说的启蒙者之一。这是一位男性，他的一生至少一生中的大多数时间，患有肢体肌肉萎缩的病症。并且人们还发现他的脚和头部都曾严重受伤，后来又康复。他只有得到群体中其他人的帮助才可能存活下来。第二个例子与我们假想的祖父直接相关，这是一位老年男性，他的骨架出土于法国一个年代较前者新得多的拉沙佩勒欧桑（La-Chapelle-aux-Saint）岩洞里。这个老年男性的大多数牙齿都已经掉光，牙龈周围的骨骼显示曾有愈合痕迹，显然他在丧失正常的咀嚼功能之后仍然存活了很长时间。[1]

除了炊煮，还有许多其他方式可以将食物软化。最直接的就是健康的成年人先在嘴中将食物嚼碎，然后再去喂他人，如果人们显然因为其他原因炊煮，那么这种方式至少在实际过程中也会起到软化食物的作用。

烹饪产生的第三种物质转化是改变了食物的营养质量。分子的热分解不只简单地将食物软化，还导致分子重组，有时候会产生更好的营养效果，有时候则相反。拿植物来说，炊煮活动的一项重要功能就是分解其中的有毒物质。毒素在植物界分布广泛，它们是植物用来抵御侵害的首要保护措施。回顾人类的发源地非洲，在那

---

[1] 沙尼达尔骨骸的资料参见 Solecki 1971；拉沙佩勒欧桑岩洞老年男性的资料参见 Bouyssonie et al. 1908。

里，我们栖息于丛林中的祖先曾遭遇来自植物形形色色的防卫措施，包括尖利的刺、厚厚的皮和坚硬的木质外壳等。为了应对这些困难，他们及时发展了灵活使用手指来拆取的技巧。当他们迁徙到更开阔的地带，面对以小型草本植物为主的植被环境时，又遇到这些以毒性为主要防卫措施的植物。在这种形势下，加热分解毒素才使植物食用成为可能。

我们对于炊煮后动物组织的营养成分变化了解得不如植物这样清楚。回到大约 50 万年前，最早的烧过的碎骨很可能是原始人在空地生火进行烤肉野餐时，留下的某个破损的关节。这种简单的烤肉方法显然代表了早期炊煮活动的主体内容，不要说会分解毒素，反而还可能增加食物中的有毒物质。凶手就是所谓的美拉德（Maillard）反应，它与形成阿马杜里化合物的反应属于同一门类，能使食物产生诱人的香气和色泽。与阿马杜里化合物在相对低温下产生不同，食物直接与高温接触可能会产生一些有害物质。不过并不是以何种方式加工肉类都产生有毒物质，而是说那些直接与高温接触的肉类和鱼类可能存在这个问题。对淡水鱼类、海鲜特别是它们包含的油脂来说，这种现象更为明显。生食才能最大限度地享受它们的营养价值。

尽管烹饪之于食物的营养价值有负面的或者双重影响，但在节约进食成本方面还是有积极作用的。就像人体的其他功能一样，消化需要消耗能量，有些食物消耗的能量还比较多，这并不单指它们在口中咀嚼的过程，还包括在人体中的循环过程。消化某些食物需要的能量可能与它本身提供的一样多，甚至更多，还有更多的食物事实上给人体带来的能量微乎其微。炊煮所做的是在身体之外先对这些食物进行重要的化学分解，以加强人体对能量的吸收。在许多研究者看来，这一点在人类进化过程中发挥着至关重要的作用。

维护生理机制平衡

在人类进化过程中,与减少消化成本相关的最常见的证据是人类牙齿化石尺寸的变化。从早期更新世灵长类到现代人,牙齿整体上经历了变小的过程。距今 200 万—150 万年,直立人的头骨首先体现了这一点。另一个牙齿变小的重要阶段大约在 20 万年以来。除此证据以外,对现生哺乳动物的生理记录表明内脏(消化系统)器官也经历了类似的过程。相对于人的体形来讲,牙齿较小,内脏也较小。我们的身体用于吃饭的生理机制已经被压缩,如同另一个重要的身体器官——大脑已经增大一样,或许这就是整个体质进化过程的主要线索;内脏缩小可能与脑容量增加密切相关,尼安德特人的脑容量平均值是早期人类中最大的。

还有另一种有意思的解释。人体不同器官从事不同的工作,但是都要消耗能量,这些能量由糖分通过血液运送到各个器官。有些组织比如皮肤和肌腱,一旦生成,运作消耗的热量相对较低。另一些器官比如肝脏、肠道和大脑,在工作时则需要大量能量。它们获取的能量主要取决于能从食物中消化和释放多少糖分。通过观察哺乳动物以及测量它们不同的器官,可以得出哺乳动物各器官的大致标准。我们将这个标准与人类各个器官的尺寸进行对照,会发现现代人的大脑是哺乳动物群大脑标准容量的 2—3 倍。由于人类进化的一个主要特征是脑容量增加,所以这一点并不令人惊讶。能量经济学提醒我们注意,人体应平衡各器官对能量的需求。大的脑容量自然消耗大量的糖分,这样其他器官所获得的能量就会相应减少。另外两个能量的"大消费者"——肝脏和肠道,前者要维持身体基本的化学平衡,后者是食物的通道,要将食物部分地转化到血液循环中,为身体提供能量。对人类来讲,内脏维持了身体的基本平衡，然而内脏的尺寸只是其他哺乳动物平均值的一半。

就像我们大致估计的那样，脑容量的增加从能量经济学的角度导致内脏的缩小，而肝脏实在太关键以至于在进化中不能缩小。与那些只是懒洋洋地把草叶转换为牛肉的牛相比较，人类内脏缩小的经济效益就凸显了。牛的内脏很大，有专门的四个胃室，每个胃室都要由外来的细菌部队帮助消化，而这支细菌部队本身也需要能量供给。草大概会整个地被吞下去，进入牛的体内工厂进行化学分解。人的内脏从事这项工作的能力与之相比要弱得多，尤其是草含有大量的纤维素，它们可以对我们未消化的类"纤维"物质进行清理，但是很难提供任何营养成分。我们不能将其分解为糖。

这种"高耗能组织假说"认为，从能量角度讲发育大的脑容量是有道理的，前提是不应该给缩小的内脏带来过于紧张的工作压力。比如，动物组织的细胞壁就没有纤维素，并且能以浓缩而不闭塞的形式为身体供应能量和蛋白质，相应地可以减轻内脏消化负担。另一个减轻内脏负担的方式就是在身体之外完成某些消化环节，在摄取食物之前，先进行部分体外消化。消化是一个化学过程，在这个过程中，不可吸收的大分子要转换为易于吸收的小分子，这可以通过许多方式来实现，比如发酵（本质上讲，需要酵母和细菌首先进行这项工作）和加热。这个假说在大的脑容量与易消化或通过加热后易消化的食物之间建立了生物学的联系，从概念上将火、炊煮与大脑联系起来。[1]

研究者们已经测量或者估测了大量人类化石以研究脑力的发展进程，目前探索脑容量充分扩展的几个关键时期已经成为可能。此外，尽管我们不能根据化石测量人的内脏尺寸，但可以测量牙

---

[1] Aiello and Wheeler 1995.

齿，而它的变化可能反映了人体内部消化压力的减轻。人类脑容量扩张有两个关键时期，一是人属最初出现时，大约在200万年以前；另一个是现代人和尼安德特人共同的祖先出现的时期，大约在三四十万年前。其他特征比如上文提到的牙齿变小，它的进程滞后于大脑的进化，伴随直立人在距今190万—170万年出现，过去的20万年还在现代人身上进一步发展。第二个时期有力地支持了"高耗能组织假说"。脑容量的急速扩展在时间上与我们发现的与人类遗骸共存的灰烬、烧过的骨头、木炭一致，继而出现的火塘在某种程度上也与牙齿变小的年代一致。关于第一个时期直立人脑容量扩张和牙齿变小与炊煮之间的关系，现在的相关资料还非常贫乏。但我们推测，那时已经出现了广义上的体外消化，开始时可能将吃的东西放在火山堆积附近烘烤，后来又利用失火的灌木丛加热，甚至可能直接把食物放在焦灼的太阳下暴晒。这些方法都有可能对动物组织产生类似消化的作用，与把植物组织放在热量不太密集的地方效果类似。①

在人类今天的记忆中，野生橡子曾是西南亚某些地区的小吃。不过，或许只有当地人才知道，如果直接食用从树上摘下的野橡子，很可能会中毒。其实，将果实在地上放一会儿，让其自然发酵就会分解其中的毒素，这些已经部分"腐烂"的橡子稍微再加工一下就可以吃了。②实质上，关于早期人类对自然发酵作用的利用我们没有什么相关证据，不过确实有一些他们以野橡果为食的间接证据。从很多方面来看，有效利用生物发芽或腐烂的自然过程，需要同时拥有良好的时间概念以及熟悉的自然知识，我们的猿类近亲已

---

① 关于我们进化历史中大脑尺寸变化的社会含义，参见 Dunbar 1993；Aiello and Dunbar 1993。
② 伊弗雷姆·列夫（Ephraim Lev）的观察结果。

经具备这两种能力，早期人类当然也能做到。今天，当我们享用着面包、啤酒、酸奶、豆腐和酱油时，实际上就是利用了微生物分解，也就是说，我们控制了食物腐烂发酵的过程。在这种背景下，我们属于"食腐屑动物"，使用了有可能是最原始的外部消化方式。

为何增大脑容量？

很明显，烹饪既需要灵活的前肢，也就是双手，也需要大脑来指挥从而完成这一多步骤的工作。结合发现的持久耐用的人工制品，比如把精美的燧石片用沥青镶嵌粘到木柄上，我们得知尼安德特人已经能够胜任这类复杂的工作。"高耗能组织假说"的一个推论认为，不仅烹饪要求一定量的脑力，而且脑力的发展也需要一定量的烹饪行为来提供。那么到底是谁推动了谁的发展？要回答这个问题，我们得认真考虑，大脑还从事其他哪些工作。

人体各个器官中，只有大脑具有指导社会生活的功能，它使我们记住许多人，并与人交谈，保持联系，等等。在我所生活的社会圈子中，很多人圣诞节寄贺卡的名单上有一二百个名字，这个数字大约相当于一个保持着亲密联系的当地社交圈子或者规模较小的小学的人数。在人类社会生活中，这个数字反复出现，且不局限于西方世界；它与现在仍从事狩猎-采集活动的社群平均人数大致相当。观察一下周围其他灵长类动物，它们的社群总数好像与大脑中被称为"新皮质"的区域尺寸可以进行换算。新皮质是大脑的外层，多褶皱，哺乳动物因为具有新皮质而从脊椎动物中分离出来。在人属中，这部分发育得已经非常稳定。像新皮质这样的软组织，我们从人类化石中很难获得测量数据，不过，新皮质的容量和整个大脑容量有个大致的比例，大脑容量可从颅腔推算，而颅腔容量可以通过测量颅骨化石得到。所以，通过适当地扩大误差带，我们还是可以根据人类化石颅腔大小换算出他们潜在群体总人数的平均值。按照这个逻辑，最原始的人类的群体数目与更新世其他猿类比如非洲黑猩猩、大猩猩和红毛猩猩大致一样。群体总数都被推测为60—70。最早的人类群体总数平均值高一些，为75—90。到了直立人阶段，增加到130。这大约是第3章讨论的从事狩猎屠马活动的人群数目。对尼安德特人和现代人来说，群体人数大约为150或者更多。根据这些资料，我们可以开始探索导致炊煮出现的进化轨道。①

故事要从中新世末期（大约1200万年前）的非洲讲起。当时，灵长类动物进化和生态平衡所依赖的茂密的赤道森林受气候变化影响开始衰落。雨林消失，森林变成小片的树林，猿类的栖息环境变化，它们开始沿着不同的路线进化。200万年前，猿类的一个属——人属（Homo）迁移到开阔地带，许多动物依靠大体型在这种环境下生存，植物则依赖体内的毒性和结构质地对抗天敌。早期人类在进化的某些阶段，完全突破了动植物这两种抵御方式。他们可以通过由长矛、石器和社会凝聚力组成的团体来捕获大型动物并分配食物；还可以通过外部消化方式如常见的磨粉、腐烂、发酵和加热，将植物转化为食物。这些行为都要求人类拥有一定的智力和大脑，并且，智力需求最极致的是社会凝聚力，这要求大脑新皮质的扩展。要实现这一点，其他器官比如肠道必须缩小，以便供应更多的能量给大脑。大脑的复杂性与外部消化之间的联系产生了一个正反馈回路，它使这一切成为可能。外部消化促使缩小内脏的效率越高，大脑的尺寸就可能越大。增大的脑容量反过来创造出更多精

---

① Dunbar 1993, 1996.

湛的技术，包括更有技术性的外部消化技能，这就将回应区带入了自我加强的循环当中。

我们应该正视早期人类已经非常熟练于对大自然种种特点的利用，他们成功利用了腐烂和发酵、太阳的烘烤，偶尔还会投机取巧，利用火山运动活跃地区的自然生热地点，或是失火的灌木丛中火势较弱的地方。只要能够主动寻找、注意防卫和记得原路返回就可以完成这些工作。从距今50万年前，人类可能已经开始采集火种，这才能解释得通为何在人类居住过的地点会发现木炭、灰烬以及烧过的骨头。在最近的15万年中，人类在拥有所有物种中最大脑容量的同时，也学会了将热量控制在一个中心地点，即在洞穴和岩厦中利用火塘控制火，这是他们掌握的种种外部消化技巧中关键的一种。

如何实现大脑发育？

和任何重要器官一样，大脑的发育需要大量蛋白质和能量，以及丰富的营养物质和维生素。对于灵长类动物来说，这主要依赖于胎盘的高效机制，母体集中所有必需的营养成分并通过胎盘传递给胎儿。别的灵长类动物幼儿出生时，大脑基本上已经发育完全，人类却不是这样。人类生育的"婴儿"具有真正意义上的不同寻常之处。大多数哺乳动物生育的"学步儿"在出生后几分钟就能够做一些成年动物的动作，四肢协调配合。人类的婴儿远远不能这样，其中包括他们的大脑。他们需要再经历18个月左右（事实上直到他们也成为初学走路的孩子为止）才能赶得上新出生的灵长类近亲。因此，人类大脑的大部分发育要依赖母亲的乳汁完成，这归根结底依赖于母亲在这个时期的饮食，而这个时期恰恰是她人生中食物竞争能力最弱的阶段。①

早在博克斯格罗夫人分享食物的时期，人类的脑容量已经发育得相当大，显然大脑发育所需的营养供给已经成为一个问题，这使我们推测，当时的父亲和其他亲属可能会协作起来，获取食物以满足年幼子女的需要。对于在艾波瑞克－罗姆遗址居住过的拥有较大脑容量的尼安德特人来说，这更是一个问题。大脑的发育不只是满足一定量的营养需求那么简单，还要注重营养的质量，有时还需提供某些特定的化学成分才能完成。

除了前文我们列举的一些常见物质，大脑的很大一部分是由脂肪组成的，其中有些是非常特殊的脂肪。髓磷脂中最常见的脂肪酸是油酸，它也是母乳和我们的食物中含量最丰富的一种脂肪酸。另外两种对大脑和视力发育至关重要的脂肪分别是 DHA 和 AA，前者是大脑中含量最丰富的脂肪。它们分别是 docosahexaenoic acid 和 arachidonic acid 的首字母缩写，指代多不饱和脂肪酸"二十二碳六烯酸"和"二十碳四烯酸"。母亲和孩子可以通过另外两种脂肪酸来合成 DHA 和 AA，但是人体内不能形成，必须从食物中摄取。因此，它们被称为"必需脂肪酸"（essential fatty acids），即 EFA。②

EFA 被称为"大自然防冻剂"，这是因为无论在多么低的温度下，它都能保持深海鱼的新鲜度。深海鱼的油是 EFA 的最佳来源，长期以来有"大脑营养品"的美誉。在植物界，有的必需脂肪酸分布在绿叶植物中，在含油的种子中也很常见，比如胡桃、大麻和亚麻籽。我们不只需要 EFA 来维持大脑的发育，还需要它们保持内在平衡，这一点在我们对肉类的食用上体现得颇为明显。

---

① Kennedy 2005.
② Mostofsky et al. 2001.

EFA 有两种类型，即"欧米伽-3"和"欧米伽-6"，3 和 6 分别指代它们化学链的内在组合形式。混食肉类、鱼类和植物类食物可以较好地维持这种平衡，但是当食用反刍动物肉类较多时，就会合成过多的"欧米伽-6"，破坏平衡。我们连现代社会人类如何在大脑发育的关键时期实现这一平衡尚不十分清楚，更不要说解释遥远的史前人类是如何做到这一点的了。在叙利亚的杜拉（Doura）岩洞中发现的一些散落的种子为我们提供了一点线索。这些种子是一种紫草科植物的硬坚果，而紫草科的多油种子一般富含 EFA。我们可以设想年轻的尼安德特人母亲拿着石锤砸碎坚果以获取多油的种子，尽管细致的考古工作记录并没有发现任何证据能直接证实这种行为。然而，这些种子确实是我们亲眼看到的古人遗留下来的富含 EFA 的食物，同样，那些相对柔软的野马脂肪也能提供必需的脂肪酸。[①]

中心地点到底有多重要？

这是不是意味着人类的饮食形式已经发展到一个关键时期？如果列维-斯特劳斯和玛丽·道格拉斯穿越时空来到这些火塘面前，他们能不能辨认出一些非常熟悉的东西？依据这个场景，我们是否应正视塑造家庭饮食与社会对话的烹饪艺术、技巧的兴盛？并非如此。关于这些最早的火塘还有很多问题值得探讨。它与遗址的空间格局或者说与缺少它的空间格局息息相关。

艾波瑞克-罗姆遗址有很多火塘。确实，整个欧洲这个时期

[①] 杜拉岩洞发现的紫草科植物种子，参见 Hillman 2004；关于马的脂肪含有 EFA，参见 Levine 1998；Crawford et al. 1970。

的火塘遗迹都很常见。在寻找火塘分布特点时，我们意识到我们不只是将火塘作为火的来源地这么简单。在现代社会，火塘是空间内的核心地点。英语"焦点"一词（focus）就来自拉丁语的"壁炉"或"火塘"，还包含"家"或"家庭"的意思，体现了人类之间密切的联系。但这些不能照搬到尼安德特人的生活中。就艾波瑞克-罗姆遗址本身而言，如果我们剔除早期发掘的空白，年代最近的发掘揭示的遗址布局给我们的印象是，火塘似乎到处都是。这种模式在众多尼安德特人遗址中反复出现，让我们觉得所发现的火塘十分特别，它们代表了个体的行为，因而在不同的遗址形成了各式各样的布局方式。对这一系列模式的最佳解释应当是，人们多次返回洞穴中从事不同的活动，这多次返回之间又相对缺少联系，甚至有所重叠，他们并不是围绕一个公共的火塘持续在这里生活。虽然有资料表明艾波瑞克-罗姆遗址的一些火塘曾被使用过较长时间，甚至某些遗址曾区分出特定的火塘区和无火塘区，不过这些资料与上述解释并不冲突。我们还不清楚他们是如何生火的，但是很显然他们经常在某些火塘中保持火的持续燃烧状态。然而，他们并没有在洞穴内形成一个明显的中心活动区。[1]

什么样的烹饪？

让我们根据尼安德特人和早期人类留下的用火遗存来看看他们究竟用火加工了哪些食物，以及产生了什么样的影响。首先回到距今大约50万年的非洲遗址，肯尼亚的欧罗结撒依立耶、南非的斯瓦特克朗斯（Swartskrans）和火塘岩洞遗址，来看一下出土范围最

---

[1] Pettitt 1997.

广的烧骨碎块。关于这些碎骨骼,有一种可能,它们是人类生吃骨髓后留下的残余物,与烹饪没有任何关系。假设有关的话,那么它们很可能来自多骨骼的关节部位,我们可以推测当时的肉只是经过了轻度熏烤,保持了比较生的状态。考虑到非洲的温热天气,以及我们推测的早期人类掌握技能的情况,要长时间储藏肉类,很可能需要把肉切片、弄干。根据我们对骨骼残留的切割痕观察,在这之前很长的时期,人们已经学会切割肉片。在炎热的气候条件下存储骨头是一个非常具有挑战性也非常冒险的行为,很可能条件根本不允许干储骨头,这样就浪费了里面宝贵的骨髓。①

如果我们假设在早期非洲遗址出土的碎骨骼来自相对生鲜的肉食,那么当时的人类可以从两个方面受益,一是食物口味新鲜,二是消化成本降低。至于营养成分,结果可能是负面的。烘烤过程会分解一些对热量敏感的维生素和油脂,并在烤肉表面产生含中性毒素的美拉德反应物。

把研究范围向北推进,研究的时间也被向前推进,我们发现某些欧洲尼安德特人遗址中出现了种类更丰富的被烧过的动物骨骼,包括很多小型哺乳动物、爬行动物、两栖动物和鸟。西班牙西南部有两处这样的遗址,分别是库埃瓦-内格拉(Cueva Negra)和西马德拉斯-帕勒玛斯(Sima de las Palomas),出土的动物骨骼种类尤为丰富。在库埃瓦-内格拉遗址,鸟和龟的骨骼数量众多,还有很多刺猬、兔、青蛙(或蟾蜍),以及小型啮齿动物。西马德拉斯-帕勒玛斯遗址出土的骨骼与此类似,还有蜥蜴。早期人类捕猎的大型动物都是食草动物,它们的内脏即便生吃也比较安全。而这些小动物的食物来源比较复杂,它们有食肉动物、杂食动物、食虫

---

① James 1989.

动物、食碎屑动物以及食腐动物。生吃它们的内脏既不安全，也不好吃。特别是人类在不了解它们的食性时捉来食用，必须加工烹饪后才有卫生保障。①

对海洋动物来说情况就不同了。从营养学的角度讲，海洋动物生吃是最有营养的，尤其是它们富含重要的 EFA，加热很容易使这些必需脂肪酸氧化。因此，如果有人告诉你，直布罗陀一处尼安德特人遗址集中出土了很多烧过的蚌壳，可能你会感到很惊讶。我们不禁想问，为什么在 4.5 万年前范格罗洞穴（Vanguard Cave）中的人要对蚌进行烹饪加工？或许他们只是觉得蚌壳加热后容易剥开，也有可能他们就喜欢加热后蚌肉的味道，完全不考虑这样做是不是降低了营养价值甚至产生了负面作用。②

探索味道的好奇心或许还可以用来解释在尼安德特人火塘边发现的一些植物食物。叙利亚代德里耶赫洞穴（Dederiyeh Cave）遗址发现了朴树属（Celtis sp.）植物的种子。在旧大陆和新大陆史前时期的各阶段都曾发现过不同种类的朴树属植物遗存。它们的果实可以用来食用，也确实具有某种营养价值。不过，旧大陆的朴树属植物果实的果肉很少，更多的还是被用作一种调味品。在北美，土著印第安人的阿帕奇族（Apaches）、托赫诺－奥哈姆族（Tohono O'odham）、纳瓦霍族（Navaho）和霍拉派族（Hualapai）也都将此作为调味品，用法与胡椒子有点像。代德里耶赫洞穴遗址发现的朴树属种子或许暗示了调料在尼安德特人食谱中的重要性。至于其他植物食物，它们的化学消化过程很成问题。举个例子，以色列的卡巴拉洞穴（Kebara Cave）遗址曾发现大约 20 种植物的炭化种子，

---

① Walker et al. 1999；Stiner et al. 2000. 关于欧洲尼安德特人生活行为的背景资料，参见 Pathou-Mathis 2000；其他文章见 Stringer et al. 2000。
② Barton 2000.

这是所有尼安德特人遗址中发现植物种类最丰富的一处。其中大约80%是小的豆类种子，它们的构成形式表明这些种子收获时还没有完全成熟。这一点与我们想象的及时收获野生植物的图景相符合，既不能太早使种子错过最佳发育期，又不能太晚使种子变得太硬并且生成毒素，尽管用火加工可以使种子软化并减少毒素。草类种子也有发现，所占比例不高。另一处以色列洞穴遗址也保存了收获成熟草穗的证据。在阿马德洞穴（Amud Cave）遗址还发现了典型的草穗植硅体。[①]

火塘在尼安德特人的洞穴遗址中反复出现，为他们提供温暖和保护，偶尔也会被用于加工食物。他们的许多食物都是生吃的，不过有时也会被拿来在火上烤一会儿再吃。根据目前掌握的资料，我认为他们用火加工食物的动力来自多次实验后产生的香味，这种对味道的探索与营养价值或许有也或许没有联系。事实上，在这个过程中有时食物的营养价值降低了。除了与营养价值之间的偶然关系之外，这种偶然用火的实验还导致了另外三件事的发生。首先，它扩大了尼安德特人的生境，使之可以享用更多的小动物和植物食物。火可以对那些食性不确定的小动物的肉和内脏进行消毒，还会分解许多植物含有的毒素和抑制剂（它们分泌的"天然杀虫剂"）。其次，它减少了消化活动耗费的能量成本，与大脑的扩张和内脏的缩小这一进化趋势相符合。再次，通过软化食物，它为断奶期的婴儿、老年人、体弱者和牙齿掉光的人提供了更多的食物。在复原4.6万年前艾波瑞克-罗姆遗址发生的食物分享活动时，一个很重要的情节就是强者对弱者的照顾。不论他们用火的行为与现代人

[①] 代德里耶赫洞穴遗址资料参见 Akazawa et al. 1999；卡巴拉洞穴遗址资料参见 Lev et al. 2005；阿马德洞穴遗址资料参见 Madella et al. 2002；直布罗陀范格罗洞穴遗址资料参见 Gale and Carruthers 2000。

强烈的以火为中心的行为相比是否更短暂、含义更单调,我们想象的祖父母和弱者待在兽皮遮蔽的岩洞深处的景象与有血缘关系的人群沿着圆松木坐下来的景象十分和谐,并且在我们描绘的图景中,他们已经拥有非常广泛的"社会语言"。有的研究者可能会质疑故事中的木质三脚架,尤其是刺柏属木材制作的"盘子",那些石灰华"印痕"的确暗示了某种对木材的加工活动。这些问题更多地反映了研究者对尼安德特人的大脑到底发育到什么水平还持有不同观点。有的学者曾提出,从他们使用的人工制品来看,尼安德特人不可能拥有未来的概念,这也使我赋予他们关于时间变化的反应一种印象主义色彩。当然,他们的大脑可能拥有某些我们现代人所不具备的认知能力,只是我们不可能对此进行归类,更不要说逐一辨认出来了。

亲历洞穴生活场景

作为现代人,我们大可比尼安德特人做得好些,而不是半闭着眼睛,满足于将我们的推论限定在这个潮湿滴水的洞穴中。看看洞穴堆积的历时性变化,我们通常会获得比推测的就餐者们对这段历史更为清晰的理解。洞穴堆积的最上层已经完全被挖掉了,我们看不到任何东西。但是在这段空白下面,近来考古学家们沿着洞穴东壁做了一些工作,以此可以观察他们发掘过的大约3米厚的堆积剖面。我们可以看到地层中积聚在一起的钟乳石和石笋。它们的下层是从洞穴顶部掉下来的大块大块的石灰华。其中还能分辨出一些曾经生活在渗出的富含石灰的水中的苔藓与其他植物,包括曾经覆盖在潮湿滴水的穴顶的掌叶铁线蕨的细碎叶片。所有这些都发现于一层层叠压着的渗水易脆且富含石灰的沉积中,有好几米深。正是这

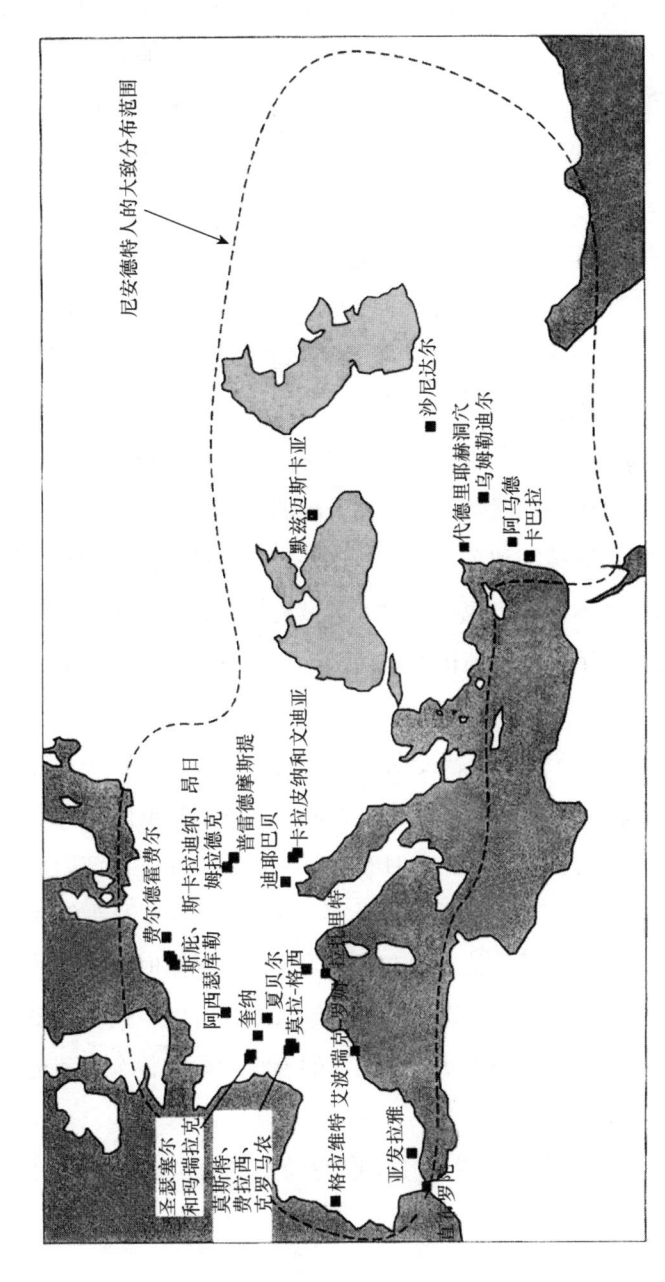

尼安德特人在欧洲和西亚的分布及重要遗址（示意图）

第 4 章　火、炊煮与大脑的发育

些沉积抓住并且保存了我们叙述的尼安德特人的生活情节。在这块堆积底部的旁边,有一个大的圆形遗迹,考古学家在这里进行了钻探,结果表明,这些堆积向下至少还有12.5米深。铀系测年结果显示,整个洞穴堆积持续了大约3万年之久,时代大约距今7万—4万年前。

这些石灰华沉积不只记录了尼安德特人到洞穴中的偶然拜访,同样还保存了每年吹进洞穴中的孢粉雨。这些孢粉为我们提供了最直接的证据,来观察尼安德特人分享食物的短暂情节是如何在更长时间尺度的环境驱动力中发生的。孢粉序列保存了弗雷德里克·克莱门茨所提出的演替过程,在随后更深的孢粉序列中也能看到这一点。其中有过较冷的时期,以低矮开阔的植被为主要特征,如草本植物、典型草原植物和菊科植物。这些较冷时期间隔着的温暖期则以茂密的树林为标志,包括橡树、野橄榄树及其近亲树种。如果我们仔细观察一下这两种植被的波动情况,会发现存在一种模式,而此模式并非这个特定的区域仅有。[①]

距今7万—6万年,寒冷期和温暖期的波动幅度很大,每次大约会经历2300年的时间。经过这个时期,当气候整体趋向于寒冷的顶端时,波动振幅减小,并且在接下来的1万年中,波动出现的频率增加,每次波动的时间平均大约1000年。本章开头叙述的尼安德特人的生活场景,就发生在这个阶段即将结束时。在孢粉序列的最后1万年间,孢粉曲线先是指向最寒冷的阶段,只有少量的树木类型,接下来进入一个新的延长了的温暖阶段,整个序列也结束于这个温暖期。

通过测量海底和冰川钻孔获取的轻重氧同位素比例,可以直

---

① Burjachs and Julià 1994.

接获得同一时期的气温情况。重氧同位素含量较高,意味着沉积形成时的气候相对温暖。如果我们将艾波瑞克-罗姆遗址的孢粉曲线与氧同位素资料比如格陵兰冰盖钻探的资料放在一起比较,会发现二者完全一致。距今7万—6万年,有着大幅波动;6万—5万年,波动幅度减小,但频率增加;接下来的5000年是一个相对稳定的寒冷期,之后又回到温暖期,直到整个序列结束。洞穴中的孢粉处于全球气候变化的波动期。换言之,尼安德特人狩猎-采集生活处于气候变化相对较快的时期。当然,生物个体不可能经历从潮湿的落叶林向寒冷的开阔草原的转变。即使在波动最为迅速的时期,这种转变也会经历几个世纪。但是,就像我们从前面几章中所看到的,快速的气候变化会打乱所有平衡,尤其是那些与生长缓慢的树种和大型的、寿命较长的动物有关的平衡。它们所在的生态系统,各个方面开始滞后于气候变化,有的物种进化滞后,另一些甚至灭绝,最终导致食物网重组。孢粉序列中的有些种类反映了这种动态。不过,松树看起来适应得很好,无论在温暖期还是寒冷期都有它们的身影,因此若根据这个种属的反应来判断气温变化,显然是不理想的。

  出现在尼安德特人的火塘边的动物骨骼化石,反映了大型动物在气候变化时期各种不同的命运,就像我们在50万年前的博克斯格罗夫看到的那样。遗址发现的另一种食肉动物是猫科动物西班牙猞猁,它成功地经历了气候的波动,直到今天仍有少量存活。在食草动物中,马鹿是真正的幸存者,还发展成为数量众多的一个物种。西班牙山羊表现得也不错。野马、野牛也持续生存了一段时间,但是到今天也已经消失了很久。窄鼻犀牛的数量在那些古代火塘燃烧的时候就已经开始减少了。另一种大型动物是尼安德特人本身了,这个物种后来在西班牙南部持续生存了几千年,距今3万年前急剧减少。上述快速气温波动将赤道物种驱逐到靠北的区域，严峻地考验了它们的生存能力。在本章描述的分享食物的场景发生时，尼安德特人已经完成了他们在地球上生活的十分之九的时间。当他们的数量减少时，一个新的人种正在欧洲发展起来，这个新人种后来也到达了安诺亚河流域，并且在艾波瑞克－罗姆洞穴的堆积中留下了生活痕迹。连同特征十分显著的石片——我们所属的这个物种的标志性"名片"，考古学家们还在上层堆积中发现了许多穿孔贝壳和牙齿，以及一组穿孔鱼椎骨。在博物馆中，这些穿孔遗存或许并不是最抢眼的，不过它们却暗示了现代人分享食物的方式，暗示了他们整体上互动的方式。事实上也告诉我们，现代人的大脑思维已经十分复杂。

打开大脑思维的大教堂

穿孔的骨骼、贝壳、牙齿，以及象牙反映了长期以来人类物质中文化反复出现的一种特征。它们现在的用法与我们想象的4万年前古人的用法是一样的，都是作为装饰的珠子使用。在艾波瑞克－罗姆遗址，我们对当时人类使用它们的背景并不清楚。不过，在后来的几千年中，这些珠子不断出现在被埋葬的死者身上，这为我们推测它们的用法提供了依据。它们经常被串起来作为埋葬者的项链或者头饰，主要放在脸部和头部上，有时候也会放在胳膊上。换句话说，死者的身体被当作一个交流的对象，他是一个社会属性的人。如果回到第3章关于早期人类大脑工作模式的讨论部分，我们还记得大教堂和分别举行各种不同的仪式小礼拜堂的比较。这些小礼拜堂或者智能区有的与大自然相关，有的与物理材料有关，有的又与社会活动相关。考古资料的许多方面都证实了各智能区之间存在某种程度的独立。穿孔的装饰品却显示出新的内涵。人们从大自然中获取某种物理材料，一枚贝壳、一颗牙齿，或是一块骨头，对它们进行穿孔，加工成形态类似的成组物品，然后以一种有利于面对面交流和社会互动的形式将它们佩戴在身体上。这些穿孔物品是考古资料中一系列与一种新的人类相对应的变化之一；各个小礼拜堂之间的墙壁和屏风已经被打通，大脑内部现在正向多种多样的交互联系发展。①

从艾波瑞克-罗姆洞穴遗址的串珠继续向前推进到距今1.5万—1万年前，我们会看到一些关于这场革命所产生的后果更详细、更明显的细节。意大利某些洞穴遗址的埋葬情况展示了这些穿孔物品是如何装饰人体外表的。在阿雷内-坎迪德（Arene Candide）遗址发现的一具骨架上，死者头部戴着一顶用几百个棕色织纹螺（Cyclope neritea）壳制成的帽饰。上面都有穿孔，应该是被串起来的。另外，穿孔的海贝、海胆和马鹿的犬齿也在上面。帽饰上还散落着一个小型象牙垂饰，应该是作为装饰马鹿犬齿或者海贝的缨穗。整个装饰延续到腿部，骨架膝盖和胸部都布满装饰品，胸前还放置着雕刻过的麋鹿鹿角。这具骨架的左手腕还有另一个象牙垂饰和许多棕色的海洋贝壳。另外，遗址中的许多死者的右手都握着一件大的燧石片工具。②

阿雷内-坎迪德遗址埋葬死者的社群使用的这种石片工具，在欧洲许多地区以及部分亚洲地区都有发现，出土这类石片工具的遗址被考古学家们称为"格拉维特文化"（Gravettian）。比如，在阿雷内-坎迪德遗址东部750公里的地方，出现在本书第1章的摩拉

---

① Mithen 1996; Mellars 1995; Mellars and Gibson 1996.
② Cardini 1942; Bemabo Brea 1946.

维亚遗址就出土这种石片工具。这里也发现了被装饰的人骨，并且在附近，厚厚的风成堆积还保留了火塘的遗迹，这是他们与近亲围在一起分享食物的最佳考古证据。①

我们从这个分享食物的小圈子可以窥视人们的日常生活。我们掌握了足够的食物证据，它们分别散落在火塘内或是火塘边；还有他们用来切肉的石刀工具，以及用来研磨植物的石磨棒；有时还会看到穿孔的管珠、牙齿、贝壳和赭石，显示它们是如何用于装饰人身体的。在非常偶然的情况下，我们还发现了一种特别具有戏剧性的人工制品——一个人的形象，用骨头雕刻或是陶土烧制而成，这也是我们所知道的最早的人体模型。制造上述物品的技巧，以及将这些技术传递下去的能力，很明显地指向了现代人大脑那种叙述和讲故事的智力。它提示我们，自由交谈能够缓解近距离接触所形成的紧张气氛，从而允许参与分享食物的人们围成一个亲密的圈子，面对面坐下来；而这种情形对任何其他哺乳动物，即使是现代人的近亲尼安德特人来说，都是颇具威胁意味的场面。列维-斯特劳斯和玛丽·道格拉斯能辨认出这熟悉的场景，然后开始询问谁坐在了什么位置，采用了什么姿势，他们联系在一起的方式是怎样的，他们从亲属那里又学到了哪些炊煮食物的方法，以及他们当时都讲述了哪些故事，等等。他们面部和头上的装饰品，头饰和项链，曾被燃烧跳跃的火焰所炙烤，从而在摩拉维亚的淤泥堆积中留下了持久的痕迹。这已经不是尼安德特人那种分散无序的火塘，而是处于整个空间布局核心位置的灶炉，人们一次又一次地返回这里，不断重复使用着它们。有时使用的间歇期很长，风吹来的狂沙足以在烧红的土壤和炭化物之间形成薄薄的一层。然而火塘的位置始终处于这

---

① Cardini 1942; Bemabo Brea 1946; Svoboda and Sedláková 2004.

个用兽皮和兽骨搭建的圆形建筑的中心，也处于戴着装饰品的人们围坐交谈和分享食物的中心。

现代的一餐

至此，我们开始看到一种自身所属物种——现代人分享食物的方式。处于中心位置的是食物和热量的来源，以及某些必要的设备，尤其是用来帮助消费食物的石片工具。不过主要的工具还是人的双手。围绕食物而坐的是一个关系亲密的群体，依据相互都能理解的某种编码，按照等级和性别确定座次。他们的装饰品表明其社会地位，这种地位随着谈话的进行表现得越来越明显。他们讲述的故事涉及遥远的空间和时间，故事中充满讽刺、幽默和希望。在他们四周，还装饰着其他空间特征，直接或间接指向相同的故事。交流圈周围，还有其他人活动，他们的行为以不同方式为这个交流圈分享食物而做出某种服务，偶尔还会躲到偏僻或者黑暗的地方完成其他工作。

上面这段文字可以用来描述想象的摩尔维亚遗址中，用猛犸象骨骼搭建的房屋内的生活，若再增加些诗意，就可以修饰形容那些艾波瑞克-罗姆遗址上层堆积出土的与穿孔鱼骨相关的生活。事实上，这段描述主要取材于18世纪巴黎市普罗可布咖啡馆的场景。在第5章，我还会继续使用这则材料。这个场景中，我们会看到，温热的食物主要用手来消费。围着装满这些温热食物的盘子坐下来的是启蒙时期赫赫有名的人物：伏尔泰、狄德罗、达朗贝尔、拉哈普以及孔多塞。他们的谈话激发了许多观点，这些观点塑造了我们今天关于未来、现在和过去的认识。在他们周围，有人在倾听、观望，或是端着盘子走向厨房。这个聚会体现着严格的性别和年龄限制，在这个特定场景中你只会看到成年人和男性。在更为遥远的过去，关于年龄和性别还有许多其他的规范，我们可以从如阿雷内-坎迪德遗址中的埋葬行为看到这一点。无论在遥远的摩尔维亚猛犸象骨骸房屋内，还是普罗可布咖啡馆精致的天花板下，以谈话和分享食物的融合体现的我们这个人类种属的特征是相同的。对与我们最亲近的种属——尼安德特人早期聚集在一起留下的遗迹进行的仔细观察，为我们理解现代人的行为方式提供了某种帮助，同时也弱化了这种特征的不寻常之处。

第 5 章
命名与饮食

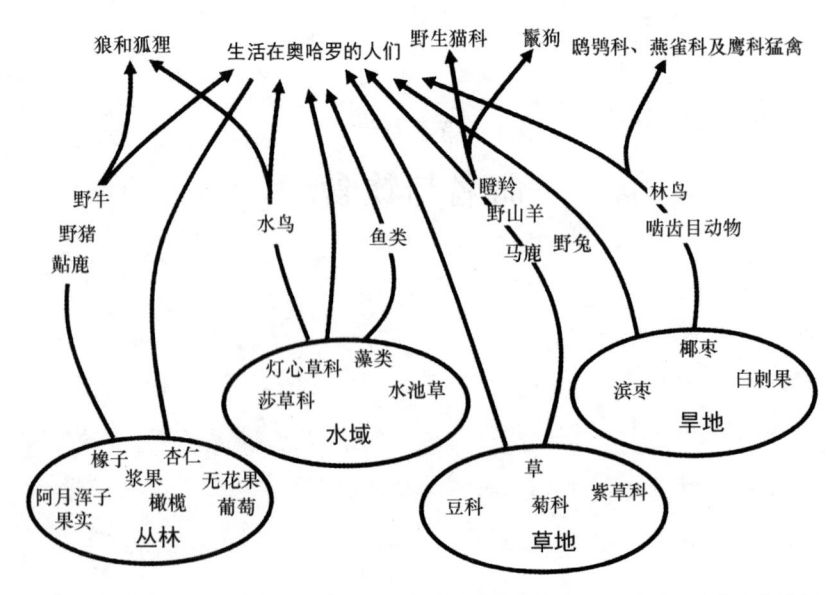

根据 2.3 万年前加利利海（Sea of Galilee）边奥哈罗遗址（Ohalo）出土生物遗存推断的食物网

地点：以色列基尼烈湖（Kinneret Lake，即加利利海）
时间：大约2.3万年前

每年这个时候，他们向南张望天空的时间就越来越短。几个月以前，当天狼星像雄鹰一样从高高的山脊上升起时，每个人都仰望着南方，等待大鸟的来临。令人无法忍受的寒意已经离去，草本植物还没有枯黄，这是一年中非常受欢迎的时刻。火塘四周每个地方都能享用到肥美的胸肉。每个白天，他们都带上网、弓和箭镞，在水边静静地等待，以期再有新的收获。到了夜晚，他们聚在一起，一边讲述着关于鸟类祖先的传说，一边狼吞虎咽，只要还有胃口，那些鸟儿就会一只只地被端上来。而现在，这些传说和味道都在发生变化。

季节轮回，生活就这样继续着。几个月以来，所有的故事都是关于鸟类祖先的，肉食供应丰富。而接下来的几个月，故事的内容会是关于水和太阳的，食物也变成了烤鱼和发了芽的种子。

之后，他们就会折向北，回去捕捉鸟类。他们从早到晚，应和着季节变化的节拍。月亮和天狼星昭示着清晨、正午和夜晚。这种周期是一种指引，他们沿着神圣的水系向南或向北行走，清晨奔向朝阳和森林，傍晚踏着晚霞回家。这种周期也限定了他们在火塘边享用食物的种类。

出去采集的人们正沿着水边往回走，肩上沉甸甸的。他们一边沿着断断续续的林地走了几英里，一边还要有节奏地敲打草丛以获取成熟的种子，这可不是一项轻松的工作。他们要在这上面每年花费三分之一的时间，春天要花两个月采集种子，秋天里还要用两个月采集水果和坚果。这项工作确实很辛苦，不过所有工作都是艰辛的，从众多的地点采集这么多的食物——而且每次都要付出大量的劳动，收获却少得可怜，比如说那些与弓箭一起扛在肩上的小猎物。大一点的动物比如瞪羚是盛宴的好料，但正如这里的其他东西一样，捕猎瞪羚也是季节性的，只有当年长者认为时机成熟时，他们才能出发去围捕。

他的棚屋是第一站——分类整理最后的过冬食物。他们把种子存放到收拾好的棚屋里，目光越过火塘，看见另外两个人正在搬运开心果和杏仁粉。纺线的女人就坐在那边，戴着装饰鹰爪和鹰翼的头饰。在靠近火塘之前，要把自己整理干净。他们准备好鱼肉，然后梳洗一下，最后加入在火边准备饭食的队伍。

对于考古学家，尤其是那些对食物遗存保存状况感兴趣的研究者来说，湖边简直就是金矿。正是 19 世纪中期瑞士湖面的下降，让我们首次看到了从事生物考古（bio-archaeology）的可能性。就在达尔文出版他关于生物演化的开创性著作的五年前，瑞士湖边的村落讲述了一个记录这种变化的尘封已久的故事。那年格外低浅的湖水为梅伦（Meilen）小镇的人们提供了一个在苏黎世湖（Zurich Lake）边建造港口的机会。人们在挖壕沟时发现了古代的木桩，这是世人第一次看到一系列完整的古代建筑，距今6000—3000年，它们一直坐落在阿尔卑斯山众湖的边缘。与这些木桩共存的还有许多其他遗存，包括首次发现的植物。这些保存下来的榛果、干化的苹果、香料以及粮食谷粒很快被鉴定分析，与达尔文将要带给科学界的那些新观点一起，被用来研究进化和"驯化"过程中某些标志性的变化[1]。

最近几年，水位的下降也影响了以色列基尼烈湖（加利利海）。这次水位下降，揭露出另一段关于食物分享的故事，年代大约是那些瑞士湖居遗址的4倍之久。

在本章开头描述的那一餐之后的2.3万年里，基尼烈湖湖岸几经变迁。根据格陵兰冰盖和艾波瑞克-罗姆遗址堆积的孢粉分析研究，我们已知此时的气候处于稳定的波动中，这些波动也加剧了地壳的构造运动。这些构造运动是周期性的膨胀过程，经历千万年的周期能形成新的山脉，移动大陆板块；几千年的周期会造成地表的倾斜和破裂，重塑河流和湖泊的分布与形状。这些激烈的重组运动，已经在大地上留下了诸多"疤痕"，干涸的湖床、空旷的河道和幽深的峡谷，都是在几千年间随着水流系统的变化形成的。

如今，基尼烈湖就坐落在巨大的地壳构造"疤痕"——东非大裂谷北端，与早期人类的居住地东非连在一起。当年人类正是沿着这条山谷向北走出非洲的。自那时起，这里成为一条迁徙的中轴线，许多物种常常沿着这条路线进行较短时间的季节性迁徙。在上述那一餐之前的数千年间，地形和水系曾经发生过巨大的改变。遗

---

[1] Heer 1866.

址的南部那时有一个比现在水面宽得多的湖泊，距离那一餐所发生的确切地点不远处就有一条河流经过。那一餐发生的时候，基尼烈湖只是一块比现在小得多的水域。后来的气候变化和构造运动又一次改变了这一切，南部出现了现代的约旦河，正好把古居址的最后一幕密封保存在淤泥之下。在过去的十年间，借助水位下降和考古学家的手铲，这处居址再一次被揭露出来。①

这次水位下降露出一些浅色淤泥。一个当地人沿着水边散步时，注意到淤泥表面有一些暗点。他将这一情况汇报给当局，开启了考古发掘活动。考古学家们用手铲清理出目前我们所看到的清晰的旧石器时代棚屋，里面有居住区，有食物残余，还有原地保留下来的部分地面建筑的地基。棚屋之外还发现了一些火塘，包括一处密集叠压的火塘区，面积比棚屋还要大。这些火塘与湖岸呈南北向平行分布。在东边，垃圾倾倒处沿着居址一直伸向水边。向西几米的地方，埋葬着一个死者，他就是本章开头描述的那位年长者。

他死时大约 40 岁，显然度过了活跃的一生，这可以从他骨骼上附着的发达肌肉组织看出来。他的骨骼上还表现出各种轻微的疾病痕迹，或许是年龄的老化和生活的艰辛留下的印记。艰苦的生活导致他整个身体明显不对称：他右手一侧的肌肉更发达，可能经常用这只手掷矛或从事其他体力活动。他浅浅的墓穴里还放有少量人工制品，比如置于膝盖间的石斧。头部后侧有一块瞪羚的骨骼，上面有着意刻画的一些平行线。他的体质特征，不像前几章我们讨论过的就餐者，并无证据表明他与我们有什么不同。从解剖学的角度

---

① 发掘资料参见 Nadel 1990，1991，2002。关于遗址年代，有的出版物使用了未校准的放射性碳测年数据，大致为 19500 年前，另外有的出版物使用了校准后的测年数据，为 23000 年。本书使用的均为校准后的测年数据。

讲，他完全是一个现代人，是智人的成员。①

与遗址中的许多其他遗迹一样，他的墓穴呈南北向，这与他们的猎物迁徙路线的方向一致，但他的头是转向他处的。颅骨的正面朝向东方，表明他面向生者聚集的中心地点——最大的火塘。也许之后一代代人聚在火塘边用餐时，有人还会提到他，以及别的先人。在我们这个物种无数次的用餐活动中，就餐者们可能一边吃喝一边讲述着过去发生的故事，故事的主题总是与祖先有关。这种口耳相授的传统能把他们的集体意识一代代往下传，延续几个世纪。一方面，随着语言和讲故事能力的不断发展，人类社会意识的传递也在更长的时间内流传；另一方面，人类所处的自然和生态环境变化的时间尺度却在不断缩短。到目前为止，冷暖期之间的气候波动已经加速到一千年一循环。对漫长的地质时间来讲，这仅仅是个瞬间，但对人类来讲，这或许意味着永远，或许不是。在个体的一生中，千年一循环的冷暖变化也会在记忆里留下点什么。老人能回忆起童年时代树木长在别处，鸟类在另一个时间段迁徙，水中常见的鱼类也与眼前不同。距今 3 万—2 万年前，当行星运行使得气候变化加速成为千年一个周期时，现代人发达的讲故事能力也在使集体记忆跨越个体的一生和数百年的时间。两个时标正汇集到一点。也许极有可能是这种讲故事能力，或者是将信息传递跨越时空的能力，在人类适应不断变化世界的过程中发挥了关键作用。不过为了更细致地探讨这个问题，还是让我们来关注一下来自奥哈罗遗址的食物遗存。②

---

① 关于奥哈罗遗址出土的人骨，参见 Hershkovitz et al. 1993，1995；Nedel 1994a。
② Alley 2000; Rahmsdorf 2003.

第 5 章　命名与饮食　　　　　　　　　　　　　123

火塘周围的新发现

考古学家们在遗址中最大火塘的两边发现了几条填满堆积的沟。沟长 3—4.5 米，与火塘被堆积中的一条厚几厘米的黑层分开。密集取样显示，这些黑色的堆积实际上都是炭化的植物遗存，其中一些非常细碎。在光学显微镜和扫描电镜下，可以识别出这些炭化物有烧过的草垫和用于支撑建筑上部交叉结构的木材，这些木材包括柽柳、黄连木和橡树的枝杈。火塘内部浅浅的堆积内包含着丰富的遗存，这些遗存记录了或许是世界上已知最早的用灌木搭建的棚屋内所发生的种种人类行为。[1]

遗址其他地方也有火塘。在远离棚屋和火塘的地方，有一条线形垃圾堆，也是南北走向。由于遗址拥有良好的保存条件，加之从事这个项目的考古学家和科学家细致的研究工作，我们才得以了解这个遗址，保存的有可能是关于我们这个种属早期饮食最丰富的记录。

尽管我们对更早的人类食用的植物食物知之甚少，不过值得注意的是，奥哈罗遗址看起来从许多不同的方面显示了当时人类食物的异常多样性。首先，人们曾广泛采集坚硬的种子，尤其是各种草籽和橡子。其次，猎物中反复出现鸟类和鱼类，再加上大大小小的哺乳动物的骨骼，让我们明显感觉到，奥哈罗人群对这块土地上的东西真是做到了物尽其用。他们踏遍瞪羚和野山羊吃草的开阔山坡，来到可以采集草籽和橡子的草原，再到更富饶的河岸边，那里有各种草类和果子，野猪和野牛也时常出没于此。除了土地，遗址

---

[1] 灌木棚屋相关资料参见 Nadel and Werker 1999；Liphschitz and Nadel 1997；Nadel et al. 2004。

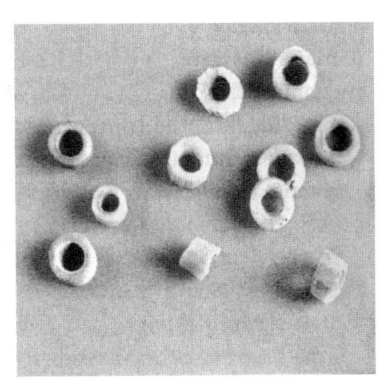

奥哈罗遗址出土物：被火烧过的、拧曲的草编物残片（左上），被精心切割成1—
2毫米的地中海象牙贝串珠（右上），炭化的野生大麦粒（中），鱼椎骨（下）

第5章 命名与饮食

的居民们还充分利用了这里的水域和天空，是其他更早的人类所无法企及的。植物和动物食物范围广泛，包括大约20种大大小小的哺乳动物，16个科的鸟类，还有好几种鱼。除此以外，还有来自140多个植物种属的果类、种子和豆类。另外，遗址中还发现了用于手工艺、建筑和医疗的植物遗存，其中一种手工艺活动对于人类消费食物至关重要。[①]

在一间棚屋中，我们发现了使人类食物范围极大扩展成为可能的某种活动留下的踪迹。在屋内的食物遗存中，出土了3片小炭化织物残片，每片仅有几毫米长，却是现代人从本质上区别于其他人种的有力证据之一。这些微小的织物碎片表明，人类已经掌握了一种获取食物的全新技术，这种技术从表面上看似乎比用于血腥捕猎的矛、弓箭和锋利刀刃来得温和一些，然而事实证明，从生态学的意义上讲，它更具杀伤力。这就是编织技术。

编 织

这里我们用广义的"编织"代指一系列将盘旋交错的植物纤维簇结在一起，形成各式各样复杂结构的活动，既包括纺织活动，也包括篓编工艺。用以编织的植物纤维种类繁多，早期编织者最易获得的材料可能是芦苇、灯芯草和大型植物的纤维。他们的石质刀片显然非常适用于将树皮下的木质纤维剥成纤细的长条，有的石片上还能看出木材加工的使用痕迹。现代的某些纤维需要使用另外的加工工艺，比如浸泡。假如奥哈罗的人们意识到这种工艺的妙处，他

[①] 遗址概况参见：Nadel 2002。植物遗存参见：Weiss et al. 2004，2005；Kislev et al.1992；Piperno et al. 2004。动物遗存参见：Rabinovich and Nadel 2005。鸟类遗存参见：Simmons and Nadel 1998。

们可能会从遗址附近大量的草本植物中获取更多的编织原料。单就寻找食物而言，人们可以用编织的篓筐来盛放收获的种子、水果、干果和野菜。他们还开创了成套利用线绳制作工具的技法，学会了制作罗网、鱼梁（拦截鱼的篱）和各种诱捕圈套，并使用这些工具捕获鱼类、鸟类和小型哺乳动物。在出土织物残片的棚屋里，还发现了一块双面有凹槽的玄武岩卵石，这类器物在遗址中颇为常见，通常被当作网坠。考古学家推测，这些网坠可以将网固定在较浅的水域中，用以捕捞。之前的几千年，用火技术极大扩展了人类对植物食物的利用，如今，编织技术不仅延伸了植物采集的可能性，还帮助人类从水域和天空获取更多的物资。①

有了智力，编织才成为可能。在前面几章我们已经讨论过，早期工具类型的局限也许反映了早期人类的智力与现代人有质的区别。他们的思维智能区偏于各自独立，以至于很少突破相互的界限。现在我们可以想象，早期人类对自然的认识是广泛的，这使他们能够成功应对各种完全不同且颇具挑战性的环境。但是只有在现代人这里，我们才看到自然界的各种材料例如兽骨和鹿角，被制成复杂的样式。植物纤维的编织生产技术可能也依赖于现代人智能的、流动式的且相互联系的思维方式。

真实可见的编织品残片遗存在这样古老的遗址中相当罕见，但欧洲许多遗址都发现过织物留在土块上的印痕。比如，在2.8万年前，本书第1章讨论过的摩拉维亚的火塘周围就曾发现这样的印痕。它们都是很小的织物残片痕迹，但在显微镜下观察时，还是可以发现上面留下了我们的祖先，尤其是女性祖先所使用的各种抽捻

---

① 关于拧曲的植物纤维，参见Nadel 1994b；Nadel et al. 1994。关于网坠参见：Nadel and Zaidner 2002。

和编织技术的痕迹。

关于编织技术的另一个特殊证据是"维纳斯雕像",这种雕像在摩拉维亚的小山上和其他地方都有发现。有些是裸体的,有些上面有若明若暗的编织头饰、腰带和细丝带。通过对这些雕刻出来的编织样式进行仔细研究,我们发现这些雕刻既反映出人们对编织技术本身的关注和细致观察,也对那些模特原型的女性特征进行了细致入微的再现。这很可能意味着篝火附近的女子既是这些人体雕像的模特,又是编织者。[1]

内部:事物井然有序

尽管我们不可能直接探求古人的智力,但我们可以观察有意识的思维是如何转换为实际行动的。就像几千年之后,我们还能切实地细察考古遗址功能区的设计,研究遗址中留下的人工制品,复原以火塘为中心的早期人类生活过的世界。火塘中包含的大量饮食活动形成的残骸,给人的最初印象也许是一堆杂乱无章的食物垃圾,但进行更细致的研究之后,就会发现这些遗物内部诸多秩序。比如,有些食物元素绝不会出现在奥哈罗的火塘中。

比如鱼鳞就没有出现在奥哈罗遗址的火塘边。许多考古遗址都出土过鱼鳞,它们可以提供关于鱼的大小和种群结构的丰富信息。我们曾期望在奥哈罗良好的保存环境中能发现这类遗物,但始终不见踪影。由此我们推测,遗址的居民在水边已经对鱼进行了初次清理。哺乳动物的骨骼遗存也体现了类似的场景,从上面保留的切割痕我们能推断出初步的屠宰活动,大概包括放血在内,都是在

---

[1] Soffer et al. 2000.

远离火塘的地点进行的。另一些在火塘边没有发现的、可以用来食用的东西，因为我们不吃而很容易被忽略。比如昆虫能够提供相当可观的营养，而且能在湖相沉积中得到很好的保存，但事实是在火塘边一个也没有发现。还有一类饮食活动的副产品在火塘边也没有出现，那就是粪便，我们推测这类遗存大概堆积在居住区之外。这些没有出现的物质元素，为我们研究火塘附近空间的利用提供了线索。我们看到，远离火塘的物质元素包括血迹、粪便、昆虫，还有鱼的内脏，也是我们希望远离餐桌的。因为我们也避免同样的事情，也就不会问为什么了。那些对这种现象提出"为什么"的饮食人类学家对此已经有了两种解释。现在让我们回到本书第1章介绍的两位重要的人类学家，倾向于"生物人"的马文·哈里斯和倾向于"社会人"的玛丽·道格拉斯，回顾一下他们关于人类生存繁衍的观点。

马文·哈里斯对饮食行为的研究倾向于强调食品卫生和人体生理需要，对他来说，这些没有出现在火塘边的物质可能是疾病和传染病的港湾。确实，此观点有很多强有力的证据支持。然而，这种因果关系只是推测，我们没有理由认为昆虫作为一个大类比哺乳动物危险很多。当一盘昆虫端到我们面前时，我们会感到厌恶，这种厌恶感很有可能比面对一盘鲜活内脏的感觉还要强烈，但这并不意味着这种食物对我们的健康产生的危害会像一盘变质的肉类那样大。这类食物没有出现在火塘边，可能的确与食物的卫生有关，不过这种关系并不那么清晰明了。古代的卫生习惯像现代一样，之所以能够延续下来，是因为它适应了人类生存的各种需要，而且确实为满足这些需要做出了贡献。然而，我们这种类似的感受，比如对昆虫、内脏和腐肉的排斥感，却表明并不仅仅出于生理上的卫生需求。它们也许跟社会卫生关系密切，或者较之生理的卫生需求更甚。

玛丽·道格拉斯是较早开始对社会卫生产生兴趣的学者之一。她研究了社会卫生在秩序、位置、被排除物和餐桌内外的人群中,以及在与我们周围复杂而变化无穷的世界适应的过程中的重要性,并在这个世界内部建立了适宜、持久的秩序。她的中心思想是,大家聚集在一起就餐,这种典型的现代人才有的面对面的互动方式,要求分类必须清楚明白。在奥哈罗遗址,就餐者的社会地位必须标示得清楚无误。比如,项链的珠子偶然间掉在火塘周围,说明这个人的头部和衣服的装饰大概不怎么耐用,这就反映了一个人的地位。食物必须是可以辨别的种类,要分散放置,而且要讲究一定的放置方式,对分享食物的空间布局也有特定的要求。火塘和就餐的圈子之外,还有其他分类和排序,更远处可能是那些不可预测且变化多端的无序事物。与人体相关的所有不洁的、不稳定的或者危险的因素比如死亡、性交、体液和排泄物,以及食物中肮脏的、过期的或危险的东西比如血液、内脏和来源不明的生物,都被排斥到一个外部世界,这个世界本身就充满了变数和危机。相比之下,火塘则是一个秩序井然、分类明确且不可变更的地方。[1]

当玛丽·道格拉斯明确表达这些观点的时候,列维-斯特劳斯已经开始发展他那更为大胆的关于食物制备的假说了,他讲到了艾波瑞克-罗姆遗址中尼安德特人的火塘。他希望发现食物制备和分享活动背后潜在的结构模式。如果将每一餐看作一系列的叙述,有着自己的台词和情节,那么,列维-斯特劳斯想做的,就是识别那些叙述所共有的"语法",也就是构成这些叙述的潜在规则,亦即所有饮食活动通用的语法。他推测的那些语法背景要在与烹饪活

---

[1] Douglas 1966.

动有关的场景中才能找到。火塘，或者说场景的"中心"，意味着一种女性掌控的"内烹饪"（endocuisine），目的是要让聚集在一起的、亲密的一家人吃饱。"内烹饪"一再出现的主题，首先包括凹度，比如内凹的炊煮陶器；其次是包容，比如受到保护的家园带来的安全感；另外还有节约，比如选择最佳方案来收集和储存食物原料。这种"内烹饪"的节奏也许慢了些，好像永无止境，炊煮的方式也慢，最典型的场景莫过于在永不熄灭的文火上慢慢炖煮一锅食物。

舒适、安全的火塘外面，是一个充满了男人、陌生人、危机与变化的世界。在这一方烹饪的天地里，男人忙碌于更原始的"exocuisine"，或称为"外烹饪"，即把食物直接放在火上烧烤。在这里，他们会将烤肉一块块割下分给陌生人（客人）。"外烹饪"中反复出现的主题，首先有凸度，比如火上烧烤的大块动物肉；其次是浪费，比如对看上去多余的大量食物和饮料的消费和处理方式。这样的一个烹饪情景，可能用玛丽·道格拉斯的理论和跨文化观察能得到进一步的详细阐述。在室外烹饪过程中，与陌生人或客人互动时，饮用酒水、使用麻醉剂和对食物进行发酵也许是在某处进行的。发酵是一种变化状态，玛丽·道格拉斯把火塘周围的安全确定性与外部的不确定和变化状态进行了对比，她认为，流血、死亡、性交、精液、昆虫、长着畸形蹄子的动物、有须的鱼类等，这些与变化和危机联系在一起的事物可能都会被归入外部世界的麻醉剂和发酵制品中。[①]

这种烹饪情景更像一场智力游戏，充满了对特定背景的假设，

---

① 这段叙述综合了列维-斯特劳斯和玛丽·道格拉斯的观点。其中"内烹饪"（核心）与"外烹饪"（外围）的对立来自 Lévi-Strauss 1968；分类／秩序／安全（核心）与变化／不确定／危险（外围）的对立来自 Douglas 1966。

或者说像思考饮食的社会逻辑的工具,而得不到任何精确的社会语法,列维-斯特劳斯更把它当作一件正在进行中的工作。虽然如此,它还是对我们复原奥哈罗遗址用餐情况有所启发,且与我们颇有共鸣之处。在奥哈罗遗址,靠近火塘的地方意味着稳定、亲密和秩序,尽管炊具是否存在还只是一种推测。尽管死亡并没有被排斥到很远的地方,不过我们确实没有在火塘边发现血迹、鱼的内脏和人类的粪便。

我们的目光从大火塘边移开,会看到奥哈罗遗址的居民对于空间利用的稳定性,尤其是火塘两边不同棚屋和内部包含的事物情况。这些棚屋都有着清晰确定的位置,每个棚屋都经历过不止一代人的修建。细致的考古发掘已经揭示出其中一间棚屋曾被定期烧毁,之后又在原地重建起来。看着这些棚屋的固定位置和排列方式,我们的第一反应是,这些是奥哈罗居民睡觉的地方,的的确确,在这些棚屋内都发现了草垫;但除此以外,它们也用于储存和制备食物。举例来说,一间棚屋中出土了一件石砧,我们从上面的细微裂缝中发现了残留的被磨碎的草籽淀粉粒。如果这些棚屋里的食物遗存是不同居住者的消费残留,应该有相当数量的食物遗存在不同棚屋中重复出现,它们应该与食物的季节周期相吻合。但是很明显,不同棚屋里的出土物有很大差异,无论是植物、鱼类、哺乳动物、鸟类,还是用来加工处理这些食物的人工制品。看来每一处棚屋在聚落布局中有着不同的功能,有的用来处理鸟类,有的用于储存橡子和干鱼;有的是在处理北坡上采集来的种子时使用,有的是在咸水地带到南部之间采集植物时使用;有的物资获准进入居住区,有的则被排斥在外部。整个居住区的储藏、加工和消费活动都是分区进行的。我已经推测过,在维持这种秩序的过程中,那位年长者可能扮演过某种角色,比如清点物品,看看存放位置是否得当,教授年轻成员关于社会安全和危险的法则。我对他这样判断的证据不多,主要依赖于在他头部后侧发现的瞪羚的骨骼,这可能是当时的纪年工具。这种工具用来表示头上方天空中存在的秩序。①

"秩序"这个词在这里看起来可能有点奇怪。显然,天体有自己的运行规律,几乎不受我们这个小小星球上居民的影响,但所有人总是按照我们的需要对大自然进行排序归类。从火塘这个明确清晰的地点向外看,是一个充满变数和危险的世界,但这也正是人类食物和生计的来源。相对而言,天空具有可靠的规律性。因此,我们有理由推测,奥哈罗的人们已经认识到天体运行的规律,弄清了这些规律与食物季节性供应之间的关系。将食物需求与夜空的变化联系起来,无疑为人类生态系统增加了一种秩序,尽管有时不稳定的食物网会脱离惯常的模式。

早期关于人类发展模式认为,奥哈罗的人们不可能掌握天文知识,人类对天文的认识是伴随文明、技术和科学发展而形成的。即便是比奥哈罗人类年代更晚近的狩猎-采集者们的生活模式也根本达不到这种复杂程度。直到最近一段时间,才有人尝试分析这些社会中的人们到底对天文了解多少。事实上,如果我们真的要找一个对天文一无所知,比如说甚至找不到昴星团和天狼星在天空中的位置的社群,可能很难在现代西方世界之外找到。因为观察外部世界的最好地点就是家里,然而在文明中心的城市社区之间,夜晚的街灯把这一切弄得模糊不清了。②

确实,要寻找认识植物不到百种的人,最好也去现代都市,早先人们一直认为这只会发生在知识贫乏的原始人身上。"民族生物

---

① Nadel 1996, 2002.

② Krupp 1992.

学"研究领域的扩展不断挑战着这种观点。显然，那些远离西方文明的社群其实掌握着丰富、复杂的自然知识。

在理想的世界里，任何事情的发生都应该具有确定性和秩序性，与人类在火塘边营造的氛围相适应。正如就餐者们在社会群体中有特定的地位一样，他们所享用的食物也要以同等规格进行清洗、制备和摆放。每种鸟类都会在一年中固定时间从北方迁徙来，几个月以后又返回北方。在特定的季节，年幼的瞪羚将成为最易捕获的猎物；到了另一个季节，禾草成熟，又有了新的食物资源，如此等等。这些特定模式都将与夜空中星象的特定变化相吻合。在现实世界里，这些循环都存在，只是不那么准确罢了。

在前几章里，我们不止一次看到物质环境如何处于长期波动状态。生态系统也发生着类似的波动，人口会膨胀和缩减；人一生中，要不断寻找度过饥饿和艰辛岁月的办法，以确保每一天、每个星期、每个季节都有食物果腹。他们代代相传的故事可能与理想世界中的各种规律有关，但这些故事有没有可能预测不确定的变化，以指导他们寻求食物呢？

为了在远离西方科技世界的社会中研究，人类学家罗伊·拉帕波特（Roy Rappaport）多年来长期密切关注新几内亚高地的策姆巴加-马林（Tsembaga Maring）部落的生态世界。马林人过去一直在努力适应快速变化的世界，对他们来说，这些变化又被全球文明化以及殖民控制的侵犯推动加速了，马林人以一种持久的方式对这个世界进行分类和排序。拉帕波特为我们展示了马林人认识这个世界秩序的两个维度：一是他们对世界的理解和解释，二是他们每年和跨年度举行仪式活动的顺序。[①]

---

① Rappaport 1968.

他记录了马林人解释和理解世界的几个不同层次。首先，他们认为有一个永恒的神灵世界存在。其次，他们的宇宙观把神灵与世间切实可辨的实体联结起来。这又形成了下一个层次，就是在日常生活中起主要作用的针对纯洁性和危险性的规范和限定。在另一个层次上，人类要对来自外部世界的信号做出某种回应，比如，给神灵供奉猪。最后的层次，就是世界上所有解释和理解都归属于这些领域。[①]

　　像许多西方观察家那样，拉帕波特分出两种认识世界的视角。一个是被研究群体所认知的世界，也有人称为"主位世界"（emic），这个世界经常充斥着神灵、神话和各种故事。另一个是可操作的世界，或者称为"客位世界"（etic），这个世界具有科学意义上的"真实性"，可以解释实际发生的生物学过程。然而有人会说，所谓的科学范式只不过是另一种主位视角，就像其他主位视角在各自群体中受到重视一样，这种科学范式在现代西方世界也被严肃对待。有意思的是，我们的科学世界观在结构上与拉帕波特和道格拉斯在其他截然不同的社会中观察到的居然惊人相似。以拉帕波特观察到的马林人对世界理解的不同层次为例，从神灵的角度看，科学亦有它本身永恒、毋庸置疑却无法验证的真理，比如简洁的解释总是优于复杂的解释，普适性解释总是胜过偶然性解释。在第二个理解层次上，这些真理与切实可见的资料有关，这些资料来自我们的宇宙观，来自我们灵活的行为原则和日常实践中的种种限制。正像马林人的世界一样，科学也有它自己回应来自外部世界新数据的程序，以适时调整或修正宇宙观。还与马林人的世界一样，科学也有不同的领域，比如多种多样的主题都属于"生态学"，这些科学领域还可以再细分、归类和进行适当排序。

---

① Rappaport 1979.

拉帕波特在策姆巴加－马林部落观察到的理解层级，也允许无限真理"总是如此"与有限行为"临时改变"同时存在。一方面，这些人无意中见证了金属技术和马铃薯、玉米等新作物的传播，见证了经济性质的本质改变。然而另一方面，对拉帕波特来说，他们一直生活在古代仪式和社会活动的永恒之中。一段含混不清的叙述可以杂糅耐久性和灵活性、恒定性和暂时性、神圣的和世俗的，这是关于自然、文化、祖先和灵魂的叙述，这些故事可以被重复和诠释，就是为了清晰勾勒出人们已知的世界，引导人类寻求食物的生态行为。

　　拉帕波特对这个与众不同的现代社群进行的分析，使我们得以回过头来看看我们自己所处的社会，发现我们自己的科学世界观也有相似的等级结构。它同样扎根于一系列无法验证的前提，这些前提又将我们的宇宙观与相应的证据联系起来。我们自己也有与我们的宇宙观相联系的日常活动准则和行为限制，也用特定的方式来回应新的证据，并对宇宙观做出精心调整，甚至进行改写。我们同样将世界划分为不同的领域，依据的就是我们理解力的不同层次。

　　在奥哈罗遗址，我们找到一些零碎的证据，用来观察他们对世界不同层次的理解和解释，尤其是关于决定着什么可以靠近火塘、什么却不可以的规则和限制，我们的证据更丰富一些。还有，这里不同的棚屋和空间布局方式体现的食物采集方式的差异，也明显地划分了不同的领域。通过仔细比较大火塘北面两处棚屋内出土的植物遗存，人们发现，不同生态区的收获物分别被带到不同的棚屋里进行储存和加工。同样，对鸟类和鱼类的处理和制备也有不同的空间安排。奥哈罗的食物经过有条不紊的分类、隔离，然后有组织地进入不同的空间进行处理。[①]

---

① Nadel 2002.

玛丽·道格拉斯曾对这种排序和分类方式进行过观察，相对于更大的外部世界，这种方式也是亲密社会聚会的缩影，最终也是我们人人都拥有的人体的缩影。正如在基督教的世界里，在最后的晚餐上，耶稣的肉体被钉在十字架上，这种形式和含义最后塑造了圣餐和教堂的模式。玛丽·道格拉斯在其他社会当中也观察到人的肉体起着象征作用，他暗示了象征性行为和模式化的举动。肉体自身不同的组件、入口和出口可以进行分类、排序和描述，其绘制方式类似于分享的大餐是以何种方式被分类、排序和描述的。这样看来，人的肉体、分享的大餐、火塘还有房子就构成了一个模型，把外部世界划分为独立的空间、不同的类别、入口和出口。[①]

同样一系列象征也应用到西方科学界和我们对自然世界的生态学研究中。人们的社交聚会反复被用来表示自然客观世界的结构。生态学把大自然划分为"群落""联盟"和"种群"，用"共生"（一起生活）和"共栖"（一起进食）来解释它们的关系。我们强加给这个世界的次序将内部和外部联系起来。"生态学"这个词从字面上意味着"家庭逻辑"。让我们转向这种逻辑，来看看它能为奥哈罗人群的食物寻求研究揭示哪些信息。[②]

外部：大自然的家庭逻辑

20世纪早期新科学的先驱们发展了一系列的生态学模式，比如克莱门茨根据对北美大草原的观察，发展了植物的"演替"理论，他在植物群落中用"食物链"将动植物通过它们的喂养模式联系起来。

---

① Douglas 1966, 1970.
② Drouin 1999.

这两种模式和第三种模式一起构成了生态学这门新学科的框架。第三种模式就是"地球化学循环"模式，是指各种元素如碳、氧、氮等在食物链、土壤、水和空气中的循环运转。这三种模式一起构成了完整的生态系统要素——物质（循环）、能量（食物链）和向前演进的推动力（演替），这样我们就可以理解生态系统的内在动力了。零散的食物遗存可能包含了丰富、详细的食物信息，但仅靠这些资料无法让我们对过去的生态系统模式进行细致的了解。而另一类数据极大地扩展了我们关于过去生态系统模式的研究资料，那就是同位素。

同位素是指同一种元素原子核质量不同的存在形式。食物中的每种最普通的元素拥有不止一种的稳定同位素。比如，碳、氮和氧等元素都有轻、重同位素之分。当元素在营养循环中运动，热量在食物链中传递时，这些轻重不同的同位素的运动方式会发生细微的差别。如果它们能保留下来，比如在人体骨骼中保存下来，这些稳定的同位素便可能记录下人类在整个生态系统中的位置。

这就是我们在第3章讨论的氧同位素"温度计"的工作原理。氧循环在生物圈、海洋和空气中的精确运行对气温很敏感。这就是为什么驻留在海洋微生物体内的氧同位素平衡被认为是记录了过去气温的化石的原因。当然，氮同位素也反映了食物链中的运动。通过分析人或动物骨骼中的氮同位素平衡，我们能够找到他（它）们在食物链中的特定位置，即"营养级"位置。这就是同位素分析的基本原理。食物的消费和消化涉及大量的固体、液体和气体状态之间的转化。在每一个转化阶段，或者确切地说，在分子层次运动中的任何变化，都可能引起轻重同位素分布的变化。因此，当我们消费的蛋白质数量超过我们的身体所需时，蛋白质就会分解，产生的氮分解物就会以液体的形式排出，即尿液。通过这种方式，轻的氮同位素被排泄，体内重同位素水平相应得到提高。换句话说，消化和排泄的结合导致重的氮同位素在不断生长的身体内积累下来。我们可以把这种逻辑应用到食物链之外更大的范围内，观察碳和氮在陆地、河流、海洋和空气中的循环模式。这些循环也包含固体、液体和气体三种状态之间的重复转化，以及这三种状态内部运动的变化，这一切都会导致轻重同位素的运动形式不同。我们还可以对骨骼中保存的不同微量元素进行类似尝试，不过它们在食物网的不同分区会以不同方式积累下来。这种分析还需要考虑其他因素和变量，如果我们设法把这些弄清楚，就能够综合利用微量元素和同位素来判断古代人类以及其他物种在食物网中的主要营养级位置。还能进一步区分出典型的水生食物链模式，水生食物链要比陆生食物链长；也可以通过一种典型的碳同位素识别出海洋食物链。把这些指标综合起来，我们就可以将奥哈罗现代人与他们的早期前辈进行比较。①

新近一项研究在俄罗斯、捷克和英国境内的几处遗址中采集了9个现代人的样品，这些遗址距今2.6万—2万年，大致与奥哈罗遗址处于同时代。又从法国、比利时和克罗地亚境内的几个遗址中采集了5个尼安德特人的样品，距今13万—2.8万年。综合分析碳和氮元素的相关资料，尼安德特人骨骼中的同位素平衡与狼、猫和鬣狗类似。这5个尼安德特人在食物链中处于食肉动物的营养级位置，食物以陆生动物为主。来自动物骨骼的资料并无特殊之处，与最早期人类相比，尼安德特人确实扩大了饮食范围。但是饮食范围的扩张在现代人骨骼中体现得更加明显。经分析，他们的氮同位素平衡已经达到另一个更高的营养级位置，这可能与进食鱼类有关。这个结果与在奥哈罗遗址发现的鱼骨证据相吻合，但是，同位素分析的价值只是在于它提供了一种区分的尺度。鱼类不仅仅出现在现

---

① 关于野外工作最新研究的综述，参见 Ambrose and Katzenberg 2000。

代人的饮食中，对其他物种而言也是重要的食物资源。同样，一些植物种子和豆类或许也已经成为尼安德特人饮食的一部分，不过相对于占主导地位的肉食，它们只是食谱中一个小小的补充。二者之间的转换与人类饮食中的"广谱革命"一致，这个概念早在奥哈罗遗址的资料展示出丰富广泛性之前就已经提出。①

综合上述证据我们认为，奥哈罗遗址丰富的食物网是由一系列相互独立的食物构成的。它们来自不同的区域，依赖一年中不同季节的变换，通过功能各异的灌木棚屋通向奥哈罗的火塘边。每条通道经过的每个生态区无疑都会涉及自身的技术，对此只能管窥点滴。我们确实看到这些技术允许人类在寻求食物的过程中与大自然达成全新的约定。为了理解奥哈罗人在寻求食物时是如何在更大的时空范围与这个世界斗争妥协的，我们还需要探索全新的、复杂的食物网背后的驱动力。

现代人的多维食物网

奥哈罗遗址不仅出土了织网的碎片和一些石网坠，还有大量鱼和鸟类骨骼。鱼多数都很小，长 15—25 厘米。从而可以清楚地看出，渔网孔径也不大，因此不论大鱼小鱼，连水中的其他生物都能捕到。鸟类的品种也非常多，但也并非不加选择地捕获。这些鸟类包括了来自不同营养级的种类，既有以谷物为食的，也有以鱼类

---

① 最初的研究参见 Richards et al. 2001，目前资料已经在理查兹对莱布尼茨（Leibnitz）研究的基础上有了很大扩展。广谱革命这一概念最早由弗兰纳里（Flannery 1969）提出，在研究人类食谱多样化时经常被使用。但是，通过对奥哈罗遗址的研究，这种多样化的时间范围已经从只是与农业产生有关的时期向前推进到更早的时期，它很可能根植于解剖学意义上现代人的生态系统中。关于学术界对广谱革命的观点回顾，参见 Stiner 2001。

为食的，还有杂食的，甚至有的本身就以鸟类为食。像其他人类一样，我们这个物种属于杂食动物，编织和织网的技术扩展了杂食的范围，变得多样化，尤其是向水下和天空开辟了新的食物供给领域。这种行为也许能对食物网的稳定性产生重要的影响。

在当代生物圈中，有100多个明确记录的食物网，其中各个食物链和它们之间的交织方式都已被明确区分描绘出来，用于生态学分析。分析结果表明，杂食动物在这些食物网中处于非常弱的地位，在由食性更明确的动物主要构成的食物网中，杂食动物往往成为被隔离的种群。[①]这只是诸多表明食物网不想被"过度连接"的特征之一，也就是说，这些食物网不支持过多纵横交错的供给关系。为了更清楚地解释这一点，让我们做个假设，比如有一个相当不合情理的食物网，只由人类、狼、大乌鸦和浆果组成，前三个物种通常都能把食物网中的其他物种吃掉，那么这个食物网的"关联度"就达到了100%，换句话说，物种间所有的潜在联系与现实的供给关系相吻合。就现实世界的食物网来说，经测定，它们的关联度相当低，通常在20%以下；如果高于这个数字，食物网就会开始变得不稳定。正是在这种背景下，杂食动物在食物网中只能处于比较弱的地位。作为杂食动物，我们人类消费了大量来自不同营养级的食物，这些食物中也包括其他杂食动物，看来，我们的行为正在将我们自身所属的食物网置于永久被破坏的危险之中。[②]

关于食物网的这种不稳定性，或许可以通过一些生态学家对

[①] Pimm 1982; Cohen and Briand 1984; Briand and Cohen 1987; Lawton and Warren 1988; Pimm et al. 1990; Cohen et al. 1990a, 1990b.
[②] 加德纳和阿什比（Gardner and Ashby 1970）的研究表明，当关联度超出正常范围15%—20%时，随着食物网的扩大，其稳定性会不断直线下降。两年之后，罗伯特·梅（May 1972）再次证实和发展了这种食物网关联度需保持在一定水平的观点，这篇文章也成为混沌理论的启蒙作。

供给关系做出的数学模拟找到原因。长期以来人们已经认识到，即使是一个非常简单的供给关系模型，也可能会被打破平衡，产生内部变动，最后陷入一片混乱。[1]如果一系列供给关系彼此联结，所形成的食物网更倾向于不平衡，因为网络中任何一个部分的波动都与其他部分互动，而这些部分本身也许就处在平衡的边缘。这就是"纸牌城堡"效应，它能将物种置于混乱的波动之中，尤其那些靠近食物网顶点的物种，这种波动从加拿大猞猁的数量变化中可以清楚地看出来。[2]大自然偏爱那些关联不是太多的食物网，在松散的食物网中，局部失衡不会轻易扩大到整体。多才多艺的现代人颇具创新意识的头脑总是有能力颠覆自然逻辑，他们在所属的食物网内过多地建立了各种关联。在全新世，现代人做到这一点毫不令人惊讶。事实上，现代人寻求食物的能力，在最早的关于现代人寻求食物的高质量记录中已经露出苗头了。

鱼类和鸟类的遗存表明当时存在广泛而密集的捕杀行为，还可以推断纺织技术在陆地上也产生了很大的影响。最直接的证据是，织网、陷阱、篮子和线并不显眼，只有几块很小的绳索碎片或绳索印痕，但是它们在食物网中产生的作用相当显著。在早期人类进化的起始阶段，锋利石片和石器的利用扩大了早期人类捕食的食草动物的体型范围。相比之下，植物食谱的证据很零散，对欧洲尼安德特人的同位素分析结果显示，符合早期人类骨骼微量元素分析的结果。这些早期人类骨骼信息显示出一种强烈的食肉性信号，从而使得早期人类在食物网中的位置凌驾于大型食草动物之上。利用藤

---

[1] 罗伯特·梅（May 1972）根据一系列广为接受的数学模拟推理出捕食者与被捕食者之间的历时性关系，之前人们认为这种关系会自我维持稳定性，但梅的数学模拟结果表明，这个方程中的参数只要发生任何微小的改变，这种关系就可能会失去平衡。
[2] Schaffer 1984.

条、茎秆和纤维进行的编织活动，改变了奥哈罗人的一切，使他们扮演了许多不同营养级位置的角色。在干旱的开阔山坡上，他们主要是食肉动物，围捕瞪羚和野山羊。在郁郁葱葱的山坡上，他们占据了食物链中的两级，既是采集草本科植物的种子、橡子、各种水果和坚果的植食动物，又是以野牛、鹿和野猪为食的食肉动物。在水边，他们在食物网中的定位更为复杂。他们在这里捕捉并食用的鱼类和鸟类中，有杂食动物、食草动物、食肉动物，甚至还有顶级食肉动物。他们这种对各种不同营养级猎物进行抓捕，最终导致食物网中每个独立部分之间的交叉关联度的增加。

食物网的总体"深度"，即构成供给链的长度，对于食物网整体的稳定性也有重要的影响。在大自然中，供给链不会太长，尤其是在干旱陆地上。最简单浅层的生态系统，如草地和苔原冻土地带，供给链可能只有三级，包括初级生产者、食草动物和食肉动物。茂密的森林生态系统中可能存在第四级——顶级食肉动物，水生生态系统中可能还要再多出一到两级来。在奥哈罗遗址，与人关联的主要营养级位置是第二级（草籽和橡子）、第三级（瞪羚）和第四级（䴉鹛，俗称油鸭），有些供给链可能还要长一些。如果出土的鹰骨能说明鹰肉也是人餐桌上的一道美味，那么鹰也有可能吃掉小型的鸟类比如骨顶鸡，而骨顶鸡可能又以青蛙和其他东西为食，青蛙又以昆虫为食，昆虫以水藻为生。这条供给链就可以分为六级，也或多或少标志着食物链长度的极限。

因此，在人类食物网的特定部分，可能存在明显的不稳定因素，这种倾向起因于编织和织网技术推动了人类对多种营养级猎物的广泛捕杀，使得人类自身的杂食性与其所食用猎物的杂食性结合起来。当气候、物理景观和生态系统都处于变化状态时，可能会发生食物网的偶然性崩溃，这时猎物缺乏随处可见。那么，这样的食物网又是如何维持下来的呢？①

首先要强调的是，它并非无限期地维持下去，至少不是在任何地方都能实现。奥哈罗人世代居住在湖边，这很容易地从棚屋的重建和那位老人的墓葬推测出来。然而，大量旧石器时代遗址的使用时间相当短，我们通常无法得知到底发生了什么，致使这些人群的踪迹从考古学家的记录中消失了。但是，我们这个物种一直在扩张并延续下来，纵横在面积广阔并类型多样的陆地、水域和天空中。奥哈罗遗址并不是唯一展示食物网多样性的地点，它只是世界上众多能显示这种广泛性的遗址中保存材料最好的遗址之一。在奥哈罗遗址之后的数千年中，这类遗址的重复出现让我们日益关注一个概念，即上文提到的人类寻求食物过程中的"广谱革命"。各种各样的因素加大了此类食物网维持下来的机会，即便它们处于更为频繁的环境变动之中。

在数学模拟食物网的基础上，如果将这些食物网分为不同的部分，当各部分之间的界线打乱时，这些食物网的稳定性就会增加。②在奥哈罗遗址，这类界线可能会按照地理区域和地质单元进行基本划分，这种划分形式通过不同棚屋对不同食物的分类处理得到加强。

实际上，橡子的收获和鱼类的供给在某些年份可能会崩溃。如果对它们的产地进行生态分离，可能会降低二者在同一年崩溃的概率——这很明显，也适用于干旱地区或水域内部的再区分。这种跨越时空的区分可以进一步扩张，以增加整个食物网的绝对宽度，而语言和迁移则是扩张的关键。通过生态系统持续不断的扩张，食物

---

① 139页，140页，141页注释①提供的内容，改变了我们对于生态系统内部关联及其稳定性之间关系的认识。我们直观地想象这些相互关联应当是一种类似房屋建筑的横梁的方式支撑着生态系统的稳定性。但是，数学生态学分析表明，事实恰好相反，内部联结松散的食物网较之过度关联的食物网其实更为稳定（De Angelis 1975）。
② 关于生态系统的规模与分区，尤其是鸟类的生态系统的详细论述，参见 Allen and Starr 1982 第 8 章。

网越拓宽，容纳越多不同的、相对孤立的部分，那么其中任何部分的崩溃对食物网顶端物种的生存能力产生的影响都会减弱。食物网的中心，是围坐着分享食物并进行交流的圈子，是信息存储和转换的重要地点，它使得食物网跨越时空得以传播。

旧石器时代食谱的消亡：人类历史上一个错误的转折？

除了上述关于生态稳定性和适应力的潜在问题，这种人类新的食谱是否会带来营养方面的问题？自19世纪以来，这一直是许多营养学家争议的问题，其中包括罗伯特·阿特金斯（Robert Atkins）博士，他对多肉和高脂肪食物的推崇至今依然是讨论的热点之一。颇受争论的问题是，现代人饮食中的许多食品，包括产量前三位的小麦、稻谷和玉米，其实并不适合人类的消化系统。这三种都是草本科植物的种子，而草本科植物种子正是在奥哈罗遗址的织网和篮子中发现的新食物。① 有人认为，从旧石器时代以动物脂肪为主导的食谱向新食谱的根本转换，导致了一系列的饮食问题和疾病，可以列出一个长长的名单，其中争议最多的有微量元素缺乏、胃肠疾病、皮肤病、多种硬化症、帕金森氏病、精神分裂症和自闭症。②

大多数推崇"旧石器时代食谱"的观点认为，当种子以及随后出现的其他"非天然"食品首次出现在人类食谱中时，农业的起源时间是个关键问题，但现在，奥哈罗遗址的发现已经把这个时间提前了两倍有余。人类为了适应植物为繁衍后代保护种子所进化出化

---

① 这里的"种子"是一种通俗用法；在植物术语中它们不是"种子"，而是草类的"颖果"。
② 支持低血脂食谱的早期文章参见 William Banting 1863，近代支持这一观点的代表作参见 Atkins 1972；关于以谷物粮食为主的饮食可能带来的健康问题，参见 Eaton et al. 1988 和 Cordain et al. 2005；关于旧石器以来人类体质退化的证据，参见 Cohen and Armelagos 1984。

学武器的时间,在进化史上很短。尽管如此,很明显,进化可以在这么短的时间内取得进展,例如,我们已经部分地适应了其他富含现代营养的不寻常的食品,比如家畜的乳汁。[①]

还有一个事实,那就是自编织技术、织网和篮子,以及围着火塘聊天并分享新的食物组合这种现象出现以来,不论存在什么生态和营养问题,现代人这个物种已经扩展到全球范围。交谈和讲故事的能力使得人们可以将迁徙的旅程描述并记下来,然后设计新的旅程计划,穿越陌生的地方,寻找新的资源。这些能力还让他们对新资源的知识进行保留并传递下去。尤为关键的是,他们对这个世界的理解不仅体现在空间的扩张上,还体现在时间的延伸上。任何一种文化从时间和空间角度对世界都有独特的认知,这种认知在不同文化之间很难——对应并相互交换,但在其内部可以用来引导人们对自然界进行新的探索。早期人类确实扩张了他们的领域,并逐渐到达与祖先起源地完全不同的纬度地带。然而,现代人迁徙所跨越的纬度幅度和规模已经有了质的飞跃。

当鱼骨项链的珠子散落在艾波瑞克-罗姆洞穴中的时候,现代人不仅到达了伊比利亚半岛,还进入了北极圈。几千年以前,这两地居民的祖先还都生活在东非大裂谷中。在广阔的范围内相互交流的语言能力推动现代人对食物的寻求行为进入一个全新的阶段。在年长者传授的持久而富于变化的知识的帮助下,整个社群得以应对环境变化中极端恶劣的波动。在此期间,他们获取食物的新策略造成了所属食物网中许多不稳定的环节。在这种转化了的与自然的关系中,从一个生态系统到另一个生态系统的转移,从一种食物获取行为到另一种行为,都不是逃避的选择,而是人类进化策略的核心特征。

---

① Harvey et al. 1998; Hollox et al. 2001.

第 6 章
陌生人之间

杰夫－艾哈迈尔遗址半地穴式建筑及周围附属建筑全景

地点：叙利亚幼发拉底河流域杰夫-艾哈迈尔（Jerf-el-Ahmar）遗址

时间：1.1万年前

太阳没入地平线以下，粉色的雾霭笼罩着山脉。这时，许多房子进入他的视野，一路延伸到每个山坡。在西面的山上，一组土坯房围成一道圆弧，炉灶中飘来夹带着食物香味的烟雾。土坯房环绕的中心是所有建筑物中最引人瞩目的一座。这座房子从外面看，规模巨大，确实也是所有建筑中最大的，但当进入阴凉的建筑物内部时，他发觉房子其实还是比较普通的，空间布局却与众不同——他感觉自己进入了一个有棱有角的世界：棱角分明的墙，墙上棱角分明的图案。他习惯于大家围坐一圈，这样才能看清每个人的脸，但是，这儿好像到处都是角落。他必须来回转身才能迎接在场每个人的视线，但无论如何，他的注意力被正前方一位女性长者吸引。那里是室内最开阔的地方，有一个高台，她就端坐在上面。来此之前，他已经学习过该如何在这些部落做一个受欢迎的客人。那些海贝正是献给她的礼物，它们来自南部数英里之外的大海。她收下了礼物，并邀请他坐下来分享美酒佳肴。

他经常听一些游历者谈论这个河谷里的食物如何糟糕，这儿的食物一直以单调乏味著称。和本地每个部落一样，这个部落的人们也在山坡上围猎，在广阔的草地里采集植物种子，但他们对某些植物和动物有着特殊的偏好，总是不厌其烦地吃着这些东西，天天如此。另外，尽管他们就住在河边高地，却对鱼不怎么感兴趣。对处于河流中游部落的食物评价最低的，正是那些习惯于以各种美味鲜鱼为食的游历者们，因为确实没有什么植物种子能代替那种美味。眼下，这位客人带着应有的感恩之情，准备接受这未知的一餐。

事实并不像他想的那么糟糕。之前他就闻到了屋外炉灶中散发出来的诱人香气。然后他受到邀请，品尝大块的美味瞪羚肉，杏仁和野开心果作为辅菜，让人唇齿留香。他太熟悉这些味道了。下一道菜——野驴肉，是这儿的特色菜。他一生，都在食用那些较清淡的粗粗研磨过的种子混合食物，这一点可以从他的牙齿上看出来——都快磨到牙床了。对他来说，这些中游部落的种子食物却相当有吃头。

除了他所熟悉的淀粉糊糊，还有一些稍微烘烤过的带着种子的茎。有时，还会端上另一种食物——一盘炒开口了的植物种子和烤扁豆。最与众不同的一种食物，是有独特辛香调味料的饼。在这张饼上，不同的籽粒和种子都经过单独处理，这样客人就能够辨认出他正在吃的是什么。他对这些植物了若指掌，因而能判断自己今天吃到的是来自不同季节的植物种子。比如，今年的杏仁还不成熟，但他注意到隔墙后面还存储着去年的。事实上，这座房子的许多空间都用来储备物资了,这也是为什么房子内部看起来比外面小的原因。

随后,他得以参观这些特别的食物产地,爬回山上的空地之后,他略过那些令人好奇的景物,远眺四周的房子。与他刚刚享用过的任何一道菜肴相比,这些房子从很多方面来说都显得陌生。四处游走使他遍尝各地风味美食,熟悉众多以捕猎、植物种子和水果为主题的故事,有时这些故事还与鱼相关,至少在某些地方如此。即使仅仅在中游地区,这些食物的各种形式也可谓"十里不同俗"。在游历过这个聚落之后,他发觉尽管这儿的食物很有意思,但最惊奇的并不是食物,而是可以坐享美食的建筑。在以往游历中,他从未见过与之类似的。在这座从外面看过去呈环形的部落大房子里,他把自己的贝壳礼物呈献上去,并在这儿享用了食物,但这座环形房子的内部是由许多隔离墙分开的。现在,置身房子之外,他看得出整个聚落都被这种线形隔墙分成一个个的小块,许多小屋仅由隔墙围成方形,它们已经完全脱离了那种普通的弧形墙。他很好奇住在这样的地方会是什么感觉。紧邻着中心大房子的就有一个建筑,其中一个小隔间里,一个女子正跪在地上,辛苦地研磨着调料种子,准备做饼。她只是房子里众多忙碌的男男女女中的一个。他们都忙于研磨、浸泡、蒸煮和清洗的工作,把喜爱的植物种子变成他刚才品尝过的那些与众不同的美食,这些食物比他那些游历的同伴们所传说的,要丰富得多。

"他"所看到的建筑物,在大约1.1万年前烧毁了。土坯墙倒塌了,但是四周的围墙保留了上文描述的食物制备的情景。这些倒塌的墙体掩埋和封存了炭化的食物残余,它们还放在加工食物的各类器具中。这里就是位于叙利亚境内幼发拉底河西岸的杰夫-艾哈迈尔遗址。这个狭小的房屋面积不足 8 平方米，却为我们研究食物分享提供了一个新的视角。

和其他河流一样，美索不达米亚的底格里斯河和幼发拉底河夹带着沉积物不断重塑着这里的景观，这是自然气候变化的结果。另一边，人类在这种环境下的生存达到定居的新高度。这种新的遗址——土墩或"土丘"聚落，定居特征体现得尤为明显。这些土丘，是人类世代居住的土坯墙不断倒塌形成的堆积。西南亚众多河流和平原上分布着一系列这样的土墩遗址，有时还显得非常突出，很远就能看到。同时，这里也曾有过大量的人类迁徙活动，而且通常都是远距离迁徙。

人们在这些土墩遗址中发现了迁移的证据。例如，因可以用来制作串珠项链而颇受欢迎的角贝属（*Dentalium*）的管状贝壳，它们来自红海，穿越整个幼发拉底河才到达这里。更为直接有力的证据是那些发光的深蓝色黑曜石，这是一种火山熔岩迅速冷却后形成的天然玻璃，是制作石片工具和其他石器的上等材料。黑曜石的化学特征能够把石片工具精确地与它们的材料产地联系在一起。其中一些黑曜石来自遥远的地方，我们根据产地，便可在地图上勾勒出一条"黑曜石贸易"路线：从土耳其中部出发，穿越西南亚来到这里。然而，当时在这里定居和迁徙的人们并不是生活在一个城市化的社会中，我们无法想象，1.1 万年前这里会有商人、港口、小旅店和酒馆。当时，幼发拉底河沿岸的各个部落以狩猎-采集为生，与之前延续了几千年的生活方式没有大的差别。他们的部落很小，物质方面生活很简单。但是现在，他们在这里扎下根来，过定居生活了。在这个过程中，他们创造出相对稳定的人类景观，使人能以新的方式进行远距离迁徙。这种定居和迁徙新景观的出现促生了许多新的社会交往形式，有时就发生在陌生人群之间，因而也促生了食物分享的新背景。

在杰夫-艾哈迈尔遗址两座土丘上发掘的居址就是这种定居的例子。每座土丘上，一连串的房址叠压在一起，在东面土丘上可以分辨出 7 个连续的小聚落，西面土丘上有 6 个。在西面土丘的连续堆积中，一处倒塌的建筑物为我们深入了解这个在定居和迁徙新景观背景下的食物分享活动提供了机会。

为配合水坝建设，考古学家对幼发拉底河沿岸许多遗址都进行了发掘。在杰夫-艾哈迈尔遗址两座土丘上的古代居址淹没在特什瑞那大坝（Tishrine Dam）之前，法国和叙利亚考古学家们花了五年多的时间进行发掘和研究。乔治·威尔科克斯（George Willcox）是其中的一员，他在幼发拉底河流域此地从事多年植物考古学研究。在刚刚发现这处特殊的倒塌建筑时，他已经从遗址上采集并浮选了许多土壤样品。数以百计的样品里都包含大量野生大麦粒，还有其他种类繁多的一年生植物种子，偶尔还会发现多年生的坚果比如杏仁和开心果。这些植物都能在遗址四周的白垩质斜坡上野生生长，对其中某些物种来说，要生长茂盛，必须拥有比今天更为湿润的气候条件。这提醒我们，当人类生活跨越一个个千年时，气候和环境变化从未停止过。事实上，杰夫-艾哈迈尔遗址的居民正是在一个气候剧烈变化阶段的末期，选择了定居幼发拉底河岸之上。后文还会讲到这一点。[①]

在建筑物的一个房间里，考古学家小心翼翼地清理了坍塌的土坯，发现了一套石制器具，它们就散落在当时被使用的地方——房间内一个大约 3 米 ×2.5 米的空间里。包括 3 个石灰岩水槽、1 个石灰岩小碗、几个石杵、两个表面平滑的石盘，以及 3 个长长的磨

---

① Stordeur et al.1997; Stordeur 1999.

盘或称"石磨",人可以蹲跪着用另一件石器在上面磨粉。还出土了燧石镰刀,在显微镜下可以观察到表面的使用微痕,与收割较坚硬的草类茎秆的使用痕迹相吻合。杰夫-艾哈迈尔遗址所在的地方,植被完全是野生植物,它们成熟时种子会自动散落,根本不需要用镰刀收割。由此,我尝试把这些使用微痕与收割植物未成熟的穗联系在一起。某些植物的穗完全成熟之前,种子比较柔软或处于"乳熟期",人们此时将这些植物的穗收割回来。不过,我们没必要对当时人们采集何种植物、如何加工这些植物做过多的推测,因为房间里保留下来的丰富植物遗存提供了更加直接有力的证据。[1]

人们在暴露的房间地面布设网格,网格显示了采集植物遗存的坐标位置,观察它们在房间内的密度差异,并将不同的植物种类与加工工具联系起来。威尔科克斯获得的最丰富的遗存是大麦种子,它们与这个遗址出土的其他种子一样,都来自野生植物。这些种子多数破碎,在显微镜下可以很清晰地观察到,因破裂而暴露出来的种皮在炭化过程中受热膨胀。这个小小的现象使得威尔科克斯了解,这种破裂的种子碎块是原生的,是在受火之前经人类有意识加工而成的。出土的大麦都是破裂的或碾碎的残粒。在靠近水槽的地方,种子碎块最密集,表明它们先是被碾碎,之后经过浸泡,与今天某些地区的人们用现代谷物制作塔博勒沙拉(Tabouleh Salad)的方式极其相似。

除此以外,典型扁状种子——野扁豆的出土数量也相当可观。与大麦一样,它们也集中出土在水槽周围,火塘周围也有成堆的发现。这些野扁豆可能先经过浸泡,再或蒸或煮,一切按照流传已久的加工豆类食品的做法进行。根据各个网格中采集的样品,在出土

---

[1] Willcox 2002.

杰夫－艾哈迈尔遗址的"厨房"，内有水槽、工作面和留在原地的磨盘

石磨盘的房子较远的一端，集中发现了与大麦和野扁豆不同的其他植物种类。它们来自一种大粒禾本科植物，要么是野生小麦，要么是野生黑麦，目前还很难断定。据推测，这些种子可能被放在石磨上磨制成面粉，以备做粥、面团或面包。在其中一个磨盘上发现的种子碎块，更加直观地反映了烹饪加工过程。

房间里还出土了两块炭化的饼，大小类似小圆面包，十分完整，其他地方还有这种饼的碎块。用来制作这种小饼的种子都已经磨碎，难以进行种属鉴定。但借助扫描电镜，我们可以观察破碎种子的外壳，研究表皮细胞的排列方式。这些种子的表皮特征与十字花科种子完全吻合。

此外，房间内还出土了诸如野杏仁和野开心果之类的美味坚果、来自水瓜柳和锦葵属的调料、其他草类和豆类种子，以及荞麦的一种野生近亲植物，进一步充实了遗址居民的食物组合与加工方法。再往前追溯1.2万年，回到奥哈罗遗址的营地，我们就会发现，祖先们这种以多种不同植物种子为主的食谱有着悠久古老的传统，但二者之间还是有不同之处。在这两个遗址里，所有采集来的种子在食用之前，都要放到指定地点储存和加工，但具体方式各不相同。在奥哈罗遗址，每一次不同的"收获"要分别存放在不同的棚屋里。在杰夫-艾哈迈尔遗址，分类存储细化到"种"，每一种植物分别储存，并在厨房中进行不同形式的烹饪加工。经过一系列处理，如粉碎、浸泡、细磨、成型和加热，许多人们偏爱的植物，以禾本科和豆类为主，从最初淡而无味的状态被变成更有味道、充满神秘感的美食佳肴。

烹饪展厅

这个房间不足八平方米，十分忙碌、拥挤。给人总的感觉是，它是个服务部门，而非用以自足。它的近邻——部落里最大的建筑物，即前文描述过的半地穴式圆形建筑物，就是这个房间其中一个潜在服务对象。发掘者认为这个大型建筑物是一处公共场所，并将它与北美阿纳萨齐（Anasazi）村落里反复出现的一种特殊建筑进行了比较。这些废弃的村子里频繁出现这种半地穴式建筑结构。由于它们的年代相当晚近，我们便能得知它们的用途。它们是阿纳萨齐人活动网络的节点，是村民为了举行仪式而聚集的地方。他们的仪式都要在自己村子里这类建筑的不同隔间内举行，这些隔间参照一定的天文现象排列。许多地方到处都有这类相似的建筑。[1]

这个地区的其他聚落里也发现了与杰夫-艾哈迈尔遗址半地穴

---

[1] Cauvin 1977, 1997; Stordeur 1999.

式大房子极为相似的建筑物。其中一个位于遗址东面的土丘上，还有一个在其下游不远的穆赖拜特（Mureybet）土丘上。[①]穆赖拜特遗址这种房子四周灶坑里的包含物已经过详细研究，我"借用"它们来丰富了自己的描述。穆赖拜特和杰夫－艾哈迈尔两地不同的活动空间组织方式有一个很明显的特点，那就是人们在一个地方进行烹饪准备，到另外一个场所完成食物形式的转换创新。正如在第5章探讨过的，我们这个物种分享食物的一个典型特征，是彼此熟悉的人们围坐在火塘四周形成交流圈，火塘作为食物制备的核心地点成为社会活动的中心。然而在这些遗址里，中心火塘的概念已经遭到破坏，交流圈的中心转移到一个独立而封闭的空间里。这处经过细密采样研究的杰夫－艾哈迈尔遗址的房间，很可能就是最古老的"厨房"。

在现代社会，我们通常认为厨房与就餐的地方分开是天经地义的事情，而常常会忘记，并非所有食物准备工作都是以这种方式进行的。实际上，纵观古今人类分享食物的背景，最盛行的方式可能就是在交流圈的中心准备食物；各种各样的饭菜，不论精致还是简单，都可以这样准备。只有某些特定群体在某种特定情况下，才会选择在一处辅助空间里进行食物制备，使就餐者看不到也感觉不到食物的转变过程。

通过对年代更晚近的欧亚社会的食物进行研究，人类学家杰克·古迪把我们的注意力吸引到食物分享的一个重要方面，即一般家庭食用的普通料理与有社会地位的人们所享用的高级料理之间的差异，而这种社会地位，在独特的用餐形式上既受到保护又遭到挑战。普通料理即家常饭菜，并无特别之处，通常是把自家田地里长

[①] Cauvin 1977, 1997.

出来的各种谷物和菜蔬组合起来。高级料理则不同，它讲究就餐地点、食物摆放方式与点缀装饰，并且要使用珍贵的食材和来自遥远神秘地区的异国香料。并非所有厨房都发现于奢华之地，但是一个独立准备食物的房间确实发挥了烹饪展厅的功能，进一步夸大了食物制备当中那些令人惊讶的因素和神秘气氛。如今，我们已经习惯了简化随意的家庭厨房，但即便如此，厨房依然是将食物加工点缀，以便给就餐者留下深刻印象的场所。并且，即使在最平常的家庭里，食物准备与消费空间的分离仍然显示出不同的社会地位和社会分工。谁在厨房里忙碌，谁在餐厅里享受，很典型地区分了当事人的性别或年龄。将这个背景放大，我们会看到更为复杂的等级和分工差异。厨房这个概念不能完全等同于高级料理，但是它们在很多方面有共同点，比如就餐地点、食物的点缀，以及它们所体现的人的角色和地位差异。①

不一样的人

如果将注意力转移到幼发拉底河下游另一个早期遗址阿布胡赖拉（Abu Hureyra），我们多多少少会感到杰夫-艾哈迈尔遗址所处的时代可能已经存在社会分化。②对阿布胡赖拉遗址出土人骨遗存的研究结果揭示了大量与日常生活相关的信息。周而复始的日常劳动使他们的身体饱受压力，骨关节突出，这明显是关节炎的痕迹。脊柱、肩膀、尾椎和膝盖清楚地表明，他们曾从事大量举抬和搬运的活动。某些个体的上颈椎骨已经固化变形，显然是长期用头部顶

---

① Goody 1982.
② Moore et al. 2000.

运重物所致。遗址中还出土了一群曾劳作于磨盘周围的女性骨骼，本章开头叙述中那位游历者看到的女人就是其中一位。

尽管肌肉组织很少被保存下来，肌肉附着点却常常能在骨骼上被辨认出来。其中一位女性的上臂骨肌肉附着处发达，显然是艰苦劳作的结果。另一位的大腿骨弯曲变形，说明膝盖部位有关节炎。这个女性长期保持跪姿，脚趾蜷缩在身下，趾骨已经变形，脚的关节处有关节炎。最严重的损伤可能集中于她们的背部下方，最后一节胸椎骨的变形和压缩就是表现。根据这些骨骼资料，我们可以发现，长期、重复的劳作造成了这些女性骨骼的变形和萎缩。我们可以想象，一个个女人在那里一跪就是好几个小时，身体不断前趋后仰，交替着以膝盖和臀部关节为轴心不停地运动。她们的手臂向前伸开，前臂向内，朝着身体弯曲。这分明就是游历者看到的厨房磨盘边的情形。在其他时代、其他地区，厨房曾经是男人——奴仆、厨师或奴隶主导的地方。但对阿布胡赖拉遗址人骨的精心研究表明，至少在古代的幼发拉底河流域，女性在食物准备阶段扮演着极为重要的角色。面对这些女性辛劳工作的证据，我们不禁疑惑，这些部落的男人们在做些什么？[①]

在前几章里，我们看到男女两性在食物获得和准备阶段遵循着一种微妙的平衡，他们之间有交换，有乞求，有威胁，还有在养育幼子过程中形成的合作。维持这种平衡的关键在于两件事：女性在生养哺育拥有较大的脑容量的后代时发挥核心作用，男性在猎捕多肉的大型动物过程中扮演核心角色。当现代人发展出编织工艺，在提高人们捕捞、狩猎和采集种子能力的同时，原有的平衡发生了显著的变化，因为这些技术的出现，男性丧失了优于女性的生理优势。

---

① Molleson 1994；另参见 Moore et al. 2000 相关章节。

如果我们把阿布胡赖拉遗址人骨分析应用到更早的西南亚地区的人骨遗存上，一个公认的小例子就能展示出两性之间的显著差别。这些遗址中，很多男性的上肢骨骼都十分强壮，这表明他们经常从事掷矛之类的活动。到阿布胡赖拉的时代，我们已经看不到这些终身从事狩猎活动的骨骼痕迹，这一趋势与食物遗存、人的牙齿健康状况以及人骨同位素特征都相当吻合。这些资料从不同角度反映着社会已从男性狩猎大型动物向另一种生活方式转变。这种转变从早期现代人在世界范围内的扩张开始，至今仍在进行中。①

让我们回到刚才的问题，看一看阿布胡赖拉遗址的男人们到底为人类生存做了哪些贡献。当然，他们也会像女人那样搬运东西，像女人那样蹲在地上劳作。我只是好奇，当他们蹲在那里陷入冥想时，脑海中是否也闪过这样的念头，那就是随着狩猎活动重要性的降低，他们的社群其实已经不再需要那么多男人来满足生存物资储备和繁殖的生理需求了。很久之后，在以谷物为基础的农耕社会里，在不同历史阶段的许多社会当中，"供过于求"的男人的命运成了一个大问题。他们向新领地的迁徙成为现代世界民族分化的重要驱动力。这个过程或许最早开始于食物寻求过程中围捕大型猎物活动的衰落，以及随之而来的两性分工的变化。

不一样的地方

我们的游历者或许真的是一个"被驱逐的"男性，他开始将注意力从食物本身，转移到领地内各类象征地位的物品流动上。关于

---

① 参见 Peterson 2002；关于掷矛者的体质特征，参见 Schmitt et al. 2003。

他的体质特征，我只是从阿布胡赖拉遗址借用了一点，即磨损了的牙齿。他为故事提供了他的经历，他在旅途中所看到的是不同定居部落之间的联系。我们有更多直接证据，能说明在这片土地上流动的贝壳和石制品到底来自多么遥远的地方，而携带这些物品的人只是走过了其中一段路程。这种知识是通过对人骨微量元素和同位素分析逐渐积累起来的。[1]根据人工制品的证据，我们可以想象，那时至少有一部分人跨越过南部的红海、北部的约旦河和幼发拉底河中游，以及西北部的卡帕多西亚的黑曜石产地。[2]这一定是一次充满了无尽变幻的探险之旅，要经过布满荆棘的河边林地和不毛的荒漠，崎岖的山地和无际的草原。跨越之旅会让游历者们经历不同的部落，见识丰富多彩的生活和食物分享方式。考古学家在这些居址遗迹里发现的炭化种子和骨骼，就反映了各个地区不同的烹饪传统。比如在杰夫-艾哈迈尔遗址，野驴肉是常见的消费品，但在黎凡特（Levant）南部很少见。瞪羚肉无论在哪里都很常见。即使在很短的地理距离之间，多样性也非常明显。比如，在杰夫-艾哈迈尔遗址和穆赖拜特遗址之间步行距离不过两天，但二者饮食风格迥异。[3]

我们的游历者途经的聚落在结构和风格上也是千姿百态：有的生活在游牧的帐篷里，有的定居在耐用的用灰浆抹过的土坯房里，还有的居住在石头房子里。不管是哪种风格，那些封闭的半地穴式的圆形或椭圆形房子将是他在未来旅途中逐渐熟悉的样式。穆赖拜特遗址的发掘者推测，这些早期的半地穴式椭圆形建筑，即最古老

---

[1] 人骨同位素分析的研究成果参见 Dupras and Schwarcz 2001；Price et al. 2001；Bentley et al. 2002；Schwarcz 2002。
[2] Sherratt 2006.
[3] Cauvin et al.1998.

的定居"房屋",应该是人们用泥和石头建造的凹坑建筑,其灵感来自更古老的洞穴或岩棚。就像在洞穴或岩棚里面一样,有亲属关系的人们围坐在这些早期房子里的火塘四周,一起亲密地准备食物,分享食物。①

杰夫－艾哈迈尔遗址西面土丘上的椭圆形房子确实为这种观点提供了很好的实物证据。正如我们的游历者所参观过的许多房子一样,它有一个下陷的地面,进入房子内部,就会发现这里的空间格局与众不同。无论他对外部的弧形结构多么熟悉,房子有棱角的内部看起来还是非常新颖。这些棱角的形成是因为内部空间被墙分隔的缘故,发掘者认为这些隔间是用于存储的仓库。这些内墙的存在使房子内部的空间看起来小了许多,形成了更多的棱角和复杂结构,也突出了空间的第三维度——高度。他的正前方,是房子内部的一段台阶,从这里可以通往中心高台。这个房间曲折的棱角和分隔出来的内部空间,以及从外面端进来的精心加工的食物,与那些以火塘为中心的交流圈产生的感觉十分不同。这个多棱角的舞台,已经偏离了我们所熟悉的家庭式的交流圈,引发了新的社会交往形式。根据其他考古资料我们得知,这种新的社会交往确实正在发生。

很明显,人们正在这片土地上不断迁移,遭遇陌生人成为常见的事情。但是在他们的世界里,没有城市、市镇、货物集散地这些为陌生人衣食住行提供便利的地方。离开现代社会的商品聚集地,与陌生人会面不是一件寻常的事。甚至在这类商品集散地出现的几千年前,陌生人之间的会面也只应该发生在某些正式的、仪式性的场所。每个部落都应该有专门的人来负责接待陌生人,并有一套独特的礼节、礼仪,以及宾主双方交换礼物所需遵循的规矩。人

---

① Cauvin 1977.

类学家马塞尔·莫斯（Marcel Mauss）在其影响深远的著作《礼物》（*Essai sur le don*）中，探讨了礼物交换行为在现存社会是如何围绕三种核心约定——给予、接受和回报展开的，它们约束着人们的社交活动，在游历者和他们经过的部落之间搭建起桥梁。1.1万年前，杰夫-艾哈迈尔遗址的厨房伴随着一些非常古老的游历而出现，这些早期游历者们将罕见的贝壳、黑曜石以及另外一些在考古遗存中很难保留下来的货物携带到世界各地。①

作为其中一位游历者，我们这位特殊的客人从椭圆形房子里走出来，回过头再去看那个厨房及其周围的建筑物时，他发现这种奇怪的有棱角的方形建筑似乎到处都是。邻近的建筑中有几个完全是有棱有角的，从内到外，包括那间用来准备食物的房子。

与晚近一些高高耸立的房屋相比，"分隔建筑"给人的第一印象可能是非常新颖与奇特的。见过的人们脑中浮现的第一个问题就是："他们是怎么做到这一点的？"确实，就像那些高耸的建筑一样，建造长方形的房屋也涉及许多技术的革新，尤其是要将交叉墙的角度建得合理，不是件容易的事情。但这些问题很快被随之而来的其他问题取代："里面的生活是什么样的，怎么可能在这样的空间里做与我们现在相同的事？"三十年前，史前人类学家肯特·弗兰纳里（Kent Flannery）决心找出这种从弧形到棱角分明的生活空间布局转变的意义。通过研究民族学资料中现存的建筑，考虑到长方形建筑的建造逻辑，他提出，一切都与满足特定人群的增加和扩展有关。一个单独的长方形房屋可容纳父母和子女一起生活，有时还包括第三代。而圆形房屋扩展性差，对于大一些的有血缘关系的群体来说，这些圆形建筑物就是一个个小的单元。换句话说，

---

① Mauss 1925.

长方形建筑是为了适应核心家庭而出现的。雅克·考文（Jacques Cauvin）提出一种新的认识，认为这种转变与人的心态以及对宇宙和世界外在形态的认知所发生的根本变化有关。[①]

变化的驱动力并不一定是单一的。的确，我们所处的空间塑造并影响我们的行为，但它们并非决定因素，只是提供了一种"文法"，事实上我们在同一个建筑物里每天书写着不同的文本。如果我们后退一步，不再把圆形和长方形房屋与特定的生活方式联系在一起，而将这些公共建筑作为塑造多样化生活方式的"文法"，那么我们就可以得出一些总体性的看法。

首先，弧形的墙造就封闭的空间，而笔直的墙分隔了空间，这一点从杰夫-艾哈迈尔遗址的墙体模式可以看得非常清楚。的确，也可以用笔直的墙围成一个封闭的空间，或是用一堵弧形弯曲的墙把空间分隔开，但修改突出的是分隔和围封两种不同的含义。其次，弧形弯曲的墙倾向于形成固定空间，而长方形建筑可以通过增加新的长方形而无限变化。再次，在一个有棱角的空间里，人们可以找到一个宽敞点儿的地方或站或坐。长方形房屋有长边、短边和拐角。在这里，光线进来的方向不同，别人需转身才能与你对视。而在一座圆形房屋里，在环状火塘或圆桌周围，每个人都可以把自己置于一个与大家平等的位置，都能把其他人纳入视线。一个有棱角的空间必然会导致分化，这涉及第三维度——高度，地面和周边的座位显然不在同一水平线上。杰夫-艾哈迈尔遗址大型核心建筑即便没有上层，其内部在高度上的分化也十分鲜明："向下"进入房屋，"往上"才能看到对面高台上的人。

曲线和直线构造的空间可能不断被沿用，被推翻，被彻底改

[①] Flannery 1972; Cauvin 1997.

造，这种"文法"可能会在一系列对立面中不断被重塑：弧度空间和棱角空间之间、包容与细分之间、控制或稳定性与生长或扩张之间、平等与分化之间。这种建筑从古老的地下椭圆形房屋中分离出来，具有特殊的意义，雅克·考文曾把它与祖辈的猎人们建造的洞穴联系在一起。但未必只有古代猎人才能记住这古老的建筑风格。即使在人一生的时间内，杰夫－艾哈迈尔遗址的空间"文法"也变化得很快。

变化中世界的记忆

虽然许多社会都是通过讲故事和口耳相授的传统来保留关于这个世界逐渐变化的集体记忆，我们的游历者却在他的一生中，真真切切地感受了这种变化，这种变化不只体现在房子的样式上。他或许曾经切身体会到狂暴自然界里长期不绝于耳的隆隆声。

这些大自然的隆隆声在河流和地表径流不稳定时最明显。他拜访过的黎凡特南部的一些聚落都带有防御墙系统。考古学家最初认为它们是用来抵御其他部落侵犯的。而新的研究表明，它们所要抵御的是潜在的大洪水和泥石流。这个时期的许多聚落都坐落在河流冲积扇附近，而我们知道，当时的河流系统一直处在活跃的变化状态，并且预示着发生影响范围更广的变化。

这一地区古代湖相沉积里的孢粉序列记录了当时环境的迅速变化。这种湖相沉积并不多见，研究者从少数几处沉积中获得了一批可资对比的经过测年的孢粉序列，这些资料提供了植被类型跨越时空的几种有意思的变化模式。不同孢粉序列的比较结果表明，在幼发拉底河中上游的广大地域内，气候变化速度如此之快，以至于不同植被类型之间的界线在仅仅十年间就会移动两公里以上。按照这种全球气候变化的速率,一个人孩提时门庭前常见的植物,到他年老时可能要走上一天的路程才能发现踪迹。或许只有杰夫－艾哈迈尔遗址年龄最长的居民才记得,曾经有一段时间,一种生长在草原上的特定灌木茎秆的弯曲部分是炊煮用的理想燃料;但现在它们已经大量减少,草原被草本植物覆盖,这些草本植物更适合食用而非用作燃料。个体的记忆,尤其是老者与年轻人之间的谈话,可能会流传下来许许多多关于风暴和奔流的暴雨、河流干涸或者改道、林地萎缩、四季来临的时间或提前或错后等等故事。[①]

通过与欧洲、美洲和新西兰钻取的孢粉资料比较,我们可以将上述变化与第四纪末期的显著气候波动联系起来。科学家们最早绘制的是欧洲的孢粉图式,这种波动的关键标志是一种表征十分独特的孢粉的峰值,这种孢粉来自一种低矮的多年生植物仙女木的小白花,拉丁文名称 *Dryas Octopetala*。它生长于寒冷的山上,在极度寒冷的时期也会扩张到低纬度地区。因此,在孢粉序列中,它常被作为冰期事件的标志。自末次冰期以来的孢粉钻芯里,在比冰川极盛期稍高一点的位置上有两个仙女木峰值,分别被命名为"老仙女木期"和"新仙女木期"气候事件。新仙女木期大约从距今1.3万年开始,一直持续到杰夫－艾哈迈尔定居遗址的出现。这段寒冷期突然结束,留给地球的是又一次沧海桑田的变迁。气温急剧变化,冰盖迅速融化,河流彻底改道。由于喜冷的仙女木退回山上,其他植物迅速改变了生存范围,食物链中与之相关的动物也随之变动居所。在之前许多气候波动中,人类一直在努力适应食物链的其他组成部分,但游历者所游历的那个世界里并没有发生这样的事。他所拜访过的许多聚落都是定居的,这些聚落的存在时间比他的寿命长

---

① Hillman 1996.

得多。在经过漫长的游历之后，他可以再次回到那些聚落，再一次受到款待，互换礼物。的确，他们重新设计了房屋的样式，尽管河流改道、景观变化，但他们一直都停留在原地生活。①

定居的生态需求

从许多方面来看，永久定居的出现方便了远方旅行游历者和他们携带的人工制品的流动。在定居出现以前，游牧民族一生都驰骋于广阔的空间，但是这种人群流动的知识，只能依赖讲故事和口耳相传。定居聚落的出现，以及同时出现的礼仪上的食宿接待传统，给我们的游历者创造了一系列"节点"或见面的地点。这样，游历变得多样化，一种新的更为灵活机动的迁徙方式出现了，这种迁徙体现在远途流动的贝壳、加工过的黑曜石，以及其他带有异国风情的物品中。这些物品在交换、维护社交网络、树立社会地位方面发挥了重要的作用。但是另一方面，对处于不断变化环境中的定居聚落来说，他们对食物的需求成为一个大问题。让我们把目光从杰夫－艾哈迈尔遗址转向幼发拉底河流域的其他遗址，再回过头来看看几千年之前，我们就会从某种程度上理解这些部落是如何确保他们仍然有足够的食物来与本部落的人们以及路过的游历者们分享的。

在幼发拉底河谷中部大约100公里的范围内，考古学家们对许多同属这个时期的遗址进行了发掘。出土的植物种子和动物骨骼为研究人类在新仙女木期及其之后的岁月里如何满足食物需求提供了

---

① 关于新仙女木期概念的提出参见 Iverson 1954；关于它与全球范围农业起源的关系以及与它相关的第四纪材料的研究，参见 Harris 2003；关于冰芯的证据参见 Alley 2000；关于阿布胡赖拉遗址中新仙女木期与人类行为之间的关系，参见 Moore and Hillman 1992。

丰富的资料。他们捕猎各种野生动物，比如瞪羚、马、驴、鹿、绵羊、牛和猪；采集的植物种类数以百计，它们来自森林、林地边缘以及开阔的草原。如果我们观察一下这种食物多样性的长时段特征，确实能从聚落堆积中看到某些物种的减少或消失，同时也会发现此时的觅食行为已经具有相当的稳定性。总体来看，食物组合的差异主要体现在不同遗址之间，各地区地形地貌和土壤特点的不同造成了资源的多样化。在长期定居的聚落中，人们的食物组合总体上呈现出一种保守倾向。很明显，每个群落都积累了几代人的经验，了解如何最有效地获得他们喜爱的野生食物。我们从燧石片工具和箭镞的改进可以看出采集狩猎技术的进步，由此推测，当时搓绳、结网、篓编和设套的技术也发生了相应的进步。在采集的众多植物中，我们注意到他们逐渐提高了选择其中某些物种的概率，这些物种开始受到特别的关注。在气候变化的时期，有证据显示，某些部落曾反复尝试"凝固"他们所偏爱食物的生长季节。[1]

新仙女木期之后，气候变化的结果之一是季节性的增强，这也是许多一年生植物食物得以出现的条件，但是，那些生长期较长的植被正在侵吞着它们的生存领地。在杰夫-艾哈迈尔及其邻近遗址，出土植物的种类很明显转向那些适宜在扰动环境下生长的一年生植物。这表明，人类正在采取措施抵制上述过程。为了保持他们社群代代相传所了解的季节性知识，人们在偏爱的植被周围翻耕土地，将入侵的多年生植物清理掉。例如，一年生的禾本科和豆科植物的生长得到更多照料，在它们的生长季节，人类采取措施保持土壤的湿度，在其他季节则抑制与之竞争的多年生植物的生长。有许多方法都能做到这一点，尤其是在规模较小的"菜园"里。实际

---

[1] Willcox 1996; Moore et al. 2000; Van Zeist and Bakker-Heeres 1982.

上，他们的祖先几千年来可能一直都在从事这样的工作。在我们的游历者造访过杰夫-艾哈迈尔遗址椭圆形房子之后的数百年，这种保护特定环境的趋势在植物考古记录中留下了痕迹。确保聚落处于稳定的空间范围，似乎与在变幻莫测的世界里确保食物链联系在一起，大大提高了人们对于某些特定物种的关注程度。

流动的食物链

回到杰夫-艾哈迈尔遗址的厨房，我们在地面堆积里发现的不仅有植物种子，还有一些带着植物穗部的茎秆残段。进化使得野生植物的穗在成熟期变得易碎，这样种子可以获得最佳生存机会，避免遭到捕食者的掠夺，及时落入土壤，继续繁衍下一代。通过显微镜观察这些茎秆，上面清晰而自然的裂痕明显可辨。在非常偶然的情况下，我们会发现某个茎秆比较坚韧。在比这些遗存晚一千年的其他遗址出土的样品中，大多数残片都来自这种坚韧、无破损的茎秆。这些茎秆不再是自然状态下轻易繁殖的植物。它们的穗部完整不易破裂，种子易脱壳所以难以应对捕食者的掠夺，因而除非它们的主要捕食者在种植和发芽的时候提供帮助，否则它们很难繁衍下一代。它们就是被"驯化"的植物，也是现代全球农业的基础。这些驯化作物在幼发拉底河中游地区晚近的植物遗存中有所发现。其中反复出现的一种，是"二粒小麦"，这种小麦今天已经极为少见。如果我们想要追寻这种作物的野生祖本，最好是沿着黑曜石之路向南，到那个定居着另一群聚落的地区去寻找。[①]

在南部的遗址里，早期驯化作物之一是另一种不同寻常的小

---

① 关于这一点的考古学背景综述，参见 Bar-Yosef 1998。

麦，即"单粒小麦"，它的野生祖本追寻模式与二粒小麦恰恰相反。要寻找单粒小麦的野生祖本，我们应该沿着黑曜石之路向北推进。在最早的作物培育和驯化阶段，有一个明显的场地交换：野生单粒小麦在北方，野生二粒小麦在南方，而南方驯化了单粒小麦，北方则驯化了二粒小麦。大量其他早期作物，如鹰嘴豆、亚麻、扁豆和无花果，似乎也以这种有趣的方式"走来走去"。与这些新的驯化作物的流动对应的是动态的食物链。在我们的游历者到达杰夫-艾哈迈尔时，我们所看到的在广阔范围内流动的东西是那些体积小、价值珍贵且便于携带的物品，比如贵重的武器和装饰品。从大约1万年前开始，除上述物品外，人们还携带其他东西迁徙。他们的游历不再仅仅为了交换，还要寻找新的定居地点，因而所携带的东西既有他们喜爱的植物、动物和武器，还有建筑风格的理念以及对自然、世界、一切未知领域的信仰。[①]

随身携带的植物种子包括他们喜爱的小麦和大麦，它们已经经过了几代人的培育。事实上，或许他们也曾播种这些种子；只有当某个植物群体变得孤立，换句话说，只有当它们的守护者迁移到这些作物的祖本范围之外时，我们才能期待它们进化出坚硬、不易破损的茎秆。显然，一旦到达新的环境，它们的生长开始完全依赖于人类。除了喜爱的禾本科植物种子，他们还带着山羊。与他们的祖先曾经猎捕的其他野兽相比，这是一种容易控制和管束的动物。另外，他们还带着武器，有精巧的箭镞和带有利刃的石器。他们留下的最显眼的足迹是隔间建筑。这种新的空间利用方式在我们的游历者看来十分奇怪，但随着后来农业在各大陆的传播，这种建筑形式变得司空见惯。穆赖拜特遗址的发掘者雅克·考文进一步研究了这

---

① Cauvin et al.1998.

些遗存，尤其对他们关于死亡的认知和处理方式提出了新的看法。他认为，除了携带食物、武器和建筑理念，他们还传播了自己对世界的信仰，以及对智慧、生育和雄性力量的崇拜。①

伴随这些迁徙者的游历，新的流动食物链显示出超群的进化适应力，在这个过程中，它们从未停止过繁殖，甚至在之后的1万年间也是如此。在扩张的第一个千纪里，聚落数量激增，他们活动的范围也是如此。单个聚落规模扩大，分间建筑也更加多样化。随人迁徙、不断被驯化的动植物种类也在增多。在接下来的一千年里，这条流动的食物链不断加长并向东传入亚洲，向西传入欧洲。然而，它的传播方式不是地毯式平面推进然后把对方夷平，而是跳跃式地从一个受惠地点到达另一个，在这些地点，流动的食物链能够找到一个理想的小生境，每个子聚落都接受了来自这条食物链的因素，以及来自母聚落的风格和信仰。在生态环境适宜的情况下，这条流动的食物链会开花结果，哺育新生代，其中包括一部分多余的男性，他们将来又会进行新的旅途迁徙。②

关于大范围男性输出推动了新的农业生态系统发展的观点，或许可以从现代人基因研究成果中获得某种支持，虽然二者看起来似乎是截然不同的话题。在过去的二十年中，我们对于基因多样性的认识迅速提升，不同的研究者都试图把这种多样性与过去人的行为模式联系起来。在人类基因多样性的先期研究中，科学家们根据基因的某些特征如血型，绘制出一系列基因分布图，对此进行解释，认为许多空间分布的差异与农业社会传播有关。比如在欧洲大陆，血型基因差异绝大部分按照东南-西北走势分布，大致与农业传播

---

① Cauvin 1997.
② 关于"冗余"男性的输出，参见 Cauvin et al.1998；关于跳过不适宜的土壤地区传播的模式，参见 van Andel and Runnels 1995。

的方向一致。看起来遍布欧洲的先民们似乎大部分是迁徙的农民。但这个结论很快受到另一项研究结果的挑战，他们根据其他基因系统——线粒体 DNA 观察欧洲大陆基因分布的空间特征。这个研究小组得出一个迥然不同的结论：现代欧洲祖先的主体来自更古老的狩猎-采集者，农业传播只是一种伴随农民迁徙的非常狭窄的模式。还有人对更晚近的基因谱系进一步研究，提出了新的地理分布模式。他们认为，根据男性和女性这两条线索，可以观察到不同的迁徙模式，暗示着两性之间在迁徙上的差异。①

基因学家还在争论观点中细枝末节的问题，新数据也在源源不断地提供更多资料。对于上述各推论之间的差别还有另一种解释。如果我们看一下这些相互冲突的数据组，会发现支持伴随农业传播而发生人口迁徙的观点是由"普通"染色体（不包括伴性的 X 和 Y 染色体）的表达基因而得出的推论，这些普通染色体携带着来自父母双方的基因。而得出相反推论的另外一组数据，则与我们单纯的母体遗传——线粒体 DNA 有关。假设早期扩散的群体中带有强烈的男性因素，他们倾向于与各地土著女子结合，那么我们就会得到与他们本身并不相同的基因数据。男性迁徙的悠久历史或许已经融入我们的基因里了。

回　顾

有了 1.1 万年后的"后见之明"，我们可以回过头来看看位于

---

① 关于迁徙起源的不同观点，可以比较 Cavalli-Sforza et al. 1994（基于表达基因的研究）和 Richards et al. 1996（基于母系遗传的线粒体 DNA 研究）。关于男性（通过 Y 染色体）和女性（通过线粒体 DNA）在迁徙方面的差异，参见 Seielstad et al. 1998；Kayser et al. 2001。

杰夫-艾哈迈尔西面土丘上那个拥挤的厨房，把十字花科种子做的饼块、扁豆炖汤，以及大麦碎片与对整个人类生态和社会都具有重大的意义的转折时期联系起来。这次转折至今仍影响我们的生活、健康和财富、社会结构和技术，以及与自然界的联系，甚至影响着基因图谱。20世纪，维尔·戈登·柴尔德（Vere Gordon Childe）用"新石器时代革命"来表述这次意义深远的转折，在他看来，正是在这个时期，实现了从自然对人性的控制到人性对自然的控制的转变。在柴尔德所处的时代，人们仍继续讨论着从野蛮到文明的过渡，但是今天，我们只能更谦虚地谈论从采集到农耕的转变。看看我们周围的现代世界，这种向农耕的转变已经产生了巨大的影响。杰夫-艾哈迈尔的游历者会对此做何感想？或者，他看到的在磨盘边工作的女子又会做何感想？[①]

柴尔德认为新石器时代革命是一个从自由游荡、暂时停歇的状态，到定居下来、制订计划的快速转变，标志着一种伴随着不同形式贸易和交换的定居生活的开始。对植物和动物的驯化只是这个大转变中的一小部分，此外还出现了长期固定使用的聚落、手工业活动（如陶器制作）、货物的存储和运输、人口的激增。人们逐渐驯化野性，走向文明。与柴尔德相比，我们的优势不仅体现在拥有更多新的证据，还体现在一系列碳-14测年数据。这些数据给他的理论踩了刹车，显然他拿来讨论的许多因素分属于不同的世纪，有的甚至相距千年之久。现在看来，这个转折过程中的许多变化十分缓慢，以致当事者可能并没有真正注意到它们。我们的游历者可能并没有注意向定居聚落的转变，以及贝壳和黑曜石长距离运输网的出现。那些发展变化深深湮没在遥远的过去，远远超出了口头传说和

---

① Chidel 1929, 1936.

人们代代相传的记忆。磨盘旁边的女人并不知道什么是陶器制造，也不知道翻耕可以把荒地变成农田。直到未来的几千年后，这一切都不会发生。与她相比，她的子孙们可能会花费更多的时间照料禾本科和豆科植物，这些照料的方式在她看来或许有些多余。她非常遥远的后代会注意到，他们的祖先世代使用的石镰在收获中使用得越来越频繁，因为植物的穗部似乎发生了形状变化。

因此，曾经被认为是革命性的、在人类历史上最为重要的食物寻求方式的转变，对经历过这些变化的当事人来说，或许并不那么明显，并没有立竿见影的效果。生态系统确实发生了快速变化，速度足够影响个体一生的记忆，也会让生活变得艰难，可以从遗址中出土的人骨上清晰地看到。但是，更接近于本质的变化发生在社会交往模式上，我们通过研究聚落空间布局以及在它们当中穿行的游历者的踪迹可以认识这一点。自从柴尔德首次提出新石器时代革命以来，我们对于这个转变过程的基础——巨大的环境变迁有了更深的理解，同样，对于社会交往中更为本土也更为迅速的变化有了深刻的认识。我们在考古资料中看到的最早的大变化——定居聚落和异地物资的远途运输的出现，都与社会交往变化模式有关。对食物分享中社会交往重要性的逐步认识，让我们把视角和注意力从平常的"一日三餐"转移到特殊的"盛大宴会"上来。

饭与宴

一顿"饭"与一次"宴会"的区别，取决于很多方面，比如频率和规模。一顿饭是熟人的亲密聚会，每天都在发生，而一次宴会只有特殊需要才会举行，而且可能与那些我们从没见过面的人一起分享。也许有人说，一日三餐在满足人的生理需求方面发挥着主要基础性作用，而宴会在作为社会再生产的仪式方面更为重要。但是，这既不与玛丽·道格拉斯对非常"普通"的家庭中用餐者的社会动力的观察结果相符，也很难与马文·哈里斯对大规模宴会在提供热量和营养方面的重要性的观察结果一致。也许，更有意思的是将一次带有支持性、亲社会性的亲密家庭餐饮，与一场带有竞争性、甚至反社会性的宴会进行对比，虽然这样做可能也经不起验证。把"反社会性"这个词与宴会这种明显的社会性聚会联系在一起，或许看起来有点古怪，但是它强调了与宴会相关的潜在的等级、分化和地位的竞争性变化，与在近亲之间尤其是在父母和孩子之间发生的基础性的、广为传播的亲社会性分享食物形成了鲜明的对比。毫无疑问，将传奇性的游历者带进中央棱角分明的房屋内部，让他坐在高台的对面，给他吃在其他房间里准备好了的食物，这很容易让他体会到参与者之间的分化，这种感觉又被整个聚落空间布局的文法所强化，被用于精心加工制作食物的烹饪展厅所强化。这样一种隔开的距离和竞争的压力可能在柴尔德认为的伟大变革过程中至关重要。

关于宴会的思考或许可以让我们将狩猎-采集社会的两大类型明显区分开。一种类型就像第3章论述的博克斯格罗夫捕猎野马的人群那样，他们四处寻找寿命长而且生长缓慢的猎物，然后不惜跨越千山万水，历经季节变换甚至更长久的气候波动时段来追踪捕猎它们。另一种类型更像西南亚的狩猎-采集者，固定生活在一个地方，这里资源丰富，可以收获来自大地、海洋和天空中种类繁多、生长期短的植物和动物。后者可能更容易积累和储存大量食物，之后，通过竞争性宴会的形式把食物转化成地位和权力。通过在世界范围内观察驯化发生的时间、地点，以及驯化的物种，人们已经认识到竞争性宴会可能是解释人类生态和社会史上这次重大变革是如何被推动向前的关键点。[①]

　　回到杰夫-艾哈迈尔遗址，以零散的证据和丰富的想象力为基础，我们复原了那位游历者和磨盘旁边女人的生活，也曾简略提到部落大房子里那位年长女性。按照布莱恩·海登（Brain Hayden）的分析，我们似乎把剧中的某些关键演员漏掉了。那个磨盘边的女人正在努力工作，加工采集来的食物将被拿出去食用和展示；我们的游历者是享用这些食物的焦点人物，是他带来了珍贵的装饰品。但是整个宴会过程都被待在角落和凹室里的人们注视，尽管有时光线模糊，难以看清他们的存在。这是所谓厨房里的另一个主题，一个可能重现的主题——就餐者既是食物的消费者，也是整个表演过程的观众。在一个充满社会竞争的变幻世界里，为了给待在阴影中的人们留下深刻印象，在世界上最古老的厨房里，一定有专门的人准备合适的饭菜，分享食物的仪式一定会有条不紊地进行下去。

[①] 关于这个话题较有影响的是布莱恩·海登的观点（Hayden 1990）。他认为许多最早显示驯化特征的物种（比如狗、葫芦科植物、辣椒、鳄梨等）并不是常见食物，而是需要与贵重的和炫耀的背景联系起来的食物种类。他所举的最详细的例子来自新大陆。由于奥哈罗等遗址（第5章提到的）的发现，他对旧大陆考古遗址年代序列的理解需要调整，但从整体上看，他的文章无疑提供了一种全球化的视角。

第 7 章
宴飨的季节

汉布尔登山堤圈遗址中一个年轻人头骨的出土场景

地点：英国南部多塞特郡（Dorset County）

时间：约公元前 3500 年

  这些树木自从上次清理之后，又长大了许多。不久，它们会再次被砍伐，用作燃料，这里也会挖坑用于祭祀祖先。这座山丘处于植被过渡地带，林地、灌木丛和空地并存，恰如生存和死亡。这片由大树、灌木和林间空地构成的多变景观，是逝者的栖息地，已故的人就埋葬在那些突起于地表的遗迹之下。当中既有人类的祖先，也有牛的祖先，无论是人还是牛，其家庭成员都有资格出席葬礼。这样的宴会也有不确定因素，或许越到山顶越危险，野生动物可能会利用树林作为掩护前来抢夺丰盛的食物，其他到山上来的人也并不总是那么友善。

  即将开始的宴会并不是大家熟悉的亲人分享食物的场景。确实，有血缘关系的群体会围聚着自己家族的领地，清理地面，重新挖坑，开始祭祀仪式。但是他们周围还有其他家族，有的与他们相熟，有的却十分陌生。在这里，他们或许会寻求合适的配偶，但在这样大型的聚会中，也不可避免地发生莫名的敌意和暴力行为。即将分享的食物如此丰盛，尤其是人人都喜爱的牛肉就在露天篝火上烧烤着。还有许多的饮料，多数是啤酒，偶尔也有能使人销魂的外来调和酒。正是通过这种分享美酒佳肴的方式，宴会上的紧张气氛得以缓和，相对陌生的人群会再次确认结盟关系，并使这种关系不断巩固。

其中一个亲族集团为这次特别的宴会提供了主要食物，其他群体有的带来几袋榛子、晒干的水果或是谷物，还有的带来一只宰好的小羊羔。为宴会提供主要食物的亲族集团之所以这样做，是为了给自己群体中令人尊敬的女族长带来荣耀，为了实现这一目的，他们还会屠宰两只珍贵的牛。对他们来说，母牛是他们这个亲族集团的一部分，就像他们自己一样。小时候，他们常常会从母亲那里吮吸乳汁，然后跑到母牛那里吃奶，看上去就像温馨和睦的一家人。对他们而言，从牛身上割肉，如同从人身上割肉一样神圣；而对于那些从四面八方聚集到山顶来的陌生人来说，接受主人提供的牛肉，就意味着同意与主办宴会的亲族集团结盟，这种约定直到接下来的宴会季节仍然会发挥效力。

转型中的大自然

站在蜿蜒的白垩丘陵地的一处山坡上，俯瞰英格兰南部现代草甸和树篱，令人印象最深的是一个个的土墙围成的环绕高坡顶点的防御圈。这些土墙大约在2000多年前，环绕一处铁器时代的山顶村落砌造而成。另一组线形土墙建筑不太显眼，年代却是它的两倍之久远，它们沿着山顶中央围成一个方阵。这个山顶是埋葬死者的地方，是两处"长冢"之一，是最早的英国农民为纪念他们的祖先而建造的坟冢。此外，他们还在山上挖了很多洞穴，之后又将这些洞穴不断挖开又回填。这些洞穴之间的空地，在考古学家看来就像一道道长堤，他们称之为"堤圈遗址"。尽管我们仍旧约定俗成地使用这一称谓，但是考古发现已经表明，这类假定为堤道的遗迹远不如两侧的洞穴来得重要。足够丰富的证据表明这些洞穴出现了一种新的聚集起来分享食物的形式。考古学家有时会在其中发现多达三头牛的骨架，还有其他小型动物的骨骼。从保存状态看，有的骨头上仍残留着骨关节，表明它们刚刚被屠宰和消费之后就被掩埋起来。由此推测，单是牛就能提供700多公斤的牛肉、牛下水和油脂，足以养活上百口人。这些掩埋的骨骸留下了丰富的、一次性消费大量食物的证据，另一方面，这种消费却是远离火塘，在家外面进行的。像英国其他堤圈遗址一样，汉布尔登山（Hambledon Hill）遗址也位于居住区的边缘，这种边缘既是时间上的，也是空间上的。既然考古学的详细分析手段已介入，我们就可以尝试解释这些边缘地带人类早期饮食行为是如何把当时的社会与自然界联系在一起的。①

令人惊讶的是，我们对于5000年前汉布尔登山的总体认识，很大一部分来自一种非常不起眼的动物——蜗牛。在多塞特郡的这个山顶发现了大量的蜗牛壳。和英格兰南部大部分地区一样，这里主要的底土是白垩，为蜗牛提供了理想的栖息环境，也为它们死后

---

① 参见 Mercer 1980 及 Mercer and Healey（待出版）。这段叙述依据的主要材料来自上层堆积的第一部分出土的骨骼遗存，包括两头牛的骨架，还有一些幼崽、猪、绵羊或者山羊的骨骼。两块构成关节的牛脊椎骨进行过放射性碳测年，结果为2920—2700 cal BC（4255±50BP；OxA-8893）。动物考古学家托尼·莱格（Tony Legge）根据埋藏背景和骨骼保存状态推测，它们是一次单独的消费活动留下的遗存。

保存外壳提供了理想的埋藏条件。发掘的每一层堆积都出土了数量可观的蜗牛壳。那些围绕山顶大体排列成同心圆的形状奇怪的洞穴，内部每层不同的填土中也有蜗牛壳。地面上两座长土丘是埋葬死者的，非常显眼，下面掩埋了古代的地层。曾经生活于古代的蜗牛也被土丘封存起来。小山附近干燥的峡谷不断累积的堆积也以同样的方式将蜗牛壳保存下来。考古学家们对样品进行了筛选、分类、鉴定，得到了一份蜗牛种属清单，揭示了这里的大部分景观，包括山顶本身和在山顶举行的形形色色宴会的背景。[①]

考虑到山顶考古遗迹的密度、两座长长的墓室和所有向心排列的不规则壕沟，最初我们或许会认为当时这里是一片相当开阔的区域，但是壕沟填土中的蜗牛壳为我们讲述了一个截然不同的故事。这些遗存中，生活于草地和开阔地带的蜗牛十分罕见，但数量最多的是常见于林地之下以腐烂树叶为食的蜗牛种属。当然，还有大量其他种属，尤其是林地蜗牛，甚至还有一种喜欢生活于被人类扰动相对较少的林地间的蜗牛。然而，确实有两个样品包含了较高比例的开阔地蜗牛种，或许反映了人类对林地的清除行为。但是，这些蜗牛资料所反映的总体上还是一种以山上的木本植被为主的景观，这是在英国各地同时代同类遗址不断重现的画面。我们根据骨骼遗存推测的古人对大量牛肉的消费，并不是发生在人类驻地中心的露天空地上，而是发生在驻地外围保持着天然林地状态的区域里。

如果山顶植被一直繁殖更新，也就意味着两场宴会之间有一定的时间间隔。另一种动物遗存提供了关于山上宴会频率的信息。就这方面而言，脊椎动物比无脊椎动物更可靠。遗址出土的相当数量

[①] Bell et al., "Mollusc and sedimentary evidence for the palaeoenvironmental history of Hambledon Hill and its surroundings"，见 Mercer and Healey（待出版）：第 5 章。

的羔羊下颌骨甚至还没有生出牙齿，已经长出来的牙齿则显示出不同程度的磨损，多数下颌骨的第一臼齿还没有萌发。这些动物的生存时间确实短暂，在刚刚出生的那个春天就被宰杀了。年龄稍大的羊下颌骨有第一臼齿，但也显示了一定程度的磨损，足以让我们推断它们死于夏季或秋季。对于年龄再大一些的动物就不能知道得如此准确了。根据这些小羔羊的下颌骨，我们推测，在树木葱茏的山坡上，人们每年有两个季节在这里选择一块地方，清理干净，以便在此分享食物。而人类的骨骼，揭示了在这些外围地带反复出现的另一个特征，即林地间的季节性饮食。①

转型中的人类生活

汉布尔登山位于克兰伯恩狩猎场（Cranborne Chase）旁边土冢"海洋"的边缘，有"死亡之岛"之称。②在山上的不同地点共发掘出 15 具人头骨，其中近一半被很正式地放置在洞穴底部。这些头颅大部分没有下颌骨，少数残留切割痕迹，说明上面的肉曾被有意剔除。遗址周围出土的其他人骨上也有明显的割肉和清理痕迹。将这些特征综合在一起，说明当时存在吃人肉或用骨头做法事的习俗，也许二者兼而有之。这些骨骼不仅发现于洞穴中，也出土于那些像小山的皇冠一样耸立着的长冢当中。看起来，这座山上埋葬的祖先多数是随生者的活动不断变动位置的，甚至可能比生者的活动地点变化得更频繁。③

山上的出土骨骼中最常见的是牛骨，上面也留有屠宰的切割

---

① Tony Legge,"The Animal Remains", 见 Mercer and Healey（待出版）：第 5 章。
② Tilley 1994.
③ McKinley,"The Human Remains", 见 Mercer and Healey（待出版）：第 5 章。

痕，这并不奇怪。和人骨一样，它们显示出非常正式的葬式。贯穿英格兰南部的第二大石灰岩山脉科茨沃尔德丘陵（Cotswold Hills），与汉布尔登山同时代的长冢中，我们发现了类似的牛和人之间的联系。这些坟冢中的牛骨和人骨均受到同等"待遇"：人骨被烧过的地方，牛骨也被烧过；人骨留有关节的地方，牛骨也有关节；人骨没有关节的地方，牛骨也没有。看上去似乎整个家庭组成包括人和牛，二者的生或死都是一件大事，就像食用二者的肉一样。与家族所在地生长的树木一样，人的祖先是宴会的参与者，牛的祖先可能也是。①

这些神秘而丰盛的食物是用来做什么的？回填的坑洞保留着最直接的证据，我们从中能够获取哪些信息？许多回填的坑洞已经被发掘并进行了分析，根据这些资料我们再现了一个重复挖掘又立即回填的循环过程，在这个过程中，人们可能还清理过附近的林地。回填的过程中总是要以某种形式向祖先供奉食物，同时为生者提供新鲜而丰盛的食物。他们不断回到这个特定地点，按照某种周期，循环举行庆祝仪式和宴饮活动。在这里，家族之树将不同家族的领地明显区分开来。许多回填了的坑洞底部都小心摆放着人的头颅，这是我们所能看到的祖先崇拜的证据。

汉布尔登山的许多情形，都能与列维-斯特劳斯和玛丽·道格拉斯讨论的边缘地带行为产生共鸣。边缘地带是一个过渡地带，这里变幻莫测，是性交、死亡和危险经常发生的地方。每隔一段时间，就有亲密的家族和来自远方的陌生人到这里会面，并分享烧烤食品和发酵饮料，这是典型的被列维-斯特劳斯称为"外烹饪"或"露天烹饪"的场景。边缘地带不是日常生活的地方，也不是生火

---

① Thomas and Ray 2003; Thomas 2001.

做饭、取暖的地方,而是一个举行特殊仪式的场所,如诞生礼、成人礼、婚礼和葬礼等。这些人生中社会性和生物性的转折点,都得到这里度过。在这里举行的宴会,是为了建立容纳更多人类和牲畜的部落,超越单个家庭的界限形成一种普遍的认同感。宴会也是不同网络的联结点,这些网络使距离更远的处于不同社会和环境的群体联系在一起。

人与牛的亲密关系意义深远。农耕部落曾带着自己的流动食物网络穿越整个大陆。坑穴的回填过程则为流动食物网的其他组成部分提供了证据。大量小麦、大麦和成袋的榛子,甚至是葡萄被带到遗址上,有时人们会将这些全部烧掉,或许是将它们作为供奉祖先的食物。[1]同样在这些洞穴中,事实上在整个遗址的类似坑穴中,都发现了一种新型人工制品的碎片,它们自始至终与饮食活动紧密联系在一起。

黏土容器

要追溯这种新型人工制品的起源地,我们得将视线暂时从旧大陆西部边缘转移到东方。在那里,中国南方一条大河沿岸山林之间的一个静谧所在,出土了目前已知年代最早的这种遗存。那些贝壳堆成的小丘标志着早期采集者们曾常年聚集在这里准备他们的食物。在贝壳残骸中,发现了一些烧土残块,它们可以拼合成容器的形状。通过对共存的贝壳进行放射性碳测年,可知这些陶容器大约烧制于两万年前。考虑到样品有可能遭到周围石灰岩的污染,或许

---

[1] Jones and Legge 1987 及 "Evaluating the Role of Cereal Cultivation in the Neolithic: Charred Plant Remains from Hambledon Hill, Dorset",见 Mercer and Healey(待出版):第 5 章。

这个年代还需要稍微向前校正。柳州大龙潭鲤鱼嘴贝丘遗址只是中国和日本出土距今2万—1.5万年陶器的一组遗址中的一个。[①]再向前追溯几千年，生活于中欧摩拉维亚的狩猎者们已经开始用黏土制作人和动物的雕像了；而在旧大陆的另一端，黏土随后被用来制作容器。当地球气温降低到冰期低点时，第一批陶容器在中国的河道和森林边缘地带出现了。这些早期陶容器的确切用途还需进一步探究，但毫无疑问，它们使得新的烹饪方式的出现成为可能，从而大大扩展了取食范围，人们不仅可以用它加工固体，还可以加工液体或者半液体状态的食物。新的食物形式有汤、炖菜、饮料和调味汁，在加工这些食物的时候可以将各种调味品以多种方式调配混合，这与列维-斯特劳斯所说的封闭的和经济合算的"内烹饪"或"家庭烹饪"场景十分一致。

陶器在西亚出现要晚得多，农业社会开始步入正轨时，陶器的数量也不多。但是陶器一旦传播到气候温和的欧洲，农业几乎不可避免地就和它联系在一起。将早期采集者和农民制作的形式各样的陶器进行比较，还会发现陶器的另一种明显用途，那就是它不仅适宜用来盛放饮料和流体食物，还被设计成不同的形制，不同地区拥有自己的陶器风格。正如早期农民和采集者们举行的宴会可以帮助建立部落一样，特定的陶器风格也被用来标示他们的社会认同感。

汉布尔登山上发现的碎陶片来自圆形陶碗，它有着弧形的口沿和耳状把手。陶碗的风格相当朴实，却足以与英格兰西南部300公里范围内发现的陶器区分开来。这片土地上的游牧部落，在边缘地带聚集地点集合时，会辨认出许多他们熟悉的标记。陶容器只不过

---

① Yasuda 2002.

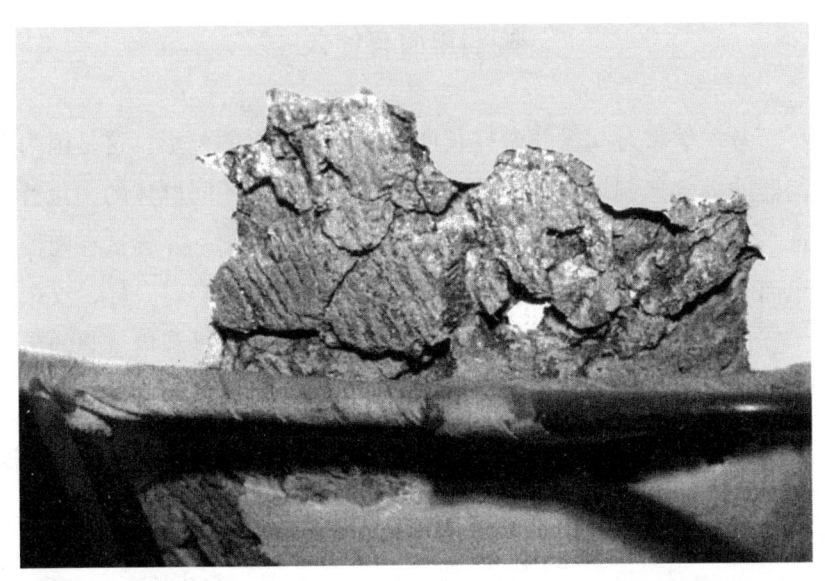

世界上最古老的陶器的残片之一，大约在 1.7 万年前，出土于中国湖南省的玉蟾岩遗址

是记录这些文化风格最耐用的物品。同样是这些陶器，还能反映出大部落是如何由一个个规模小的群体联系组合起来的。根据口沿的弧度判断，这种陶器不足以用来供较大的人群一起进餐。直径30厘米的陶碗已经是较大的器形了。事实上，许多陶碗都很小，测量过口沿的陶碗大约有三分之一直径为 6—12 厘米。或许将它们称为"陶杯"更为贴切。人们经过数天的长途跋涉聚集到这里，宴会上的这些所谓的大陶碗，就像那些坍塌的洞穴一样，暗示了"内烹饪"将各个小群体凝聚起来，当时许多食物消费都是个体行为。同时代的这些小群体和个人，又通过"外烹饪"共同分享上百公斤的肉食，从而与更大的社会网络联系在一起。在这种社会网络内部，他们的群体特征正是通过陶器的风格而非陶器的尺寸体现出来。①

---

① Mercer and Healey（待出版）：第 6 章。

陶器里面有什么

考古学家对陶器的研究长期以来集中于它的外形。这是因为陶器的外部形制可以帮助我们跨越时空勾画出不同群体的文化特征。最近几十年，考古学家开始更多地关注内部，并尝试在陶器里面发现曾经存放的食物痕迹。像大多数早期陶容器一样，汉布尔登山上发现的陶杯和陶碗都没有上釉，因而可以利用微观的手段，在它们暗淡无光的内表面获取曾经盛放过的食物留下的微量元素。最稳定的微量元素包括脂肪、油类和蜡状物，在化学上统称为"脂类"。这些脂类化合物残留的化学特征可以无限期保存下来，使得我们找寻大多数无釉陶内部残留的脂类化合物成为可能。其中有些脂类化合物与特定的物种密切相关，我们可以从一件古代陶容器里辨别出如与卷心菜、橄榄油、母牛等相关的脂类特征。有机体工作的一种特殊方式还使我们能够从对"母牛"的判断向前再迈一步。之前我们曾经讨论过，同一元素有或轻或重的不同存在形式，也就是"同位素"，它们可以用来作为食物网及其内部营养级位置的指示器。如果有合适的元素，有时甚至可以描绘出它在不同器官内流动的路线。雌性哺乳动物的肉和奶分馏的氧元素是不同的。在第3章我们曾利用某些同位素来建立一个显示气候变化的地质学"温度计"；而在哺乳动物体内，同位素也可以用来辨别肉和奶。

通过对这类同位素效应进行准确细致的测量，我们可以辨识出早期陶器中的奶或奶制品。事实上，我们已经在多瑙河流域，与欧洲中部最早的农业联系在一起的陶容器里发现了7000年前的牛奶的痕迹。又过了2000年，在英国第一批出现的农民使用的陶容器内部不断发现非常典型的奶脂化合物。其中一些遗址里发现的陶容器中，50%—80%都有奶制品残留物。同样，汉布尔登山遗址的奶制品残留物也很普遍。尽管早期农场生产很多牛奶，但是农民们将大量牛奶运输到山顶的宴会上似乎也不太可能。更切合实际的推测是，他们要么把牛奶发酵以后再运输，要么只是把牛奶当作底漆一样的东西用来封住未上釉的陶容器内部缝隙，然后再用来盛放其他饮料。①

我们可以推测用它盛放的一系列食物，比如榛子、谷物粮食，以及猪、羊、马鹿、狍子和野牛肉。当然，宴会中最重要的是牛奶和牛肉这种来自他们珍贵的家养牛身上的食物。尽管个别骨头被敲碎吸食骨髓，但上面并没有被烧过或被狗啃过的痕迹，表明肉是直接从整个骨架上切割下来的，之后人们又将骨骼的处理作为挖掘和回填坑穴这一完整仪式的有机组成部分。以上迹象告诉我们宴会上的人都吃了什么，我们还可以搜集一些他们没有吃过的东西的证据，这些证据远比我们想象的更加丰富。

禁忌的食物

汉布尔登山位于两条河流之间，古人无疑会沿着岸边捡些大鹅卵石当作石锤使用。这里也许还是一个捕鸟和打鱼的好地方，但在遗址中只发现了极少量的鸟类骨骼，鱼骨一点儿也没有。这些相对易碎的鸟骨和鱼骨没有被发现的原因可以有多种推测，它们或许没能被保存下来，或者即使保存下来了，考古发掘时却没有找到保存的地点。不过，鸟骨和鱼骨的缺席却与另一批肢体遗存有相似之处。正如我们刚才谈到的，坑穴底部的人骨在举行仪

---

① Copley et al. 2003；Mercer and Healey（待出版）：第6章。

式之前就被割去了肉。然而，这种被割去肉的人骨反而利于另一类蛋白质的保存，即骨骼本身包含的胶原质，它是进行同位素分析的理想材料。

在第 5 章中，我们将尼安德特人与早期现代人进行了同位素比较，现在我们使用同样的方法，将汉布尔登山遗址出土的 51 具人骨与三组已知来源的人群进行对比。第一组是食用过大量鱼类的人群，第二组人群的食物中海产品占了一半，第三组人群则只食用陆地食物。研究结果表明，汉布尔登山人骨样品不在这三组人群范围之内，且没有任何与之重叠的现象。这说明遗址中没有出土鱼骨并非偶然现象，尽管如此靠近河岸，他们并没有以鱼为食。[①]

为什么不吃这些伸手可得的食物？这是人类学家颇感兴趣的话题。事实上，任何人类群体，在面对大量无毒的、可食用的食物时，尽管这些食物富含蛋白质、碳水化合物、脂肪和维生素，人们仍然会拒食其中至少部分种类。在今天的社会中，仍然有人对某些节肢动物如昆虫、树虱、蛴螬等，过于神经质；同时却将它们生活在水中的近亲如螃蟹、龙虾、螯虾等，奉为美味佳肴。这种特别的"禁忌"如此根深蒂固，以致我们已经忘记了它是何时开始出现的，因此也忘记了关注史前社会的人们，如奥哈罗营火旁的古人，何时开始拥有类似的禁忌。另外一些避忌某些食物的行为，背后的含义就不那么深刻了。有时我们拒吃某种非常美味的食物，是为了标榜自己属于一个特定的群体，而不是其他群体，这样做是要将自己区别于外来群体，还会鄙视其他群体喜欢津津有味地食用那些肮脏的、被我们拒绝的食物。在宴会上分享特定的食物，意味着在建立"内群体"的同时，排斥"外群体"。

---

① Richards et al. 2003.

食物避忌是划分不同群体的常见策略，以此确定谁属于这个群体，谁不属于；谁是朋友，谁又是敌人。这是人类进行分类，"为世界建立秩序"的一个侧面反映，它的源头可以追溯到奥哈罗营地饮食遗存的分布模式。在那里，食物和食物残渣被有意识地分开，有的远离营火，有的则围绕营火四周，还有的被存放在棚屋里。尽管这种以亲密分享食物为中心来安排空间布局的方法适合维持和确认家庭内部的亲密关系，但是对于更大的群体而言，还需要与之不同的、更为简便的象征形式，这些象征有的在考古遗存中保留下来，有的则没有，比如说，许多人的外表装饰或许都没能保存下来。但通过类似于对汉布尔登山食物遗存的研究方式，还是可以发现某些群体的食物避忌策略，无论在早期农业社会，还是在我们这些观察者中间。我们可以推断，生活在汉布尔登山上的部落不吃鱼，他们可能认为吃鱼是一件很恶心的事情。同样，我们自己可能对那些从大量人骨上割肉的行为也感到不舒服。从人骨上将肉切割下来，并不能与食人肉画等号。但是，汉布尔登山遗址发现的人骨的保存状态还是使我们不禁起疑：山上的来宾们会嗜食彼此的血肉吗？

群体之间的最终界限

数个世纪以来，食人的话题一直吸引着西方学者，他们已经从不同的方面进行了探索和分析。拜读了许多涉及食人的书籍以后，可以感到作者们都承认这样一个事实，那就是我们自己是排除在食人族之外的。有些群体嗜食他们讨厌的人，还有的嗜食他们喜欢的人。有的群体食人的目的只是纯粹的象征意义，其他的则是觉得人肉好吃。而且，食人的定义也比我们认为的要模糊得多。我们都知道新几内亚岛的"前"居民食用新近死去的亲人的大脑，在我们看来，这就是食人行为。但是在这个岛屿另一个地方生活的乌梅达（Umeda）人看来，我们咬指甲或吮吸流血的手指，都相当于食人行为。反过来思考，定义"非食人族"似乎更容易找到标准。总体来说，非食人族认为嗜食人体组织（且不论他们如何界定人体组织）是一种恶心的行为，只有本群体之外的人，尤其是那些生活在距离自己生存地点分外遥远地区的人们，才会有这种令人作呕的行为。从前经典作家们将食人族排除在文明世界之外，虽然没有把他们描述成怪物或人兽杂种，但分明将其视为远远排除在绝大多数普通人之外的异类。"不食人主义"其实是一种非常明显的食物避忌策略，这种策略在今天西方世界仍发挥作用，被当作划分文明世界与穷乡僻壤的野蛮世界界限的工具。[①]

我们可以猜想，汉布尔登山上的人们一定会用不同方式来描述自己的行为。他们将人和牛的骨头同等对待和处置，表明他们将人和牛都视为自己所在"内群体"的一部分，无论生死都被尊敬地对待，活着的人也怀着一种虔诚的心态食用他们的肉。那些吃鱼的人被视为"外群体"，而且正如许多种族冲突都是发生在血缘关系亲密的人群之间一样，吃鱼和不吃鱼人群的血缘关系可能并不远。

从英国横穿北海来到丹麦的德拉索尔姆（Dragsholm）遗址，这里出土了很多关于鱼类食用差异的证据，非常有意思。这个遗址出土了三具相隔仅数米的尸骸，学者推测可能是"一个丈夫和他的妻子们"，他们大约和汉布尔登山上参加宴会的人们处于同一时代。如果真的是丈夫和妻子们的关系，那我们得承认性别差异在他们的家庭餐桌上体现得分外明显。根据碳同位素的测量值，丈夫和妻子

---

① Korn et al. 2001（其中论及乌梅达人）；关于库鲁人（Kuru），参见 Lindenbaum 1979。

们的数据完全不同，丈夫吃肉多，妻子们吃鱼多。由此可见，吃哪些食物和拒吃哪些食物不仅会用来区别不同群体和种族，还被用来区分不同身份、年龄和性别。尽管这三具骨骼可能并不是绝对同时代的，它们的放射性碳测年结果确实也有些偏差，但以较粗略的时间尺度来看，它们可能代表了根植于农业在整个欧洲传播方式中的深层原动力。[①]

丹麦以食用海鱼传统闻名，直至大多数欧洲国家农业出现很久之后，这种传统仍然延续了很长时间。丹麦沿海有很多贝丘遗址，这些贝丘由海洋食物、沿海食物和内陆食物的残骸堆积而成，自末次盛冰期开始，直至农业在英国和欧洲大陆蔓延开来，这些贝丘一直被持续使用着。在其他沿海地区包括英国海岸线在内，可能也有类似的贝丘遗址，但是现在可能已经被淹没海底了。只有在那些经过地质抬升作用的地区，才有可能看到它们。比如在丹麦、苏格兰、法国布列塔尼（Brittany）以及葡萄牙都有这些贝丘的踪迹。它们代表的生活方式后来被农业所取代，但是不管怎么说，作为先驱，它为后来取而代之的农业社会注入了大量遗传基因，主要通过母系遗传的方式。德拉索尔姆遗址的人骨无论是处于绝对同时代，还是接近同时代，他们无疑突出了两个通婚群体之间生态背景的差异，这种差异可能会在群体内部压力较大的情况下经常出现。吃鱼和吃肉的同位素分析结果无疑是显著的例子。但是也有人认为不存在严格避忌某些食物的策略，比如吃鱼和不吃鱼的人在时间和空间

[①] 关于这种饮食的差异，参见 Richards et al. 2003；关于同位素资料与动物考古资料是否冲突的讨论，参见 Antiquity 78（2004）中，Milner et al.（2004），Lidén et al.（2004）及 Hedeges 有一组相关讨论文章。到目前为止，这还是个有争议的话题，不过理查兹（Richards）正在从事的将同位素数据库稳定持续扩展的工作将会使这一争议得到较好的解决。

上都有明显的重叠。然而，正是这种重叠为食物规避的观点提供了有力的支持。忌食和规避某些食物的目的是与那些仍保留在记忆中的或至少部分可见的"外群体"划清界限，而不是为了与那些已经消失在时间迷雾中的群体区分开。

通常两个不同的文化群体靠得越近，他们越会着重强调彼此的差异。他们用来定位自身特征、与其他群体进行区别的方式，比如服饰、发型、行为、宴会或者禁忌食物等，常常会被故意夸大。随着农业的广泛传播，农民和采集者的接触日益密切，有学者对他们的联系进行了近距离观察，比如在多瑙河沿岸、波罗的海地区和法国布列塔尼发现，农民开始接触的当地采集者们依然大量食用水产品。伴随着农业的广泛传播，人类通过各种网络日渐纠缠在一起，联系越发密切，从而使得分辨谁属于哪个群体需要一些硬性的明确标准，仅仅依靠他们使用的陶器已经难以区分了。在这样一个生活地点不断变化、聚会越来越带有季节性的世界里，哪些是新建的和再建的部落？是谁超越了家庭在更大的群体范围内聚在一起分享食物？

谁参加了宴会

要回答这个问题，可以从汉布尔登山遗址发现的人骨提出的某些问题着手。同位素分析通过拒吃鱼类的习俗可以统计山上肉食的消费程度，并且一小批可靠的样品显示，女性似乎比男性食用了更多的肉。同时，死后在某些重要时期头颅被保存或者"供奉"的人中，最常见的也是女性。还有一种现象进一步显示了女性潜在的优越地位，那就是她们很可能和自己的丈夫、兄弟一样，在武力冲突中受伤。

对英国各地同时代的人骨遗存进行广泛的研究之后，发现这一时期相当一部分人都曾遭受过身体伤害。仅就头颅来说，不管是男是女，几乎十分之一的人在生前都受过伤。最常见的是头左侧因遭到重击而留下的，这种伤害很可能是在惯用右手的男女进行面对面打斗时造成的。大约三分之一的伤口是致命的，其他活下来的人则继续战斗。其中一个男性的头部生前曾先后遭受过三次严重的伤害。[1]

我们可以设想，当时存在一个由小的母系游群组成的大部落，人们聚集到山林里来祭拜祖先，不断改造着这里的景观。总体来说，这种在英国仍然存在的依赖母系继承DNA的人们带有强烈的"前农业社会"特征。确实，这些仍然存在的群体，其母系祖先几千年来常常在几百公里范围内从事采集活动。汉布尔登山上的女性，与以捕鱼、采集和狩猎为生的祖先们十分接近，这些祖先可能在她们的故事、信仰和传统中留下了深刻的烙印。但是，伴随着新文化的形成，捕鱼的传统似乎已经消失了，新出现的文化与男性的联系更强一些。

正如我们在前几章中讨论的那样，有一种观点认为，以父系继承DNA的人们总体上带有某些特征，使我们可以将其与早期农民联系起来，在他们迁徙的过程中可能带着自己驯化的动植物，以及为死者头颅举行仪式的风俗，等等。最后，他们的墓碑，比如早期他们为死者建造的长长的坟，成为整个景观中最突出的部分。

我们可以看到冲突和暴力，以及性别统治的迹象。然而，无论是墙堤围起来的营地还是长长的古坟，都不像为有权威的领袖们专门建造的纪念碑式的建筑。对这两类遗迹的细致发掘表明，它们都

---

[1] Schulting and Wysocki 2002; Mercer 1999.

可以再划分为一系列的小型建筑。从头颅受伤的情况来看，大部落内部的小游群之间并不总是处于友好的状态，我们也没有发现独裁者的宫殿和级别较高的墓葬。那么，到底是什么原因使得他们离开自家的火塘，离开所在家族篝火边的聚餐，来到充满不确定因素的边缘地带，与朋友、敌人和陌生人共同分享食物和饮料呢？

当我们向前追溯，从那些熟悉的人才会围坐起来的最早的交流圈一起分享亲密的、亲社会的聚餐开始，到现在这种场景，一切看起来如此不同寻常，需要加以解释。边缘地区带着贝壳和异域风格的美石等礼物的访问者们，肯定参加过这样的聚餐，但是我们在边缘地区发现的较大规模宴会的证据反而更少。有迹象表明，边缘地区的宴会除了发生在当时正在欧洲蓬勃发展的农业社会中，也发生在与农业社会接触的捕鱼者中。例如，法国布列塔尼海岸一些贝丘就被解释为举行宴会的中心地点。事实上，我们可以推测，在这些不同的群体之间，无论是聚会、交换还是通婚，都需要双方对于边缘地区举行宴会的逻辑有某种程度的共识，那就是在这些宴会上，陌生人将变得寻常起来。他们不一定非要与农业有直接的联系，已经有学者指出布列塔尼海岸的这些贝丘遗址就是为葬礼举行宴会的地方。[①]

现在看来，在边缘地区举行宴会，在不同群体之间建立起不同程度的联系，是件普通的事。有些宴会需要一些复杂的分等级的上层建筑，比如在汉布尔登山上没有明显体现出来的领导者，也有一些宴会则不需要。Tesgüinada 就是这样一个例子，它已经成为墨西哥拉拉穆里人（Rarámuri）生命周期的核心部分。

Tesgüinada 的字面意思是"啤酒的聚会"，宴会中消费大量的

---

① Schulting 1996.

玉米啤酒。为了准备宴会，平均每个家庭要从他们一年收获的玉米中贡献出 100 公斤，酿造大约 500 升的啤酒。任何拥有足够啤酒的人都可以举办 Tesgüinada，无须得到某个权威的认可。举办 Tesgüinada 是为了平常的事情，比如建造房屋、治病，或是季节性的宗教庆祝活动等。宴会把这一地区分散的人们聚拢过来。来参加宴会的人作为协办者，会毫无怨言地分担庞大的物资和劳动支出。宴会上的幽默气氛、娱乐活动和酒精使他们放松了对陌生人的戒备，也缓解了紧张的气氛，消除了彼此的敌意。当然，Tesgüinada 还是找到结婚对象的好场所，但绝不是世间独一无二的。肯尼亚西部的萨米亚族人（Samia）、乌干达的塞贝族人（Sebei）和苏丹的富尔族人（Fur）也举行类似的啤酒宴会。他们是为了进行诸如采矿或者大规模的农业活动，不带有任何明显的独裁控制色彩。[①]

不断再生的景观

当汉布尔登山上的宴会结束，人们回家后会发生什么呢，他们所谓的"家"确切是指什么？这些问题比探讨宴会本身要难得多。宴会后的汉布尔登山好像被清洗过一样，没有留下任何表明这里曾是峡谷间人类居住地址的燧石残骸，也很难找到石器的踪影。考古学家们尝试在山边干燥的峡谷中寻找人类长期居住的侵蚀迹象。虽然有所发现，但时代都更晚。显然这些参加宴会的人的回家旅程十分谨慎，没有留下什么线索。

不过我们可以根据他们带到山上的东西获得丰富信息。他们

[①] 参见 Wiessner and Schifenhövel 1997 中 Michael Dietler 的文章；以及 Dietler and Hayden 2001。另参见 Dietler 1990。

的牛、猪、绵羊和山羊肯定曾在某个地方吃草，这些动物骨骼的同位素分析显示放牧地点既有林地，也有开阔地带。树林依然是鹿、野牛、野猪和榛子的重要产地，但他们还需要开阔地来种植谷物。他们没有留下考古学家容易发现的此类痕迹，这容易让人产生错觉。不过可以通过观察他们对植被的影响来寻找这些群体的动土行为。这种方法就是之前我们在讨论气候变化时提到的，利用沉积在泥炭沼和湖泊中的古代孢粉来复原当时的植被情况。受人类活动的影响，近代社会树木花粉在整个植物组合中所占比例大幅下降。然而，汉布尔登山的同时期孢粉序列显示，山上大部分树木并没有遭到砍伐。在这里，人们并没有砍伐整个森林，而是对林地中小块的特殊植被更感兴趣，特别是那些被称为"杂草"的植物。

杂草对周围土壤的各种扰动十分耐受，无论这些扰动来自冰川运动、雪崩还是农民。早在汉布尔登山上的坑穴被挖掘和回填的数个世纪之前，在最早有人来到这座山顶的时候，泥炭沼和湖泊中的孢粉序列就显示了杂草的存在，并且它们的数量在那个时期逐渐积累增加。这些杂草跟随移动的农业食物链来到欧洲，伴着耕耘活动①破土而出，并且在钻芯取样者发现的显微镜下的孢粉组合中留下了少量踪迹。②

不管怎么说，这些少量谷物花粉粒代表了实际上更多来自林地物种的谷物花粉。森林中有些树木比其他物种对农业活动的反应更为敏感，这时的榆树花粉就非常少见。还好，许多植被结构仍是完

---

① "耘犁"（ard）是指一种利用动物拖拉来耕作的工具，人们只是用它划破土壤表层使之松软，而不将之翻耕。也有人称之为"划犁"，而"铧式犁"（plow）通常是指一种带犁壁的沉重工具，用于深耕犁沟。后者直到第一个公元千纪年才开始使用，史前时期的耕作活动使用的是某些挖掘类的工具、锄或者划犁。

② Bell and Walker 1992.

好无缺的。因此，就像汉布尔登山上某些区域的植被不断被清除又不断再生，周围整个景观也在不断回归林地生态，尽管中间不时受到砍伐行为的干扰。

从许多方面讲，汉布尔登山上那些通过不断重挖的坑穴来凸显的家庭领地，构成了整个森林景观的微观世界。这些家族不时聚集到这里，清除这儿的植被，安排利用土地，在此进行社会活动，然后又离开，让这些植被慢慢恢复到原来的样子。他们不断地回到同一地点，上演相同的节目，尽管速度缓慢，但足以令这种循环融入以千年为单位的孢粉序列当中。有些经过细致取样的孢粉序列显示，这里曾在林地与开阔地之间摆动，但这种结果需要样品能够区分几十年甚至更短时间内的孢粉雨才能观察出来。那些包含物种不那么敏感的样品，所体现的是一种整体上持续下来的林地景观，就如同汉布尔登山上的蜗牛壳展现的长期林木茂密的山顶一样。[1]

两者之间的世界

无论是现在还是遥远的过去，人类生态似乎总是在两种模式间摆动，也就是柴尔德所说的新石器时代革命的两个方面。一种模式是人类被动地适应自然，食物的获取主要通过狩猎、采集和其他从自然界进行掠夺的方式；另一种模式是人类控制自然，食物的获取依靠农业种植。无论现在的还是以前的人类群体，总是被归入其中一种模式，非此即彼，要么是柴尔德的新石器时代革命这一端，要么就是另一端。事实上，有很多不同的方法来论述那些不太适用于这两种模式的社会遗存。那些拥有大量驯养物种，却也明显利用少

---

[1] 参见 Mercer and Healey（待出版）第 5 章中 Bell et al. 的文章。

量野生资源的，可能是农业社会，野生资源是他们用来应对偶尔收成不好时出现的饥荒的。那些广泛利用大量野生物种，只拥有少量驯养物种的社会，要么可能还处于农业的"实验"阶段，要么是与周围农业社会进行交换才能得到驯养物种。但是，从8000年前驯养物种最早在欧洲社会出现，到5000年前它们到达英国北部岛屿，大多数遗址都混合了上述几种情况。的确，有的遗址可能只接近于两种模式之一，但此时大多数遗址出土的遗存还是或多或少处于纯驯养物种与纯野生物种之间。这是否意味着这种混合了狩猎、采集和农业的生活已经远远超越了那种中间状态或者过渡时期，而代表着一种稳定持久的生活方式呢？或者，这种混杂和边界模糊的状态其实是伴随各类社会网络日益频繁的接触而出现的正常的、预料之中的特征？

这种将狩猎-采集者和农民截然分开的习惯，主要来自我们对近现代已经存在了很久并幸存至今的社会观察。一方面，目前主导整个地球生态系统的是人口众多的农业人口；另一方面，在人迹罕至的地方和边远地区仍存在以狩猎采集为生的、人口基数小且仍在不断下降的社会，特别是在赤道附近和两极地区。在农业兴起了1万年以后的今天，游牧社会在生态和地理上的偏远已经不足为奇。从前那些混合的或接近农业社会的生活方式，现在已经变成纯粹的农业社会了。但是，当我们观察同时拥有驯养和野生物种的早期社会时，特别是气候温和的地区，会发现他们的生态环境和民族志的记载并不一致，他们与大自然的互动方式十分独特，不是我们用现代分类法或者简单的两分法能够解释清楚的。在汉布尔登山顶举行的季节性宴会上，人们带来与祖先分享的食物，可能是成袋的谷物和丰收的榛子，也有可能是屠宰了的家羊和野牛。所有这些食物都在他们回填的坑穴里留下了痕迹。在这些食物中，最有趣的是一种水果，它可能来自比大部分食物都要遥远的地方。

它就是在一个坑穴的回填土中发现的一粒葡萄籽。这无疑是个令人吃惊的发现，发掘者已经对其进行了放射性碳测年，结果与共存遗物的年代一致，这粒葡萄籽是在山顶举行的早期宴会的遗存。这一发现被遗址中出土的一块炭化葡萄枝再次证实是可靠的。这一时期的葡萄数量极少，甚至不可能出现于北欧地区。与发现葡萄距离最近的遗址是法国南部一个叫拉普雅德（La Poujade）的地方。这些葡萄有可能来自很远的地方，属于比较珍贵的异域水果。葡萄可能是连着藤蔓一起运来的，这就解释了为什么我们在汉布尔登山上会发现炭化葡萄枝，也许为了运输，葡萄被晒成了葡萄干。但值得一提的有趣现象是，在早期阶段，除葡萄之外，从地中海运到英国来的典型作物还有罂粟，因此，这些远距离输入的作物，可能主要用于制作宴会上需要的类麻醉品，比如葡萄酒和鸦片。[①]

这粒葡萄籽经过仔细测量，与现代葡萄野生种和驯化种进行了比较。结果发现，和拉普雅德的葡萄籽一样，它的尺寸和形状都处于现代野生和驯化种之间，和当时人类与自然的关系一样模棱两可。汉布尔登山葡萄籽的发现，重要意义并不在于它反映了当时的人类是农业人口还是采集者，而在于它是从一个遥远的隔离地带运来的，又用来与时间上隔离的祖先们一起分享。因此，这些边缘地带的宴会建立了一个穿越时空的网络，一个巩固了他们的生态和社会生活的基础性网络。这些网络还体现在带到遗址中的许多人工制品上。这里的陶容器有的来自遥远的英国西南部，沿侏罗系山脉运到北部。磨制石斧的来源可以追溯到康沃尔、威尔士和英格兰西北

---

① Jones and Legge 1987.

部湖区。另外，研究者在遗址地表还采集到两件软玉和硬玉制作的精致的斧头。这些应该来自欧洲大陆。①

多道网络中的农民

如果说陶器和石斧描述了一个复杂的、扩大的社会网络，那么生物遗存又描述了一个怎样的生态网络呢？这里先将数量问题搁置。我们能够复原的汉布尔登山的食物网络无论在哪个层次都显示出一定的多样性，但是与大量利用鸟类和鱼类的采集遗址相比，食物种类则少得多。食物网的每个层次同时存在野生和驯养物种，包括我们仍然难以为其定位的物种。在食物网的底层，无论农田还是林地都是初级生产的重要地点。这里种植着两种大麦和二粒小麦，它们不仅为人类供应食物，也是牛和猪的饲料来源。这些结论是我们根据人和动物骨骼同位素分析推断出来的。猪骨的同位素值表明其倾向于食草动物，说明猪依赖食用谷物和其他庄稼长膘，而不是野生放养的杂食动物。然而，其中至少有一头牛骨骼的同位素值显示它曾在林地中放养，这提醒我们不能忽略森林资源的重要性。②

森林资源中最常见的是榛子，它们在北欧早期大部分农业遗址中都有大量发现。我们也可以将葡萄看成森林边缘的资源。在更高的营养级中，森林为人类大量消费的马鹿和狍子提供了食物。牛、猪可能还有山羊的牧草既来自森林也来自开阔地带，后者还可以用来放牧绵羊。食物链的顶端，各种食肉动物、杂食动物和食腐动物有狐狸、獾、松貂、秃鹫和乌鸦。周围最可能出没的是狼和

---

① Smith,"Stone Axes",见 Mercer and Healey（待出版）：第5章。
② Richards,"Hambledon Hill Stable Isotope Values",见 Mercer and Healey（待出版）：第5章。

熊，当然还有狗和人。整个食物网的结构非常接近于自然界的稳定食物网，能量流动的链条很多，不同链条之间并没有过多交叉，正如奥哈罗遗址的情形那样。我们推测，这里人类食物的来源带有随机性，这种随机性尤其与季节变换相关。正如在中纬度地区，至少从奥哈罗早期营地开始，人类的食物是随季节变化的。从这个方面讲，汉布尔登山的人们不但区别于现代使用复杂储存技术的农民，也区别于来自无季节变化的赤道地区和极地地区的狩猎－采集者，他们的生活可能与早期奥哈罗营地的狩猎采集者更相似，带有强烈的季节性。

  现在让我们来看看数量的变化。同位素数据显示，那时的人类食谱包含大量的肉，而动物骨骼遗存则表明这些肉大部分是牛肉。[①]这就凸显了母牛的重要性，难怪它们与整个人类群体紧密联系在一起，就像生死与共的家人。从各个方面我们都可以看出人们消费牛肉和牛奶的迹象。我们还从英国和欧洲其他同时代的遗址中得知，当时牛和人类一起为大麦和小麦的种植修整土地。在这些人类的墓葬建筑之下，考古发掘偶然揭示出修整土地的迹象。在英格兰南部的威尔特郡，人们在一座长冢下发现了沉重的木质工具在地上拖拉划出的交叉痕迹。这就是5000年前那些被驯养的牛拉着划犁所留下的耕作遗迹。[②]

  在那些淹没于连续原始森林之中的隐秘地点，一个动态的食物网开始形成了。网络内的食物链像绳索一样从不同方向交织在一起。元素从一个营养层传递到另一个，肥料和能量将食物链上下联系起来，人类消费着牛羊的皮毛和乳汁，以及猪和狗的全部可用部

[①] Richards, "Hambledon Hill Stable Isotope Values", 见 Mercer and Healey（待出版）：第5章。

[②] Ashbee et al. 1979.

分。这些日常食物与在山顶定期举行的宴会所享用的大不相同。宴飨活动会在地表留下明显的实物线索，而日常行为几乎不可能找到任何迹象。他们在山顶上完成焚烧、埋葬、挖掘、喝酒、争斗等各种宴飨活动，之后又重新回到森林中生活，只留下微弱的踪迹。

正如我们在奥哈罗看到的那样，自然界中食物网的稳定，关键在于网络内部相对松散。这使能量可以相当独立地在各个链条中流动，从而限制了混乱对食物网其他部分的冲击。这些混乱在我们第四纪世界中十分常见。自从现代人扩张到世界各地以来，这种能量的自由流动已经是食物网必不可少的一部分，也是现代人庞大食谱的重要特征。而对于早期农业社会来说，利用"野生"资源来维持食物网的多条通道也是必需的。在汉布尔登山上，我们能够看到这种松散的联系正开始协调。

在盛宴的季节，森林中的各个小群体聚集到他们敬畏的山顶——祖先的所在地。他们带来了饲养的牛和其他牲畜，还有成袋的坚果、水果和谷物，偶尔还有奶酪和啤酒。他们带来多少，收获多少，显示了家族之间的联系，不论是要举行庆祝仪式还是哀悼仪式。这里是庞大的社会和生态网络的一个节点。在宴会上，通过某些避忌的食物、简单的标记、身体装饰风格、工具、武器和陶器，他们认出了血缘关系较远的亲戚，但是这里仍然会出现偶尔的紧张状态和群体之间的冲突。[①]这种状态可以从生态资源紧张、森林平衡的动摇和许多敏感物种的灭绝中反映出来。不管怎么说，他们仍旧在这种松散的多道食物网中分享食物，这种食物网被证明是成功的和持久的，但它对全球生态系统的影响远远小于后来与之完全不同的食物网格局。

---

① Cunliffe 2006.

第 8 章
等级制度与食物链

希腊皮洛斯（Pylos）的迈锡尼宫殿王座室（中央大厅）及仪式火炉的假想图

地点：希腊南部迈锡尼

时间：约公元前 1200 年（故事记录年代：约公元前 800 年）

当太阳从绚丽的海面慢慢升向铜色的空中，给不死的神和世间的凡人送来金色光芒的时候，他们来到涅琉斯城（Neleus）的皮洛斯（Pylos）。皮洛斯的人们正会聚在海滩上，用黑色的公牛祭祀裂地之神波塞冬（罗马神话中称为尼普顿，Neptune），人们分成 9 队，每队 500 人，各队奉献 9 头公牛。当他们正在大口咀嚼内脏，焚烧写有波塞冬名字的牛腿时，忒勒马科斯（Telemachus）和他的同伴们来到这里，把船驶进海湾，来到岸上。

雅典娜（罗马名为弥涅尔瓦，Minerva）带路，忒勒马科斯跟在她身后。她首先说道："忒勒马科斯，你可不能再害羞和紧张了，你这样跨渡沧海，不正是为了打听你父亲身埋何处和如何遭受死难的吗？因此，请昂首径直去找涅斯托耳（Nestor）吧，我们看看，他能告诉我们些什么。一定要恳求他讲真话，他是不会说谎的,因为他是一位心智敏慧的人。"

"但是,门托耳(雅典娜在此时的化身),"忒勒马科斯回答道,"我怎敢走到涅斯托耳跟前去呢,现在我又将如何向他致辞呢?我从来没有与人长时间交谈过,向比自己年长的人首先发问,我总是感到紧张。"

"某些东西,忒勒马科斯,"雅典娜回答道,"你自己的心灵,会为你提供言辞,并且神也会给你进一步的帮助。因为我敢确信,自你出生之时起,神就一直陪伴在你的左右。"

然后,她快步继续行进,而忒勒马科斯踩着她的脚印紧随其后。一行人来到皮洛斯人聚会的场所。在那儿,他们看到涅斯托耳正和他的儿子们坐在那里,他的侍从们在周围忙着准备晚宴,一块肉刚被烤好,他们就把另一块叉在上面。当他们看到这两个陌生人时,就走了过来,挥手表示欢迎,并招呼他们入座。涅斯托耳的儿子,皮西斯特拉妥(Pisistratus)立即伸出手来,和他俩握手,让他们在铺展了松软羊毛的沙滩上坐下,自己坐在父亲和弟弟特拉苏墨得斯(Thrasymedes)旁边。然后把他们俩的那份内脏送来,并为他们在一只金杯中注入醇酒,先递给雅典娜,向她示以礼节。

"请做个祈祷吧,先生,"他说道,"向王者波塞冬,因为您正在享用的,正是为他而准备的盛宴;当您做完祷告,洒过奠酒后,请把这个杯子递给您的朋友,让他也如此做。我想他也会乐于举起他的双手对神祈愿的,因为人们离开了神的佑助,是无法生活的。他比您年轻,和我是同龄人,所以我让您先祭奠。"

雅典娜对于他把杯子先递给自己感到很高兴,觉得他这样做很周详;因此,她开始热忱地向波塞冬祭奠。"听听我的祈诵,"她大声地说道,"环绕大地之神,不要吝惜对你的仆人、那些向你祈求的祈祷者赐福吧。首先，我们祈求你，把光荣赐给涅斯托耳和他的儿子们吧；然后，也给所有的皮洛斯人以慷慨的回报吧，回报他们向你提供的隆重的祭献。最后，请赐给忒勒马科斯和我自己一个幸福的航行，为了完成此项使命，我们才来到皮洛斯。"

她做完如此一番祈祷后，把那个酒杯递给了忒勒马科斯，他也照样如此祈祷一番。渐渐外层肉已经烤好，被人从叉上取了下来，仆人给每个人分发妥当，每个人都吃上了美味的佳肴。当众人吃饱喝足之后，涅斯托耳，格瑞尼亚的驯马英雄，开口了。"现在，"他说道，"我们的客人已经用完了他们的晚餐，这是询问他们是谁的最好时刻。"

——《奥德赛》（Odyssey）第三卷，英文译者：塞缪尔·巴特勒（Samuel Butler）[①]

追踪史诗

1939年春天，辛辛那提大学考古学家卡尔·布利根（Carl Blegen）经过希腊西南部海岸茂盛的橄榄林时，涅斯托耳的盛宴在他的脑海里重现了。途中遇到的每一位村民都急切地向他展示自己田地里的古迹和古物。他并不是第一位到此探访的考古学家。几位年长的村民还记得，特洛伊考古发掘先驱海因里希·施里曼（Heinrich Schliemann）曾怀着类似的目的来到他们的村庄。施里曼来到滨海潟湖区一处被称为"涅斯托耳山洞"的地方，在附近收集到一些陶片。这些陶片与由此向东北130公里左右著名的迈锡尼遗址出土的陶器颇有相似之处。之后数十年间，一系列考古

---

① Butler 1900. 中译文主要参照陈中梅译注《奥德赛》，译林出版社，2003年。稍作修改。

发掘活动在同一地区发现了贵族墓葬，随葬品有精美的瓶子和许多金制品。在施里曼第一次到访 63 年后，布利根来到此地，向村民寻访，他希望了解比那些有趣的陶器和贵族墓葬更为深入的信息。他的目标是要寻找荷马在《奥德赛》中描述的一位人物，联盟中一位年长的政治家，他曾追随迈锡尼国王阿伽门农，对抗特洛伊国王普里阿摩斯（Priam），即上述故事中主持盛宴的虚构的国王涅斯托耳。①

从地下寻找故事通常是一项不确定的工作。出土物虽然丰富，结论却总是不可避免地落入老套，那里不是故事发生的地点；而这样的故事在现实生活中更为真实，人们围坐在真实或虚幻的营火边对此津津乐道，或者是以文字的形式将它仔细地排列在书页中。故事中确实有一部分真人真事，其他情节却来源复杂，有的是本不相干的事实，有的则是虚构。在我们脚下的土地中寻找荷马的《奥德赛》，施里曼确实发现了一些不寻常的人工制品和建筑结构，他认为它们来自普里阿摩斯的特洛伊古城，但我们现在知道，这些遗存其实年代更早。不管怎么说，他可能更接近阿伽门农的迈锡尼城，而且他的努力确实鼓舞了几代迈锡尼学者。卡尔·布利根延续了施里曼在特洛伊的工作，但后来他的注意力转移到涅斯托耳山洞附近的地区，那里曾经出土早期的陶器，有希望发现涅斯托耳王国的核心建筑——宏伟宫殿。

寻找《奥德赛》中一个似乎真实的地点不是件容易的事情。我对这个故事特别感兴趣的原因在于，其中描述的分享食物的特定模式，对于史前时代晚期人类社会和生态系统相互作用的方式有相当重要的影响，我希望对这一点有更深入的理解。我们所知

---

① Blegen and Rawson 1966-73.

的生活于公元前8世纪的希腊诗人荷马，与他所叙述的故事之间相隔了500年之久，他的故事交织了其间几个世纪内发生的诸多情节；故事原来的许多内容被重新设计，历史事件被小说化，情节夸张，也丢失了很多信息。荷马对他所讲的皮洛斯的具体位置不那么确定。公元1世纪的地理学家斯特拉波（Strabo）绝望地认为，从希腊南部海岸诸多可能地点中确定哪个是真正的皮洛斯所在地几乎是不可能完成的任务。他评论说："皮洛斯的前面有一个皮洛斯，另外还有一个皮洛斯。"两千年后，当奥斯曼帝国从迈锡尼撤退时，当地一个土耳其人的城镇被改名为皮洛斯，这个地点基本上只是凭直觉确定的。在现代皮洛斯城附近的内陆地区，卡尔·布利根与他的同事，还有当地村民，一起爬到盎格利安诺斯（Englianos）山上一处安静的橄榄林中，将峡谷尽收眼底，向西可看见爱奥尼亚海（Ionian Sea）。他们选择这个地方作为最可能的地点，并在橄榄林中寻找空地布设一些探沟。在发掘的第一天上午，就有了出乎意料的收获。

揭去橄榄林薄薄的表层土壤，出现在眼前的是一系列被侵蚀的石墙墙基，每段墙都有1米多厚。石墙墙基旁边发现的灰泥墙皮，清楚地显示出当年墙上绘制的精美壁画。在那个收获颇丰的上午，最值得纪念的发现却是五块泥版，上面刻有文字，尽管无法识读，却与先前克诺索斯（Knossos）的克里特宫殿发现的文字属于同一系统。克里特岛的发掘者阿瑟·埃文斯（Arthur Evans）爵士将这类文字命名为"B类线形文字"（Linear B）。[①]在接下来的一个月，他们沿着蜿蜒的山坡又开了另外7条窄长的探沟，以寻找石墙建筑的边界，坚固的石墙一直穿越了山顶。在第一条探沟的最南端，发

---

① Evans 1921.

以王座室（中央大厅）为中轴的皮洛斯迈锡尼宫殿全景

现一个很小的房间，里面出土了很多刻字泥版。截至此时，他们已经发现了 600 多块泥版，包括一些残块，上面都刻着神秘的文字。

这项意义非同寻常的大发现因第二次世界大战爆发而中断，布利根不得不再等 13 年才能重新开始橄榄林的工作。战争期间，一位名叫约翰·查德威克（John Chadwick）的密码破译员，用他掌握的破译军事情报的技巧，成功解读了泥版上刻写的古代文字，当时引起了许多人的兴趣。除了查德威克，还有一位名叫米歇尔·凡提斯（Michael Ventris）的年轻建筑师，他们在"二战"后不久先后释读了一些文字，但是泥版数量过少，致使解读工作并没有取得实质性进展。一直到布利根重返皮洛斯。1952 年 5 月，他带领一支希腊和美国学者联合组成的考古队，开始了全面发掘。第一个季度，他们揭露出一个遗物丰富的房间，房间中央是一处装饰华丽的大火炉。火炉宽约 4 米，底座有柱础支撑着 4 个圆柱，在房间的另一端，发现了王座的柱础。他们回到早先出土泥版的小房间。原来这种建筑是成对的连间房屋，在附近又出土了近500块刻字泥版。将其中一块上的石灰清理干净后，发现它对肯定凡提斯和查德威克解读这种文字所做的努力至关重要，它证明B类线形文字是希腊语言的一种书写方式。对它的解读提供了大量公元前第二个千纪里爱琴海社会方方面面的信息，也包括奢侈的宴席储备。B类线形文字已被证实是一种转录希腊语的手稿，用以记录食物油、酒、谷物和各种调味品的数量；还记录了工匠、官员和巫师等不同身份的人，甚至有伯爵、将军和社会最上层人物酋长或国王。其中一块泥版上记载着酋长或国王可以征收价值1000公斤的肉和粮食，还有几百升的酒。这两间出土大量泥版的房间被称为当时的"档案室"，具有某种税收和会计职能。赋税来自遥远广阔的区域，来自社会的各个阶层。根据这些泥版记录我们获知，使者、漂洗工、陶匠、织工甚至奴隶都要纳税。[①]

十年后，考古调查、勘探和大面积发掘，完全揭露了这个遗址。今天，人们仍然可以在这些房间之间穿行，墙的底部虽被侵蚀，但无论往哪个方向都跨越了大约百米的空间。从遗址南端边界到觐见的王室，参观者要走过左手的两间小档案室，穿过宫殿的入口前廊或"塔门"进入一座庭院，再经过一条走廊和另一个门廊，最后来到火炉和王座所在的房间。周围的房间都要小得多。再远一些，是一系列的储藏室，里面堆放着大批储藏器具。

王座室正西的一组小房间，将发掘者的注意力吸引到宴饮活动上来。这五个房间保留了大约6500件陶容器。有些器物直接从架子上倒下来，还有一些用细绳将把手穿起来缀连在一起。一根凌乱

---

① Chadwick 1958, 1976, 1977; Killen 1985.

皮洛斯迈锡尼宫殿第 20 号房间出土的基里克斯陶杯和陶罐

的黑色木炭条表明它们原来放置于一个木架上，一场灾难性的大火吞没了这个宫殿，导致这些食器坠落。餐具室里堆积的3000多件食器，不禁令人联想起《荷马史诗》里记载的盛宴。[1]

等级制度与礼仪

在荷马关于涅斯托耳盛宴的叙述中，皮西斯特拉妥给雅典娜化身的门托耳递上一个酒杯，她又递给了忒勒马科斯。在与紧邻王座室的餐具室中，最常见的容器是一种精美的高脚杯——基里克斯杯，杯口两侧对称地各有一个把手，这样方便在一排享宴者之间传递。不只把手设计便于传递，这种杯子的制作材料也分不同种类，用以强调社会阶层的差异。餐具室里成千上万的基里克斯陶杯都是用一种优质黏土制作的，而皮西斯特拉妥的杯子却是金制的。布利根的考古队发现了一些金银碎片，可能都来自破损的高脚杯，其中有11片明显是杯子的口沿和把手位置。这些碎片都出自王座室的发掘现场。

历次发掘出土的基里克斯杯数量远不止如此，杯子质地的差异一再显现。王座室里珍贵的金属材质的基里克斯杯和与它毗邻的餐具室里的优质黏土陶杯，以及另一个餐具室中用粗糙黏土制造的陶杯形成了鲜明的对比——后者服务于庭院中的某个建筑，而不是王座室。质量最差的基里克斯陶杯发现于档案室以外宫殿南面，那里是普通村社曾经聚集的山坡，一直延伸到海湾。我们无法得知它们的使用者是否曾经听到或感受到宫殿里面的庆祝活动。不过，看起来他们亲眼看到这种场景的机会极为有限。他们可能到过档案室，

---

[1] Blegen and Rawson 1966-73.

交纳贡品并在那里留下完成赋税的记录，那儿或许就是他们到过的最接近盛宴的地方了。[1]

献给众神的食物

只有在遗址经历毁灭性灾难之后，考古学家才有好运气发现最后一次使用并保留原地的器物。在没经历任何灾难、连续使用的遗址中，所有的有机物和大多数陶器最终会成为垃圾用于堆肥，还会被运送到田地间四散开来。幸好，那场使我们能够复原餐具室里容器保存位置的大火，同样也封存了宫殿里事故发生的最后瞬间。档案室就是最好的例子。档案室的一个角落存放着一个庞大的储藏罐，可能是用于储藏小份额油类贡品的。它被发现时是碎的，有可能是里面倾倒出来的油引发了那场大火，将那些刻字泥版烧成了发掘时坚硬耐久的状态。这里还发现了一些小基里克斯杯和一大堆烧过的动物骨骼。

和其他 20 世纪中叶的考古学家一样，布利根被这处建筑遗存和 B 类线形文字泥版深深吸引，他将骨骼收集起来。的确，他们能做到这一步令我们感到幸运；同期许多考古发掘断然采取了一种轻慢的态度，将那些不怎么吸引人的遗物随便处置。差不多半个世纪以后，在离盖格利安诺斯山不远的内陆地区一个小博物馆里，发现了许多蒙满灰尘的箱子，里面就是布利根从皮洛斯发掘出土的食用后的骨骼遗存。尽管都被烧过，而且都是碎块，但它们仍然为我们了解宫殿火灾之前那场宴会的性质提供了许多信息。[2]

---

[1] Bendall 2004；文中讨论的基里克斯杯资料参见 Blegen and Rawson 1966, vol. i, 350-418, 基里克斯杯插图资料引自该文图版 324ff。

[2] Isaakidou et al. 2002.

就像我们在年代久远的博克斯格罗夫遗址中所见到的,考古遗址出土的骨头的破损状态经常能够提供丰富的信息。它们被折断,或是切成薄片,或是经历了蒸煮、烧烤和啃咬。只有仔细观察这些破损细节,才能复原人们杀死动物之后一系列处理加工程序。在这个遗址中,骨架的某些部分相当集中地保留在一起。骨架的一小部分被烧过,非常破碎。通过对破损方式的近距离观察,我们很清楚地看到,骨骼在破碎之前曾被整体烧过。它们属于牛的颌骨和上肢骨。上肢骨可能是上好的骨髓和汤料来源,但这些不是。这里每根上肢骨两端的切痕,都与肌肉相连的部位对应,它们的燃烧痕迹却不只是在最后毁灭性的火灾中留下的,而是在肉刚被剔除以后。颌骨也有一系列切割痕,与剥皮、肢解和去骨的行为一致。这个遗址的进一步发掘,又为这些不寻常的组合补充了另外五种"特别的"组合物,它们也是牛骨架的某些特定部位,未破损但有切割痕,也被烧过。每组都与5—11头牛相对应,其中两组还包含鹿骨,保存状态与牛骨类似。通过生物考古学的方法可以判断,这座小博物馆里布满灰尘的箱子里所封存的动物骨骼,可能来自六次不同的宴会,特定部位的骨骼通过燃烧被供奉给某个神灵,同时也为人们提供了几千公斤的肉食。几代迈锡尼考古学家发掘的出土物已经塞满许多博物馆。不仅仅是皮洛斯出土的骨骼需要科学的分析,当现代分析方法运用到这些骨骼上时,有些学者开始考虑把同样的分析手段应用于遗址中出土最丰富、数量最庞大的遗物——容器中来。

大量容器

基里克斯杯是宫殿出土的许多容器中的一类。离王座室最近的餐具室储存了大量碗、杯子和长柄勺。其他餐具室储存着罐、大酒壶、双耳大碗或双耳喷口杯，以及成组三足炊器。

迈锡尼考古一开始，就有人提出这些容器里可能会有残余物。一个世纪以前，吉尔（A. H. Gill）公布了他对埃及出土的一个迈锡尼瓶内含物的分析结果。他坚信这个瓶子曾用于盛放椰子油。这个结论今天看来值得怀疑，因为我们知道椰子在19世纪初期才传入埃及。现在我们拥有更为精确的科学鉴定手段，但并不意味着鉴定结果确信无疑。就像研究目标一样，残留物分析复杂得令人吃惊，过程中混合了晦涩难懂的数据分析和种种假设、推测、猜想。正如我们从汉布尔登山陶器中牛奶残留物中所观察到的那样，目前许多化学方法都能用于检测残留物的极少数分子片断。汉布尔登山遗存的研究只对刚发掘出土的陶片进行了分析。当这些化学手段用于已经出土了一段时间的陶器时，还存在污染问题，研究者需要采用复杂的手段，确保检测到的分子并没有受到发掘者涂抹的手油、防晒乳液和喷洒的除虫剂的污染，甚至存放陶片的封口塑料袋也是污染源之一。当年考古学家封存陶片时，根本没有意识到未来考古科技发展的可能性。

一旦遭到外部污染，将分子片断复原到完整分子的过程就变得不确定起来，之后更加难以确定这些分子到底来自现存庞大的动植物物种中的哪一个。尽管如此，20世纪90年代，仍有许多学者开始对爱琴海世界出土的丰富遗产进行残留物分析。一些非常浪漫的名字开始出现在科学文献中，比如，据推测位于土耳其中部的迈达斯国王（King Midas）陵墓，有学者根据其随葬品研究葬礼活动中使用的容器。对容器中残留物的分析结果显示，有的容器曾用于炖煮绵羊羔或山羊肉，汤料里还掺加了小扁豆和香料，这些残余物后来又被含酒精的饮料冲洗过。在离迈锡尼皮洛斯更近的地方，同一位科学家对迈诺安-克里特（Minoan Crete）出土的一组圆锥形杯子做了残留物分析。在其中一只杯子里发现了松脂的痕迹、一点儿草酸钙和蜂蜡污渍，这些残余物可能分别来自掺松脂的酒、大麦啤酒和蜂蜜。将这些东西混合起来，所得到的饮料或许可以与荷马记载的一种饮料"卡吉尼亚"（Kykeon）比较，特洛伊战争期间供给涅斯托耳的卡吉尼亚饮料恰与这些混合物一致。[1]

过去十年间，希腊迈锡尼文明和与之并行的克里特岛迈诺安文明的许多遗址出土的基里克斯杯、大酒壶、敞口杯、储藏罐和烹饪器皿等，已经从博物馆的展厅和库房中借出，和一些碎片样品一起，被科学家拿来进行了多方面的分析，以确定迈锡尼皮洛斯和迈诺安宫殿等遗址大量出土的各种容器的使用方式。分析结果显示出这些容器的一些惯常使用模式，说明当时饮酒和醉酒，与享用食物和其他营养物质一样平常，甚至还要多于后者。[2]

的确，我们已经找到了一些食物和营养物质的证据。那些具有三足的烹饪器皿，以现代眼光看是简单炖煮的理想炊器，很明显在某些情形下，它们确实发挥了这种用途。例如，在底比斯（Thebes）出土的一个三足罐中就发现了肉、橄榄油和谷物的残余物。如果它们只用于炖煮，我们就会在这些容器里发现大量脂类化合物，但事实并非总是如此简单。

现在我们来看一下在迈锡尼遗址出土的另一件三足罐，里面有丰富的有机分子痕迹，其中就有溶解了的松脂，与一种具有松香味的葡萄酒（retzina）较像。这件三足罐只是众多包含此类残余物的烹饪器皿之一，还有更多直接证据表明这些容器与酒有关，比如很

---

[1] McGovern et al. 1999.
[2] Tzedakis and Martlew 1999.

多残余物中都包含一种发酵的副产品——酒石酸的痕迹，而普遍缺乏与炊煮有关的脂类化合物痕迹。除此之外，还有一些有意思的分子，其中包括酮分子家族的两种元素。之所以说它们有意思，是因为目前所知只有三种植物能够产生这组成双出现的元素组合，而且其中一种植物的生长地仅局限在智利。另外两种是蛇麻草和芸香，它们都是麻醉用植物，后者被认为更可能生长在此地。这件容器可能曾被用来泡酒。其他三足器的残余物化学分析更表明，此件非孤例。①

青铜时代的盛宴

各种证据虽然没有带我们直接走近忒勒马科斯或是雅典娜，却走近了皮洛斯小山附近国王宫殿里最后的宴会。它们既是《奥德赛》中描绘的盛宴，也是史前时代晚期将世界各地的人类与自然融入同一个网络系统的一种普遍的食物分享方式。皮洛斯的宴会可能是这样展开的。这个地区的所有村社都要前来参加在国王宫殿周围举行的宴会，并根据自身的财富和地位带来贡品。他们的地位将决定距离宴会活动中心的远近。绝大多数人集中在宫殿和大海之间的斜山坡上分享食物，他们可以看到整个宫殿建筑群，却看不到里面进行的活动。各村社地位较高的成员聚集到不同的庭院中，每个庭院都有自己的观景台，也有专门的餐具室，宴饮用的酒杯就从那里传递出来。巨大的储酒器存了足够的酒，时刻保持杯子斟得满满的，来自异域的调味品被加到罐和盆中用于泡酒。牛和少量捕获的鹿，经过塔门、庭院和前厅被送到最重要的王座室，在这里被屠

---

① Tzedakis et al. 2006.

宰，肉从骨头上被剔下来，舌头和精心挑选的腿骨被放到燃烧的壁炉中，供奉给神灵。在近距离范围内，大家将听到国王致祝酒词，举起他们的酒杯。只有最尊贵的就餐者，才能传递金银酒杯，见证这一刻，而地位较低的人只能观看供奉神灵的骨骸。这些骨骸将被陈列在离外面庭院较近的一个小房间里，赴宴者会经过这里，停下来膜拜神圣的骨骸。竞争性宴饮常会引发众多参与者围观的场面，以此令整个宴会气氛热烈。在皮洛斯，绝大多数参与者构成了围观的主体。从某种程度上讲，除了神灵本身，在场的每个人都是围观者。

到处都是就餐者，他们依次传递着杯子，但杯子样式不同。在王座室里传递的是金或银的圣餐杯。入口和王座室之间，是另外一群就餐团体，他们使用的是质量稍差些的杯子。而在正殿西面的另一个庭院，还有许多畅快饮酒的人。那些离得更远的团体没有机会进入宫殿就餐，就一群群聚集在外面庆祝。无论是宫殿建筑的空间布局，还是质地不同的基里克斯杯，都从物质方面向我们清楚地展示了社会的分层，而泥版上的文字使我们有幸得知其中少数阶层的名称。当人们在酒精作用下逐渐眩晕时，空气中的香味和其他气味也浓郁起来，许多味道都来自添加了香料的美酒，这些香料使得人们越发醉意朦胧了。[①]

走廊尽头有一处很大的空间，中央是一个硕大而坚固的火炉，聚会的人群围坐在它周围分享酒食。在这里，每个人都有自己的位置，其中一个突出的位置专为地位最高的人而设。离这个交流圈较远的一边，留出了一些辅助空间，每一个区域都有特定的功能，为宴会提供不同的服务，周围的墙壁上绘制着那些即将为宴会杀掉的动物的图案。这样的描述不仅适用于皮洛斯宫殿中心王座室的盛

---

① Bendall 2004; Wright 2004.

宴，也适用于年代是它五倍之久远的奥哈罗营地的聚餐，或是十倍之久远的现代人在欧洲分享的第一餐。它们看起来不无相似之处。位于宫殿群中心的大王座室应该是宏伟的，吸引了绝大多数就餐者的视线，但它的内部空间布局仍延续了之前聚会场所的简单风格。只有当我们把目光抽离壁炉和房间本身时，才会看到新的空间布局方式。

在早期的亲密交流圈之外，可以直接看到外围边缘，这个边缘代表了从文化到自然的过渡地带。王座室与它的自然外围边缘之间的关系要复杂得多；它是众多文化空间中的一个，这些文化空间反过来又被范围更大的文化边界所包围。一系列着实精心设计的路线将内部和外界分开，通过庭院、门厅、餐具室、储藏室、门廊和入口来限制出入。从王座室到宫殿之外，必须横穿至少五个空间。

再分配、等级制度和时间

尽管在时间上相距一千年，空间上各自位于欧洲的一端，汉布尔登山和皮洛斯的宴会仍有许多共同之处。无论哪个宴会，我们能够想象，它们的牛肉和饮料都从四面八方的小集团汇集到临时集会的中央，二者都有明确的宗教仪式主题。尽管从内容来看，它们可能有强烈的共同之处，但所反映的社会结构和等级制度有显著不同。在皮洛斯，每种遗存都体现着等级制度，无论是不同质地的基里克斯杯，还是不同空间的功能差异。汉布尔登宴会的空间扮演的角色是短暂的、周期性的，终归离不开自然。在皮洛斯的宴会中，每个空间的功能更加固定和持久。除了为宴会提供场地，他们还协调各个空间的功能，用于大规模的储藏，显示出宴会与同时代社会相融合的另一种方式。第7章讨论的"工作宴会"，似乎非常适用于描述汉布尔登山的宴会，它强调的是大量劳动力集中起来完成一项紧迫的任务，比如建筑工程或生病祈求治愈的仪式。宴会供应大量食物和饮料，像磁铁一样吸引着赴宴者从四面八方蜂拥而至。在皮洛斯，数量巨大的食物和饮料可能在社会循环中发挥更为持久的作用。它们并没有在宴会中简单地被消费掉，而是作为贡品献给较高级别的统治者，比如国王、将军，还有巫师和神灵，然后储存起来，在以后适当的时刻拿出来继续流动。每个村社都将丰年的收成送到王宫，在荒年时他们会得到王宫的支持和保护。因此，将皮洛斯宴会称为"再分配宴会"似乎更合适，它使群体成员受惠于国王，最终受惠于上帝，从而将整个社会集团联系在一起。

宴会上，迈锡尼国王再次确认了自己作为首脑的权威，他将在困难时期援助他的子民，从某些地方找到食物来缓解饥荒和诸如此类的事情。为此，他的子民要付出相应的回报，那就是定期交纳贡品以便集中储藏，这些物资将被用于准备丰盛奢侈的宴会活动，供应宫殿内部的日常消费，或是在困难时期分配给通过供奉联系起来的子民们。理想情况下，灾荒只出现在不同时期的不同地方，这样，整个联合体的土地能够生产足够的食物，充分应对严峻的食物饥荒，如果是这样，王宫扮演的仅仅是一个食物分配的枢纽的角色。然而很明显，大范围的歉收无疑是个大问题，考验着它的长期储备能力。

迈锡尼的国王位于金字塔式等级社会的最高点，他将数千人民集中起来，这些人有的处于社会最底层，有的出现在 B 类线形文字的泥版记录中，在社会金字塔中扮演着各种各样的角色。维持生计的物品在这种金字塔式的组织结构中上下流动，并为最高统治者的国王和他的高级官僚们提供足够充裕的"最高份额"，便于他们用食物换取其他服务。比如他们可以组织工匠生产陶器、纺织品、家具、战车和武器，或是加工皮革、木材、青铜器和黄金这些绝对不会流动到社会较低阶层的物品。处于社会顶层的人们还可以从事远途贸易，获得像金属、纺织品、香水、油和美酒这种代表身份地位的贵重物品。那些负责记录和运算的人员，因掌握了书写的新技术得以记录交换和债务往来的情况。这样的"圆锥形"社会结构，内部通过物质的再分配、外部通过战争和贸易将各个阶层联系起来，整个社会结构在这种规模宏大的奢侈宴会中得到庆祝和反复确认，并在考古记录中留下了大量痕迹。

我们可以在考古遗存中看到不同阶层接触到的物品差异。换句话说，较高阶层的个体所占有的普通物品份额不但多于低阶层的人们，还拥有各种具有特色的物品，其中一些甚至来自他们的统治区域之外。他们的再分配中心远离大众，表明大量家庭将为他们提供物资供应，他们可能根本互不相识，尽管他们对各自的阶层有共同的认识。那些再分配中心可能具备相当的容量，可以进行中心储藏。现已知在皮洛斯周围更广大的地区很多较小的同时代遗址，这些遗址大小有别，在皮洛斯周围形成了一种分布形态，展示着几十公里范围内从属领地的聚落等级分化。这些就是分散的村社，他们带着贡品来到皮洛斯，又从再分配宴会的中心地得到保护。①

类似宴会还见于其他地区。出土于迦勒底（Chaldees）乌尔（Ur）巴比伦王室贵族陵墓的"乌尔王军旗"，大约有5000年的历史，是现存最早的关于古代盛大宴会的图案，它被镶嵌在一个木箱上。木箱每面都有贝壳、青金石和粉红色石灰石镶嵌的图案。其中一面图案分上、中、下三层。最上层是一个贵族模样的人与他的六位宾客相对而坐，他们都举着酒杯，旁边有仆人和乐师侍奉。中间

---

① Killen 1985.

乌尔王军旗，出土于伦纳德·伍莱爵士（Sir Leonard Woolley）发掘的迦勒底乌尔巴比伦皇室陵墓。此板饰描绘了 5000 年前一次著名的宴会场景

第 8 章　等级制度与食物链

和下面两层描绘的是运往宴会的丰富食材，有牛、成群的羊和成捆的鱼，还有沉重的包裹，里面或许装着粮食和水果。①

这类可以被解释为再分配宴会的活动，反复出现于地中海东岸乃至更远地区的早期文献中，比如《奥德赛》《伊利亚特》和《圣经》等。《圣经》中关于早期历史的部分，类似于《荷马史诗》，被认为是在公元前第一个千纪汇编的更早时期的故事合集，这些故事大部分与上一个千纪的历史事件有关。《创世记》讲述了关于约瑟夫在埃及的故事，这个故事似乎反映出当时这样一个再分配体系正在发挥作用。故事中，约瑟夫为法老解梦，预测埃及将有连续七年的大丰收，然后又将面临连续七年的大灾荒。他的建议是在接下来的七年大丰收中强征收成的五分之一，储存起来，以便在随后七年灾荒时期进行再分配。按照这个可行性建议，埃及人民渡过了难关。当七年的饥荒到来时，约瑟夫，现在作为法老的得力助手，企图将谷物"卖"给挨饿的农民，使他们为了还债不得不服劳役做奴隶，并将他们所有的土地和牲畜都转到法老名下。原则上，再分配可以作为一种集体所有的手段来缓解环境变动带来的压力，但在实际运用中，也可能成为中央机构合理敛财的理想工具。②

小种子的力量

以往关于宴会的描述，最突出的特征可能就是奢华的环境，丰盛高档的酒食，高档食物中总有一些常规项目，特别是大块烤肉。在奢华宴会元素背后，再分配网络的核心依赖于另一种截然不同的

---

① 伦纳德·伍莱爵士发掘出土，参见 Wolley and Moorey 1982, 98-102。
② Genesis 41.

资源，它必须具备易征收、可控性强尤其是可储存的特点。宴会的一个特别组成部分：小而坚硬的种子，完美符合再分配的上述要求。这些帮助早期人类走出非洲的植物种子，已经驯化成为"粮食作物"，并形成了逐渐膨胀的等级社会内部的基础。

早期现代人采集的数以百计的种子和水果中，只有很少一部分伴随着移动的农业食物网进行迁徙，它们的突出特点是便于储存。例如，禾本科植物的穗可以干燥并完整地储存起来，这些干燥的种穗包含的易消化的种子比例很高，它成为致密的淀粉和其他营养物质的可移动储备。但如果认为这些禾本科植物被改良成"粮食作物"之后，就立即出现了大片大片我们今天认为的耕地，那就错了。最早的植物培育地点可能更像今天的花圃，得到人类的精心照料，里面混合种植了多种植物，与当时占主导地位的自然植被共存于多样的地貌中，就像我们在汉布尔登山这类遗址周围看到的那样。被改良的谷类作物大约存在了一万年。而今天在全世界占主导地位的像大草原一样的可耕地，从考古发现看只有其大约一半时间的历史。尽管如此，在公元前第三个千纪和公元前第二个千纪，伴随着再分配宴会成为建筑奢华的遗址上反复出现的主题，耕地开始以多种形式出现。正是在这个时期，出现了最早的永久性耕作体系和人为平整的种植台地。同样在这些地区，还发现了农田灌溉系统的诸多考古证据。[1]

直到这时，农业才开始普遍体现在孢粉曲线中，它扰动了原

---

[1] 这一观点涉及许多方面的资料。关于早期园艺农业最初开始于保存野生种子的资料，许多学者将其与新石器时代的"锄耕"社会联系在一起，参见 Jones 1992。农田系统的考古证据，主要来自公元前第三个和公元前第二个千纪的北欧地区，参见 Bowen and Fowler 1978，不过最近在地中海地区也发现了青铜时代台地种植的线索。另外，由此向东的苏美尔文献记载中还提到，这一时期出现了封闭的、单一作物体系的、似草原的地貌，参见 Halstead 1990。

有的植被体系，树种被重新组合，那些对土壤扰动十分耐受的、稀有的树种不断扩张繁殖。从公元前第三个千纪和公元前第二个千纪开始，孢粉曲线反映了树木的大片流失和草本植物规模的空前扩张。在河谷底部堆积的古土壤和经过测年的剖面中，我们发现了人类与大自然互动的新阶段留下的种种痕迹。每一次对固定耕地的开发或持续利用中的重组行为，都会对土壤的稳定性产生巨大的影响，从而在河谷中留下大规模侵蚀的迹象。土壤同样也会发生原位不稳定的情况，如果表层土壤营养流失，土壤层变得贫瘠，就会生成阻碍低层土壤供应肥力的矿物层，正如今天英国北部许多荒野下的矿物层一样。通过灌溉形成的水循环，会进一步影响土壤的稳定性，造成盐分集中，形成对植物生长有害的土壤层即盐碱地。这些影响的痕迹，在公元前第三个千纪和公元前第二个千纪之间的许多地方都有发现。甚至在世界上最古老的文字记载中，我们也能发现对这些新的大草原一样的农业地貌的描述。[①]

在出土描绘再分配宴会的最古老图案的乌尔王族陵墓中，还发现了刻有苏美尔文字的泥版，上面记载了关于公元前3000年农业地貌的丰富信息。它们记录了耕地的面积，还记录了适宜在农田里耕作的动物组合；还有这些土地不同的产量潜能、农民和负责农业的官员们以及种植的有限的作物种类。乌尔第三王朝的神庙官员们负责推广大麦的种植，当时大约98%的土地都种植这种作物。文献记载中对大麦种植的重视，在西南亚干旱地区的考古发掘中多次被证实，大量遗址中都出土了炭化的大麦种子。[②]

---

① 关于史前时代晚期环境趋势的综合讨论，参见 Bell and Walker 1992。
② Hatalstead 1990, 1992, 1999, 2003。

与之类似，在随后的千年里，B类线形文字的记载特别强调了小麦的重要性，这让我们思考这些面积庞大的、受控制的、封闭的、种植作物种类单一的耕地是不是再分配宴会的结果，或者至少是等级秩序通过这些宴会的形式来维持自身体系运转的结果。如果脱离这种强制性种植方式，个体农业家庭不仅可以在土地上发展多样化的种植体系，还可以从树林、沼泽、河流中获得大量野生资源作为补充，这种生活可能更好些。向大草原式耕地系统的转变和单一作物种植方式，可能允许这些家庭加入一个可以提供保护和支持的较大体系内，而日益依赖少数农作物，可能导致这些家庭对这种保护的强烈需求。

从等级秩序的角度看，作物种植的单一化使粮食本身更加便于中央机构的控制。固定的农田比不断变换地点的园地种植更容易进入统治者的视野。它们的产量也更易预测，更便于运输和储存。储存的证据在宏伟的中心遗址中颇为常见。皮洛斯有巨大的储存间、弹药库、料仓和储藏罐，这些中心遗址专门保护起来的储藏区则是公元前第三个千纪和公元前第二个千纪间人造景观的常见特征。皮洛斯的泥版文书记录了大量的谷物、橄榄油和酒，广大民众以赋税的形式将它们交纳给王宫，供养在宫殿里生活的王室和宗教人员。宫殿周围的土地被开发成农田，来满足他们的需要，其中分布着橄榄林和葡萄园。在迈锡尼文明到达全盛期以前的一千年间，人们已经开始利用橄榄油和葡萄，但直到公元前第二个千纪，地中海东部的花粉曲线才出现了与大规模果园栽培有关的峰值。[①]这种中央集中再分配体系下的农田体系遍布整个迈锡尼世界，向北一直到希腊色萨利（Thessaly）。再往北，还是集中储藏区，其中包括所有

---

① Behre 1990.

储藏组合中最重要的一种。皮洛斯向北400公里，就有一组这样的储藏室，使用年代大约始于公元前1350年。和此时许多遗址一样，储藏室遭受了一场毁灭性的火灾，对于当时的社会来说无疑是一场灾变，却为未来考古学家留下了宝贵的资料，为我们提供了全欧洲保存最好的炭化谷物组合。

储藏室特写

从表面看，年代为公元前第二千纪的马其顿王国的阿西罗斯（Assiros）村落遗址，与南部壮丽的迈锡尼世界的诸多遗址形成了鲜明的对比。与南部宫殿里装饰奢华的开阔庭院不同，阿西罗斯显得拥挤不堪，泥砖墙围筑的房间之间是狭窄的通道，比起皮洛斯尤显寒酸，它也是内地收获物的储存中心。沿着狭窄通道走进去，房间里堆满了物品，庞大的陶仓中装满了谷物。大火烧毁了储藏室，房屋倒塌，形成了新的地面堆积。在此过程中，那些烧过的收获物在原地保留下来，当这个毁灭的村庄被发掘出来时，它成为考古学家仔细观察研究的资料。

这些收获物有四个品种的小麦，还有大麦、黍子和苦野豌豆。作物相当多，分别被储藏在不同的大陶仓内。它们可能被分别种植于固定的单一作物农田中，也不排除混合种植的可能。二粒小麦和斯佩尔特小麦就混合储存在一起，或许二者曾经混种。遗址紧邻迈锡尼世界的边缘，其规模和整体组织方式使发掘者认为，它的功能介于合作家庭共同储藏收成的专门地点和中央控制的赋税仓库之间。生产这些粮食的农田种植方式，也介于混合种植和单一作物种植模式之间。发掘的储藏室大约存放了5000升粮食，足够20个人食用一年。这为小集团对抗自然变化提供了保障，同时使他们很容易地就被纳入中央控制的农业体系当中。①

里里外外 ②

现在，让我们暂停一下，重回 2.3 万年前的奥哈罗营地，比较一下这个遗址里里外外的不同景色。从遗址向外看去，越过湖泊、河谷和山坡，展现在我们眼前的是复杂多变的自然界，它的变化按照交叠的时间标尺或"节奏"进行。这里的节奏类似于韵律，即某种体系循环到起点所用的速度。自然界中有一系列非常明显的循环节奏，如日循环节奏、季节性循环节奏和年度循环节奏。也有较慢的循环节奏，它们影响着植被的更新、天气和气候的变化，目前我们正在逐步增加对它们的认识。社会的运行也有一套节奏，并且，正如玛丽·道格拉斯观察到的那样，不同的食物分享模式常常是这些节奏的临界标志。让我们转向遗址内部，观察一下分享食物的地方，奥哈罗营地的布局看上去井井有条，让人产生熟悉的感觉，这是一个安全而稳定的地方。火塘设在专门的地点，人们围绕火塘进行各种活动。灌木搭建的棚屋布局有序，分别用于存储不同类别的收获物品。以火塘为中心，生活在这片安全有序的土地上的人们，能够不断适应外部世界多样的循环节奏，对这些节奏做出回应，在必要情况下，甚至可以每天调整他们的食物寻求策略，以便与大自然的复杂变化和多样循环节奏一致。③

---

① Jones 1981; Jones et al. 1986.
② 这种同时观察里外两面的双面体的观点参见 Allen and Starr 1982。这种观点来自亚瑟·库斯勒（Koestler 1967）叙述的一个经典神话故事。传说雅努斯神长了前后两个面孔，既能看到过去也能看到未来，代表着将两种存在状态联系起来的时光门户。艾伦和斯塔尔将这种说法从更普遍的意义上扩展到各种门户之间。
③ 关于生态系统中的循环节奏的研究，参见 Weber, Depew and Smith 1988。

如果我们沿着时间轨道继续前行，穿越欧洲大陆来到公元前第三个千纪的汉布尔登山，会发现虽然动态的农业食物网已经渗透其中，这儿的大自然仍复杂多变却又有规律可循。转眼向外，汉布尔登山的宴飨者们看到的是一个丰富多样的景观拼图，这个过渡地带的各种循环节奏看上去错综复杂。他们的小块农田遵循着一年或一季的种植周期，但如果从休耕和抛荒的角度看，也反映了更长的循环周期。周围的林地也有自己的再生周期，与主要树种的最长生长期一致。森林提供的物产也按照一定的节奏进行：从榛子和橡实，到鹿和野猪，都逃不过剧烈的年轮波动周期，这是原始森林各种复杂周期作用的正常结果。回过头来再看遗址内部，伴随着对葬在山顶的祖先和死者愈发强烈的崇拜，宴会所反映的人类文化的循环周期也正在延长。

对比里里外外的世界，在公元前第三个到公元前第二个千纪期间，许多地方的循环节奏平衡都经历了一场细微的变化，对人类与自然界的互动却产生了深远的影响。在人类历史的大部分时间，大自然的节奏和循环周期一直是漫长而复杂多样的。连续发展的人类文化通过更为快捷简便的社会节奏适应了这种复杂性。随着时间的推移，人类文化的空间性和节奏性日益复杂化，相伴而行的自然界的复杂性却因为人类活动的影响而被逐渐削弱。在不同时间地点，这种相对复杂的平衡也在变化。大自然有明确的分界，野生物种与栽培作物泾渭分明，每种作物又有自己生长的固定沟垄和农田。人类操纵下的自然界逐渐被纳入四季分明的年度周期循环当中。相比之下，文化却展示出一种强化了的复杂性、神秘性和过渡性，无数交叠的社会循环节奏将人类文化延伸至众神的永恒之中。

回到公元前第二个千纪的爱琴海世界，这里的情况刚好相反。通过北部阿西罗斯、南部皮洛斯等遗址向外看，大自然的各个循环节奏已经有序可循，自然界已被分割成为固定的时空单元。空间被定居社会的农田边界和台地挡土墙划分开来，锄和犁将空间里的土地整治为井然有序的田垄。阿西罗斯地区的黍作农业表明，水的流动也得到了类似的控制。在地中海地区，黍子是一种需要季节性灌溉的作物。田里越来越多的作物也是到了每年一定季节就进行耕种。再看看宫殿附近，一度树木茂密的地方也被开发成农田。每块田里种植的作物种类很少，或者是谷物与水果间种，或者只种植单一作物。与林地生态交叠多变的循环节奏形成对比，这种农业景观中的循环节奏差不多以年度为周期，以谷类和豆类为主的粮食作物占主要地位。甚至修剪旺盛的木本作物和秋季屠宰春季出生的动物行为，也将寿命较长的物种纳入年度变化的周期。

再回过头来，从皮洛斯宫殿入口向内部看，到处弥漫着神秘的气息。遗址中心是奢华的王座室，除了华丽和宏伟的装饰之外，空间布局与奥哈罗营地完全一样，壁炉或火塘周围聚集着高谈阔论的人们，他们穿戴别致，在精心布置的房间里分享美酒佳肴。令我们观察这种悠久空间布局的视线逐渐模糊的，是百余间房屋连在一起形成的阴影、散落的内庭和迂回曲折的长廊建筑。建筑结构的复杂，清晰地反映出当时社会的复杂性，以及严格的社会角色和等级划分。我们从外面看到的是呈献给众神的美食，它们被拿出来向普通人展示。宫殿的神秘与庄严暗示着王亲贵族、宗教传统、永恒的诸神，以及他们施加给普通人的各种周期。宫殿入口处的档案室提示我们，自然界的循环周期现在不得不遵循人类复杂社会的需求。年复一年，人类的农业活动维持着这种平衡，农民、农田以及收获

第 8 章 等级制度与食物链

必须满足复杂权力中心的各种需求——大量谷物、美酒、油和家畜，这些都在档案室的刻字泥版上留下了记录。

节奏、边界和影响

变化的节奏在了解不同实体间的边界如何划定时十分重要，进而才可以了解以这种方式划分的实体之间的相互影响。我们通常根据循环节奏的突然变化来定义、辨识实体的边界。以看似一体的海洋为例，如果有人说海洋是分层的，每一层都以不同速度往不同方向运动，运动的不同节奏形成了层与层的边界，只有看到足够的证据时，我们才能接受这种观点。海洋与海岸的分界是一目了然的，无须任何人解释，因为它们运动节奏的差异太突出、太明显了。与之类似，我们可以将草原分为两种不同类型，相比之下，草原和林地之间的区别更加显而易见（本质上由于生长周期不同）。我们周围的实体，不论大小，都是通过节奏的突然变化来划分界限的。自然界中的文化实体就是很好的例证。[1]

在文化实体共存的地区，它们彼此间的回应依赖于各自的循环节奏；通过感应彼此的变化，节奏快的实体与节奏慢的实体实现和谐共处。这就是进化适应性的本质，物种通过自然选择的过程融入周围的环境。变化节奏慢的物种适宜在相对稳定的环境中生存。从两百万年前旧石器时代气温曲线的齿状突起可以看出，这一时期大

---

[1] 艾伦和斯塔尔提出，韵律节奏的差异是真正区分生态系统各实体之间界限的依据。按照这种逻辑，细胞器、细胞、器官、个体、营养级、食物网以及生物圈都有不断变化的循环节奏，这些变化的门户就是"子整体"（Holon），这也是他们观点的核心所在。这些子整体组成了信息节奏的等级秩序，按照信息流动的个体节奏排列等级。整体之外的节奏等级秩序通过"物质世界"的动态运转节奏而得到扩展，参见 Allen and Starr 1982。

自然的循环周期更为复杂，环境变化速度加快，总体上刺激了生长速度较快的草本植物和小型动物的扩张，这是因为它们短暂的生命周期可对这些变化迅速做出反应。大量的木本植物和大型动物反应就慢得多，例外是大型哺乳动物，较大的脑容量使之能够以不寻常的速度回应这些变化。[1]

在人类历史的大多数时期，从祖先的火塘向外，看到的是自然界多样的循环节奏，为了与它一致，人类一直充分调动自身能力，不断改变行为模式，并根据可用资源调整我们对于食物的定义。在皮洛斯，适应性机制的本质没有任何改变，节奏的平衡却颠倒过来。自然界大部分都被整合，遵循着人类需要的年度循环的节奏，在单一文化扩张的过程中，即使是家畜和多年生作物也被强行纳入这种年度生长周期；相反，人类社会却经常通过较慢的变化节奏来强化他们的意识形态，比如不朽的建筑、国王和诸神的永恒。节奏的变化梯度如此明显，以至于影响和回应的方向也随之颠倒，形成自然资源的统筹适应人类文化纵深的复杂化。

这不是一个突然的变化。几千年来，人类社会一直在拓展他们对于纵深时间的理解，比如常常在社交聚会中进行祭祀祖先的活动，为此划分专门的地方，建造属于祖先的永久领地。几千年来，周围环境的某些部分已经被封闭起来，强行纳入农业系统的季节性或年度周期循环之中。然而循环节奏总是变化着，产生的影响和得到的回应也随之变化。在某一刻，节奏循环经过零点，循环方向发生逆转。从现代人寻求食物在历史上发生的重大变化来看，这一刻可以归结为编织技术和驯化的动态食物网的出现，它们影响、改变

---

[1] 从对相对静态的环境的"适应"，向两种动态节奏"耦合"的重心转换，以及快节奏实体与慢节奏实体的并轨而行，根据生态学数学模拟可以推导出来，参见 De Angelis et al. 1989 和本书第 5 章相关内容。

了人类寻求食物的模式。确实，它们的出现使我们意识到大自然其实脆弱得不堪一击。正是从公元前第三个和公元前第二个千纪开始，环境退化的证据——林地的消失、土壤的侵蚀和盐碱化——已经司空见惯了。自然界这种不稳定的趋势也许跟人类食物网形式的改变所带来的影响有关。

单轨食物网

在五千年之前的历史长河中，现代人的食物网丰富多样，来源广泛。他们遵循着自然界里其他经过全面研究的食物网所展现的模式。生态学家已经分析了许多现存渔猎部落的食物网结构，其中有大量相对独立的供给途径，能量在里面自由流动。这种松散联系在一起的多轨食物网在自然界中随处可见。皮洛斯周围的部落放弃了这种食物网，而适应了另一个与众不同者，结果使他们的食物网结构面临着不稳定的潜在风险。[①]

在原始的自然界和排列有序的耕地之间划定清晰的界线之后，我们控制的食物网最高点呼唤着顶层捕食者的出现，那就是人类自己。他们至少是有意识地向"单轨食物网"转变，并且在不同程度上实现了。狩猎－采集者、渔夫和早期农民都与其他捕食者和平共处。他们之间的关系复杂多变，有时完全是敌对的，有时是竞争关系，有时也会合作。不论关系如何，都始终遵循着自然界无处不在的多轨食物网模式。单轨食物网则不同，如果多轨食物网的宽泛规则应用到这里，我们就不可能看到稳定的状态。

---

① Pimm 1982; Cohen and Briand 1984; Briand and Cohen 1987; Lawton and Warren 1988; Pimm et al. 1990; Cohen et al. 1990a and b.

这些规则分为形态规则和互连规则。形态规则用以限制食物网的另一个代名词——生态金字塔。金字塔的营养级越高，物种的数量越少。这一点从早期对食物网的观察中可以清楚地看到。近年来更为详细的调查显示，营养级物种减少的速率受到一定的制约。大自然并不是由顶部尖尖而底层臃肿的生物金字塔组成的，相反，它始终保持一种趋于均衡的状态。目前我们能够判断，单轨食物网也适应了这种趋势。也许它们包含的物种数量更少，但当植物养料、食草动物和食肉动物根据捕食关系合理安排到一起时，就会组成典型的"生态金字塔"。这将我们带到第二类规则——互连规则上。

互连规则是指食物网内一个物种直接影响另一个物种（通常是把它吃掉）而建立的联系。在天然食物网中，这种联系相对于物种数量来说要少得多。这些食物网"松散地连接"起来，因而更具弹性。任何外界干扰或生态灾难都有可能使网内一个分支中断，但由于连接松散，其他部分遭受"联动"扰乱的概率受到制约。单轨食物网的情形截然不同，由于物种数量较少，它们之间连接的数量就相对多。外在干扰和生态灾难很容易会从食物网的一部分传导到另一部分，整个系统因此十分脆弱。①

这种情况大部分可以进行数学模拟和预测，也能从对单轨食物网的直接观察中辨识出来。我们很容易看到单轨食物网的各种元素是如何高度连接在一起的。例如，用食余残渣和剩余奶制品喂猪，动物粪便可以用来积肥以提高农田的产量，其他形式的农业庭院经济都体现了这一点。在单轨食物网中，我们还会看到能量的流动途径不断呈现多样化的趋势，完全不顾农民们的意愿和他们的付出。

---

① 参见 141 页注释②和 142 页注释①。

例如，杂草、疾病和害虫的繁殖等，使能量的流动更为多样，尽管不合人类需要，却有利于食物网的稳定。将原始的大自然视为荒蛮之地，在大自然与人为控制划分的农业景观之间划清界限，农耕部落不断与大自然、动态食物网的数学逻辑战斗着。骨骼证据表明，农业社会之前的采集者对传播疾病的微生物的免疫力更强。[①]植物考古学的证据表明，在流动食物网出现的早期阶段，野生植物与栽培作物之间并非泾渭分明。与外在自然界建立了明确界线的新一代，将自身束缚于单轨食物网中，从此与疾病、野草和害虫的激烈斗争就没停止过。

农耕的局限性

我们在公元前第三个千纪苏美尔人的文献记载和谷仓遗存中看到的这种单轨食物网，在公元前第二个千纪爱琴海人刻录的泥版文书上仍有迹可循，从同时代北欧固定耕地不断增加的现象中也不断地被证实，甚至今天，它在我们的身边依然存在。它们是生物圈中相当大的一部分。这种单轨食物网令人如此熟悉，以至于它自然而然地成了我们对过去农业体系的模仿模式。我们在尽力想象第一批农民改造的景观，所有的生态考古学证据都表明那与现代农业景观迥然相异。从进化角度看，它显然是成功的——不仅延续下来，而且不断繁衍和膨胀。与此矛盾的是，从食物网的动力学角度看，它本质上是不稳定的，史前遗存留下的土壤和植被系统不稳定的证据很多。我们又该如何适应和利用这个循环呢？社会核心复杂化也许是一条出路。

[①] Cohen and Armelagos 1984.

《创世记》中讲到，约瑟夫提出了再分配体系的方案，以应对七年丰收之后的七年饥荒。将大量粮食储藏那么长时间并非不可能，但要做到这一点也不容易。相对于长时间储存，跨越空间进行食物的再分配更为可行。如果法老的领域包括不同地区，而关键地区的气候和环境又相对独立，那么一个地区的丰收就能弥补另一个地区的歉收。在那些生态系统相对孤立的地区，这种体制或许能够奏效。按照生态学的逻辑，将食物网分解为相互关联的不同部分，能量流动的途径就会不断被复制，由此削弱整个网络的联动性。

单轨食物网组成部分的其他形式，或许会产生动态学影响，打破那些改善食物网稳定性的内部连接。固定的农田和轮作制度是从时间和空间上分割食物网的形式。这取决于跨越时空的屏障在多大程度上阻碍了生态互动。然而，也许稳定性并不是单轨食物网的本质所在——至少不是每一种尺度上的稳定性。

从物质的角度讲，《圣经》记载的法老和埃及农民的命运是完全不同的。极有可能，甚至更为典型的情况是，较大系统的稳定性看上去与它的子系统各自独立，事实上却最终依赖于后者。这是所有系统的特性，稳定性具有时空意义上不同的尺度。如果从空中俯瞰古爱琴海地区，也许会看到肥沃的河谷农田与遍布山坡的橄榄林、放牧的高地截然分开，处于非常稳定而持久的自然状态，并且与地形和气候和谐一致。近观河谷和山坡被分成一块块独立的耕地和梯田，生活在这种拼凑起来的环境中的部落，命运显然处于变动之中，随天气、当地历史和个人命运而波动。将镜头再拉近一点，还会看到牧养的动物和它们的主人，他们的日常生活也在不断变化。但这不是简单的空间尺度越小，变化的节奏就越复杂的问题。在有的系统中，或许还存在相反的情况。或者，变化节奏的复杂性在不同尺度之间来回摆动。然而，在单轨食物网这个特例中，只有一个顶点。因此，尺度与稳定性之间的简单关系，部分反映出它运行的"惯例"，并在再分配盛宴上不断被庆贺，反复被确认。从迈锡尼文明时代的希腊，我们可以沿着食物网的顶点，找到社会等级的最高层——统治民众的迈锡尼国王和至高无上的神灵们，他们全都是盛宴的分享者。

第 9 章
宴饮之目的

庞贝古城的一幅宴饮壁画,宾客们按照直角线形的罗马方式就座

地点：英格兰南部科尔切斯特（Colchester）

时间：约公元 45 年

他沿着走廊踉跄而行，手里还端着一碟可识别的调味品。外面轻松的空气或许使他的头脑清醒了一些，无论如何，他需要休息。留下好印象是多么重要——他能有多少次机会出入军团司令官的家中进餐？但是不管怎么说，无论身体上还是心理上，他都很难再继续下去。现在，最困扰他的是那些异域风味的肉食，他感到难受，这何时才能结束？还有那么多看起来像蛇一样的鱼，以及其他超出人们想象的奇形怪状的食物。

最后这个想法使他加快脚步，走向通往厕所的门。他快步拐进这个黑暗的房间，占到一个空位，在此之前他甚至没有与身边的人有任何目光接触。他扫了一眼他们佩戴的精美胸饰，这些人的身份地位都比他高。他当然没做任何加入他们谈话的尝试，他跟不上谈话节奏。他没想过自己的拉丁文会那么差——实际上，自从升职以来他每天都在讲拉丁文，但是，带兵打仗是一回事，跟这些醉醺醺的意大利人流利交谈是另一回事。

又疼起来了。他还没有意识到，并不是因为他吃得太多，肠道超出了负荷，甚至那些装在瓶瓶罐罐里用小船从科恩河（Colne River）运过来的黏糊糊的水果也不是真正的罪魁祸首。肠道里的鞭虫繁殖速度快得惊人，他对此却一无所知，还一直在与它们共享食物，现在，鞭虫正在他的消化道里活跃着。疼痛平息了一点，他的思绪飘到了温暖阳光下遥远的故乡，童年时他在那里吃到的食物比现在可口得多。有那么一瞬间，粪便的臭味刺激他想起了遥远的潮湿的茅草房，总飘着鹰嘴豆炖汤的味道。他似乎看到了土墙围筑的小屋、家人，还有缓慢跳动着的火焰。他将思绪拉回来，站起。自从离开爽口的鹰嘴豆炖汤之后，发生了很多事情，而那都是他不愿回忆的。不管怎么说，他需要重新加入那些人中间，是他们向他发出的邀请，使他来到这个奇怪又繁缛精细的宴会。要跟上他们的谈话或许有些困难，但也并不意味着他没有机会表达自己的意见。

在英格兰东南部科尔切斯特镇一个购物中心阴暗的地下停车场里，有一大片空地，上文描述的不幸事故就埋藏在这里，事情发生在两千年来最美好的黄金时期。遗址在 20 世纪 70 年代进行抢救性发掘之后除掉了底层土。当地考古发现的罗马遗存陆陆续续常有出土，现代科尔切斯特镇建造在处于公元 1 世纪中期罗马帝国的北部边境古罗马军团的城堡遗址之上。小镇上留下了清晰的罗马时代科尔切斯特的轮廓，考古学家们依据城堡的整体布局判断，停车场发掘的是城堡里一列房址地基中的一个，几乎可以肯定这是一个"军团司令官"的房子，死者是一位高级官员，或许是一位来自平民世界被培训为高级官员的年轻人。①

在进一步发掘之前,考古学家对这座房子进行了清理。在房子的一角,他们揭露出一个小房间的基址,里面有一个深坑,四周架着木隔板。坑上面有一列座位,我们只能根据它们的配置次序推测其功能。在这些座位下面,更为可靠的证据浮出水面。在2—3米以下,木框痕迹越来越清晰,生物考古学的重大成果之一浮现出来——"粪化石",即石化了的粪便遗存。

粪化石(Coprolite)一词源自希腊语 copros 和 lithos。"石"是古代粪便的矿化状态,出土时外层包裹着磷酸钙质土壤,呈浅棕色。钙来自周围沉积物中的石灰,磷酸来自粪便所含的高磷酸成分。纷繁多样的饮食使粪化石的形式也可能多种多样。有时它们的形状可辨识,但通常都是不规则状。在古罗马城堡里,军团司令官家厕所中出土的粪化石被描述为"颜色浅黄,多孔,包含许多植物碎屑……在粪坑堆积中呈扁平不规则层状分布"。专家将粪化石小心取出之后,对它们进行了软化,并在盐酸中进行分解,溶解物呈暗棕色,内有未溶解的食物残渣。在显微镜下能观察到硅石残片,即我们所说的"植硅体",它是最不易消化的部分。其他保存下来的还有完整的小碎片组织,通过显微镜下的观察,可以确定为谷物麸皮。在这些碎片中,发现了线虫卵。线虫是一种常见肠道寄生虫,通常被称为鞭虫。②

厕所堆积采集的许多样品中还有无花果、山莓、葡萄和接骨木果的种子,以及一些动物骨骼,有牛、绵羊或山羊、猪、兔和一些鸟类,主要是家禽比如鸭和鹅。经过仔细筛选,还发现了鱼骨如鳗

---

① Crummy 1992:第3章,21页。
② Murphy in Crummy 1992:第8章。

科尔切斯特罗马时期军团司令官家厕所下深坑的发掘现场

鱼、鲱鱼、鲭鱼，令人惊讶的是还有棘鱼。任何人看到这种长相奇特、背部多刺的鱼都会纳闷，它怎么会出现在厕所里，或许是和破碎的餐具一起倒进来的。这里还发现了非常精美的蛋壳陶碎片，它们是来自意大利的舶来品。这些零零散散的被处理掉的垃圾，或许能帮助我们一窥他们的烹饪展厅。[①]

在与科尔切斯特堡同期的其他地方的堆积物中，筛选和浮选发现的食物，显示出更加丰富的饮食品种，尤其是越来越多的舶来品。无花果和葡萄并不是仅有的从意大利餐桌远行至此的水果。在城堡中的其他堆积中发现了桑葚种子、胡桃壳、橄榄果核；还有炭化的椰枣，这是所有食物中最具异域风味的，上面还有残存的果肉。而鸡蛋壳、贻贝、牡蛎、扇贝和鸟蛤壳的发现，更令人

---

① Crummy 1992；骨骼参见第 7 章，其他食物遗存参见第 8 章。

进一步认识到他们食谱的丰富和珍奇。这与当时的主粮形成了强烈的对比。在这个纯粹的军事功能性很强的城堡里，这些食物意味着什么？①

帝国的终结

对军事占领者来说，不列颠群岛或许是寒冷多雨的，这里已经是罗马帝国扩张最远的北部边境了。罗马边塞人员享用到的精美的饮食，就像一张体现帝国政治影响力的地图。山莓和野兔来自寒冷的北部地区，鱼来自毗邻的海湾，鳗鱼来自北海周围的河口低地，牛肉来自欧洲茂盛的温带草原。还有来自地中海的无花果、葡萄和葡萄酒，而最具异域风味的椰枣，来自帝国东南边界与沙漠的接壤地带。从这方面讲，他们的食物与后来欧洲专制中心的饮食有相似之处，通过这些食物就能绘制出他们的殖民地范围，二者的饮食都凸显了异域香料和饮品的重要性，将这些东西从地球另一边遥远的殖民地运过来的做法并不罕见。如果横跨罗马帝国追踪科尔切斯特出土的椰枣核的原产地，我们将会来到地中海东部和南部，这个阳光常年普照的干旱地带。除此之外，罗马帝国甚至在一些过于干旱而不能生长任何东西的地区也建造了城堡，那里所有的食物都必须从外地输入。

在罗马帝国的众多城堡之中，有一连串城堡沿尼罗河绵延大约170公里，直到卢克索（Luxor）古城遗址以北的红海沿岸。这些城堡沿两条罗马大道建置，这两条大道之间的距离大概有一天的路程，需穿越埃及东部沙漠地区，这里是干旱的多山地带，只有极

---

① Crummy 1984, 1992.

少的贝都因人（Bedouin）在此游牧生活。两条大道各通向一个古代采石场，一条通向蒙斯－克劳蒂安努斯（Mons Claudianus），另一条通向蒙斯－波非瑞特斯（Mons Porphyrites）。从这些遗址开采的上等石料被就地加工，运送到遥远的地方。在今天的罗马依然能够见到它们，比如那些装饰万神殿的圆柱。在附近的沙漠，还保留着一些完工之前残破了的半成品，工匠们付出的巨大代价并不总能得到应有的回报，这些便是他们不悦的记忆。在酷热的天气下制造这些圆柱，并将它们运送到帝国的首都，这种艰苦卓绝的任务让我们望而却步。他们的日常生活吸引了植物考古学家玛丽·范德维恩（Marijke Van der Veen）的注意，了解他们的饮食同样是个带有挑战性的问题。

古代学者们曾经论述这些遗址中奴隶、囚徒和被招募的人们如何忍受艰苦的生活条件，这使她推测，当时人们可能面临着严峻的饱腹问题。沙漠山地地形和炎热的天气，与世隔绝，到达这些遗址就相当困难，更不用说去发掘了。然而，发掘一旦开始，考古学家就发现，这样的环境条件非常利于遗址的保护。遗址保存状态令人不可思议，即便在远处也能清晰地看到一切，在这片荒芜的景观中没有任何东西干扰它们。在规划的军事防线以内，可以看到棚屋、仓库和垃圾堆。干旱的气候条件也为保留食物残骸提供了有利条件。在垃圾堆、石矿场废弃的棚屋里，范德维恩发现了大量植物食物残骸。通过细致研究，她发现其构成远远出乎她的意料。

或许她之前已经猜到，这里有相当数量的谷类和豆类食物，虽然搬运起来很重，但它们是所有食物中最易填满塞紧和便于运输的。除此之外，还发现了含油种子，如芝麻和番红花，以及胡桃仁和杏仁等干果。这些食物可以用作调料，令食谱更为丰富，也便于运输。调料还远不止这些，她发现了14种其他香料和香草，包括香菜、莳萝、大茴香、罗勒和葫芦巴。当我们将目光转向水果时，这张列表显得更加有趣。鉴定出的 18 种水果，除了椰枣、橄榄、葡萄和无花果，还有石榴、桑葚和西瓜。最难以置信的是，发现了绿色蔬菜，比如圆白菜、菊苣、水芹和生菜。[①]

正如本章开篇所描述的帝国北方的食物一样，他们的食物也体现了罗马口味与当地口味的融合。在这两个地方，罗马人喜爱的猪肉、牡蛎和鸡肉都颇受欢迎。在帝国的北方，除了上述食物，人们还食用当地传统的牛肉；在南方，则是驴肉和骆驼肉。从红海运来的种类丰富的鱼类，使这里的沙漠饮食显得更加花样多变。[②]谁的食物如此丰盛壮观？从垃圾堆中发现的大量陶器碎片，为问题的解答提供了一丝线索。这些陶片曾用作书写材料，被称为"奥斯托克"（ostraca）。这些陶文为了解他们的食物列表添加了重要的细节，例如面包和葡萄酒的输入情况，为种植新鲜蔬菜而开发的园地和输入的肥料；另外还记录了曾在这里生活的不同类型的人群。很明显，这是一群被有偿雇用的劳动力，包括石匠、砖瓦匠、铁匠和采石工。我们从中还能发现他们的薪酬情况，值得注意的是，不同级别工人的酬劳有着天壤之别。我们可以想见，这样显著的差异一定会在食物分享的方式上明显表现出来。[③]

不论是帝国的北端还是南端，在看上去十分荒凉的军事区，或是长期以来食谱十分单调的地区，考古发掘都发现了许多出人意料的奢侈食物组合。这些奢侈的食物组合究竟意味着什么？当我们把目光从帝国边疆转向中心区域时，这个问题的深层含义就凸显出来了。

---

① Van der Veen 1998, 1999, 2001.
②　King 1999.
③ 由于纸草昂贵，一般简短的票据、账目和其他文字都刻写在石片和陶片上。这些统称为"奥斯托克"，该单词源自希腊语"ostrakon"，原意为"贝壳"。

社会边缘的权力聚餐

距本章开头描述的聚餐二十年后，我们在罗马遭遇了一位颇有拜伦风格的人物，他曾在尼禄的宫廷里短暂供职。这就是佩特罗尼乌斯（Titus Petronius Niger），他曾被任命为国王的"雅鉴主官"，换言之，他的个人品位颇受尊重。当时大量出身卑微的人一心向上爬，想要获得"罗马身份"，我们开篇提到的在餐桌上遇到麻烦跑到厕所去的虚构主角，就是最常见的例子。在这种形势下，佩特罗尼乌斯恃才傲物和尖酸刻薄的性格有了用武之地。他写了讽刺作品《萨蒂利孔》（Satyricon），其中一些篇章流传至今。在虚构的片段中，我们读到一位获得自由的奴隶很快拥有了令人难以置信的财富，成为大片土地的主人，他为自己筹划了最繁琐精细的葬礼。尽管他已经变得富有，但是在佩特罗尼乌斯眼里，这位获得自由的奴隶特里马尔奇奥（Trimalchio）仍是一个"暴发户"，一个让人嘲笑的对象，新增的财富并不能去掉他出身粗劣的本性，这种本性，至少在佩特罗尼乌斯看来，将永远把特里马尔奇奥和自己所属的上等圈子区分开来。在宴会上，这个可怜的家伙向上爬的强烈欲望被描写挖苦得淋漓尽致。[1]

书中有一节题为"特里马尔奇奥的晚宴"，对那些喷了香水的傻瓜、陈年葡萄酒、备受虐待的奴隶和夸张的菜肴进行了生动描述。大批盛装打扮、热衷社交的人士斜靠在长榻上，不同的男仆轮流为他们服务，往杯子里斟满葡萄酒，为他们洗手，修剪指甲。从这出荒谬的戏剧中提炼一份菜谱是一项艰难的工作，但是为了便于比较，还是罗列如下：

---

[1] Walsh 1999.

特里马尔奇奥的宴会菜谱

餐前小点心

一件愚蠢的科林斯式铜器,带着两个挂篮
一个放白橄榄,另一个放黑橄榄

撒着蜂蜜和罂粟种子的睡鼠

银格架上蒸着热气腾腾的香肠,下面放着李子和石榴籽

拟形孔雀蛋(用糕点做外壳,里面包着小家禽的肉,
用蛋黄和胡椒调味)

一只鹅,两条鳎鱼和一个蜂房,还有面包
按照天体模式摆放的肥美的鸟肉、母猪乳房和野兔肉

刷了胡椒粉的鱼

摩羯宫摆放着鹰嘴豆、牛排、睾丸和肾脏、无花果、
奶酪蛋糕、海蝎、海鲷、龙虾

野猪上面摆嵌着多篮叙利亚和底比斯椰枣

饮品

蜂蜜酒
葡萄酒:约公元前 30 年于执政官奥皮姆斯领地酿制的费勒年酒

从寒冷的北方到炽热的南方，甚至在荒凉的军事据点，我们也可以根据发现的食物遗存，复原一份颇具异域风味的精致菜单。在这些通常不加修饰的军营里，餐桌上摆放着成组的、五颜六色的精美餐具，盘子、碗和杯子，有些是深红色，有些是炭黑色，还有一种是细腻的灰色。盘子里盛满肉、蛋、家禽和鱼，以异域水果和香料做点缀，还会呈上精致摆放的白面包片和丰富的酒水。不只《萨蒂利孔》的宴会包含这些奢华的食物元素，若比较一下驻军到达之前几年间帝国边境地区所吃的东西和驻守军队在这里的饮食，会发现军营的食谱已经远远脱离了当地的饮食习俗，一种新的饮食结构正在兴起。无论是食物的多样性，还是它所覆盖地理范围的广度，都体现着新颖之处。更为重要的是，就餐者们也在转变，他们与环境之间的关系，他们相互之间的关系，都处于变动之中。

如果我们稍稍走出英国的军事城堡之外，或者回溯到之前生活在这里的就餐者的年代，会发现他们的食物构成更为健康合理，虽说有些单调，却包含了不同的谷类和豆类，还有羊肉或是羔羊肉。这就是欧洲大多数地区延续了几个世纪的日常饮食。在阿尔卑斯山北部的温暖地带，在特殊时刻，人们会拿出大量的牛肉和蜜酒等丰盛饮食，以示庆贺。至迟从汉布尔登山的宴会开始，牛排和烈酒已经成为一场丰盛宴会的标志。在科尔切斯特城堡的发掘中，普通士兵的营地附近曾出土许多用来酿酒的大麦麦芽。[1]与这类饮食相反，舶来的水果和陌生的海产品，对于研究者们甚至曾经享用它们的人来说，都是最具异域特色的。羊肉、猪肉和牛肉十分常见，但是从动物骨骼所占比例中可以清楚地看出，食用更多的是猪肉，这体现了典型的罗马口味。

---

[1] Grummy 1992.

像所有滑稽的模仿作品一样，如果剧中可笑的人物形象能与现实生活产生共鸣的话，《萨蒂利孔》只会在佩特罗尼乌斯所处的没落贵族圈子中间引起一阵笑声。在帝国边境之外，考古学家捕捉到了这些真实生活的片段，从中可以一窥个人通过共享食物的方式获得了一种新的或者说更高的身份。本书探索的早期食物将一起围绕在火塘边的人们划分为文化区内的一个个群体。食物的共享再次巩固了这些群体的整体性，强化了他们与其他社区的差别。在汉布尔登山和皮洛斯举行的宴会，一边促使农民从自己的家庭和火塘边走出去，一边将他们带到自己所属部落的中心。与此相反，精致的罗马宴会主要对"界限"产生影响，积极地变换着那些边界，以这种方式重新界定团体成员。这些可能是地位的界限，罗马主人经常将随从或门徒带到他们的餐桌前，来进一步加深他们之间的关系；也可能是富人与穷人之间的界限；或是自由人与奴隶之间的界限，正像《萨蒂利孔》中的滑稽场景那样。或者，在帝国的军事边境，它们也是地理的和文化的界限。在一个规模空前的多种族混合的社会里，食物分享在"成为罗马人"的过程中发挥了至关重要的作用。"罗马身份"就像一张不断增长的文化关系网，先是通过贸易和交换伸展开来，然后依靠军事征服和政治统一逐步扩张。在这张网络扩展的许多阶段，文化背景相互冲突的陌生人相遇了，聚在一起共同分享饮食。在这个过程中，他们改变了自己，也改变了他们所属的网络。[①]

科尔切斯特这种遗址出土了丰富的考古材料，我们因此得以切实接近食物分享的场面，甚至可以具体得知某场宴会某个个体的行为活动，正如本章开头描述的那样。我们还可以从那位客人不舒服

[①] Garnsey 1999.

的场景向后退一步，从更广阔的时间和空间尺度，来看一看这种食物分享是如何施展影响效力的，它不仅影响了军事、城镇文化和消费，还从根本上影响更大范围的人类群体、地貌以及他们食物生产方式的本质。

一位胸怀抱负的用餐者

为了捕捉以这种风格的餐饮为特征的文化模糊社会的到来，我把军团司令官家中厕所里的那位客人想象为色雷斯人（Thracian），他的拉丁文说得并不流利。虽纯为推测，但并非完全不可信。我们从军事记载中得知，色雷斯人是构成科尔切斯特军营的最大种族群体之一。他们大部分处于相对较低的阶层，不过至少有一块墓碑显示，他们也能爬到军官阶层。事实上，罗马规模空前的扩张在很大程度上归功于这些被征服者，不管他们出生自哪种文化背景，不管他们的母语是哪种语言，这些人相对容易地加入了征服者的行列，并且在相对较短的时间内变成了罗马人，这与19世纪多国语言混杂的社区里的欧洲移民变成美国人的方式颇为类似。在罗马帝国的腹地，饮食通常与社会等级紧密联系在一起，并且在推动他们实现目标的过程中扮演重要的角色。在帝国的周边，阶层和身份的多元混合必然促使当事人具备相当的语言表达能力。哈德良长城（Hadrian's wall）浸水要塞文德兰达（Vindolanda）古堡出土的著名的蜡版文书表明，普通士兵中有一部分人语言表达流畅，具备读写能力，而另一些人很可能正在为此奋斗。[1]

将这样一位色雷斯军官带到宴会上，然后在厕所里发生了一段

---

[1] Bowman 2003.

小插曲——正是这段插曲为我们留下了最耐久的饮食遗存，这场戏剧揭示的东西与佩特罗尼乌斯讽刺诗中描绘的特里马尔奇奥的晚宴相反。在后者中，佩特罗尼乌斯描写了两位相当没落的诗人来到了宴会，由于宴会的主办者是一位备受讥讽的只有财富而无社会地位的人，他们总觉得比他优越得多。然而在我的故事中，是一位阶层比较低的人接受邀请来到了某位大人物的家，这位大人物当然比他地位优越。这位军团司令官或许是位贵族，即便不是，他也一定处于更高的阶层，拥有更多的权力，一切都高于我们这位拼命去维持自己地位的客人。他们的生活构成了两出相反的戏剧，表达了对于"边缘"食物分享这一共同主题下的不同观点。这种"边缘"，可以是地理意义、社会意义或文化意义，也可以是三者的各种有机组合。在这种背景下，饮食的分享在社会的边缘运行，变换着"内群体"和"外群体"的界限，从而使一些群外的人转移到群内。①

这种宴会起到一个社会资本市场的作用。在这个市场中，有的人相互认识，彼此关心，但另一部分或许完全陌生。但是，无论如何，他们都会从这里获益而归，这种收益是社会层面而非金钱层面的。跟普通市场一样，各类参与者原则上都会满意而归，从个人意义上讲这个市场增强了他们的社会地位。然而，也像普通市场一样，他们的投资可能并没有得到应有的回报。尽管如此，对市场普遍原则的共识，可以将这种特殊的饮食方式提升到文化原动力的领先位置。在这种背景下，或许有必要将两位诗人从特里马尔奇奥的居所带到北部寒冷的坎努罗杜努姆（Camulodunum，科尔切斯特镇在罗马时代的名字），看看他们如何对待我们这位客人。毫无疑问，

---

① Dietler 1990；另参见 Dietler and Haydon 2001。这些作者用"diacritical"（意为有区别的，源自希腊语，与英文 distinguishing 同义）一词来形容此类宴会。

他们一定会取笑他那蹩脚的拉丁语，或许还很奇怪，他为何不干脆带着自己的色雷斯"黑面包"回家，而非要用这精致的"白面包"考验自己粗糙的内脏。他们会嘲弄他那典型的色雷斯式行为举止，认为他粗俗不堪。他们的文化背景赋予他们出色的语言天赋，这些人将种族敌对意识倾注到一段又一段嘲弄客人的俏皮话中。

这是个风云变幻的时代，社会运转流动性极强。一个世纪以后，国王变成一位非洲人，他的妻子是叙利亚人，他的妹妹几乎不说拉丁语，他的子民信仰不同的宗教。[①]尽管如此，认知中"异域"的原型还是很突出的，并且一定在很大程度上塑造着陌生人之间和不同阶层之间的饮食分享模式。为了解当时人们对"异域"的理解，我们可以跟随不列颠征服者之一的女婿克奈里乌斯·塔西佗（Cornelius Tacitus），在他的北行游记《日耳曼尼亚志》（*Germania*）中来一场文学之旅。书中的记载部分来自塔西佗的个人经历，部分源于其他如商人、士兵等的叙述，还有部分源自他对外国人的传统看法。该书成于公元1世纪，从书中可以看出，当时与我们现在关于种族的刻板印象——强调肤色和宗教信仰的差异——恰恰相反。塔西佗笔下，在体现异域性的各类特征中，最值得注意的是流动性以及本质上的不定性，后者标志之一就是发型。卡狄人（Chatti）多体毛，男子成年之后把鬓发蓄起，直到他杀死一个敌人以彰显勇敢后，才将脸剃光。苏维比人（Suebi）特有的标记是将头发抹在脑后，绾成一个髻。在极为偶然的情况下，我们会从考古地层中发现保存下来的头巾，也常发现原地保留的发簪，还有一些发簪从头发中滑落，在遗址中被发现，例如在坎努罗杜努姆。塔西佗偶尔还

[①] 这里讨论的国王是塞普莱米乌斯·塞维鲁（Septimius Severus），他出生于今日利比亚境内的大莱普提斯（Lepcis Magna），他的叙利亚妻子名为朱莉娅·多姆娜（Julia Domna）。关于当时信仰的多样化，参见 Beard et al. 1998；Beard 1998。

会将肮脏、英勇和土地崇拜作为"异域性"的佐证，但是这一切都与人的生物特征没有任何关联。他还模糊了男性和女性的界限。高卢人（Gauls）一度强盛，现在却已式微。车茹喜人（Cherusi）曾经英勇无比，如今却在安享萎靡不振的太平之福。在昔托内斯部落（Sitones），女人奴役男人。罗马时代的种族身份似乎普遍更具流动性，人们能够采用一个新身份，任由帝国扩张。在这种新的转型过程中，一个主要习俗转变就是饮食分享的罗马化。[①]

种族不定性特征的重要性让人想起，在公元第一个世纪，欧洲种族的流动性比第二个世纪更具规模。当时，个体不被出生地、信仰或语言所束缚，生活不局限于一地，类似于近现代时期的人们。许多人经常戏剧化地转换角色，他们死时的身份，已经不再是出生所属的阶层。在这个动态过程中，食物在文化转型中占有重要地位。这已被考古学证据明确证实。伴随罗马军队的到来，驻扎地出现了新的食物种类和新的吃法。从这个意义上讲，坎努罗杜努姆的考古证据代表了更大范围的典型画面。尽管如此，它还并不是蔓延到北方最早的新型消费方式。

主餐之前，请喝一杯

这个军事城堡以西几公里外的两座现代园圃之间，有一座土冢掩映在树木之中。1924年，莱克斯顿冢（Lexden Tumulus）有了罕见的考古发现。这里出土了一系列的奢侈随葬品，明确属于一位上层人士，其中的金银碎片极可能是修饰衣物的。它们旁边放置着

[①] 参见公元98年前后成书的塔西佗著《论日耳曼人的起源、分布地区和风俗习惯》（《日耳曼尼亚志》）*De Origine et Situ Germanorum*（*Germania*）。

金属制品,有容器、支座、马桶、柜子;还有小片的链状盔甲、饰钉、带扣和铰链,这些东西可以组合起来。据推测,墓主人极可能是一位军事领袖。随葬的其他人工制品显示出墓主人的文化背景,然而这种暗示又颇为暧昧模糊。有几件出土物显示墓主人可能是铁器时代晚期上层社会的一位杰出成员,但另一件出土物显示它的制造时间与这个时代完全不符。这是一件铜合金斧头,按照类型鉴定它属于更早的时期,不仅早几代人,而是可以追溯到前一个世纪。这位土著军事领袖是以一种传统的埋葬模式入葬的,这件在他的部落中流传了上千年的祖传物,更显示出他所归属的土著文化历史悠久,而他在这个文化传统中有着独特的权力和地位。[①]

然而,在强烈暗示死者与逝去祖先的古老文化有着不可分割的联系同时,随葬品组合指向了另一个方向。在大量实用物品和精美的祖传之宝旁边,还有一系列带有日益扩张的罗马帝国南部风格的饰品。其中最引人注目的是一枚银质大徽章,形式取自罗马皇帝奥古斯都时代的钱币。本质上,他是众多上层精英中的一员,还拥有更漂亮的、可以显示其生前雍容华贵的小饰品。但是这些小饰品在展现墓主人与南方文化的联系方面实在微不足道,至少从体量上来说是这样。因为墓中至少随葬了17个双耳大酒罐,里面装满了来自地中海的葡萄酒。

大量来自异域的酒水(至少是酒水的消费痕迹)是罗马世界向北扩张吞并的部落上层生活的普遍特征。最引人注意的是在勃艮第(Burgundy)附近贵族墓发现的硕大、装饰精美的铜制鸡尾酒缸。这种巨大容器,有的盛满葡萄酒,足以令上千乃至更多的人醉倒。葡萄酒和酒器从意大利中部沿莱茵河传播了七百多年,才出现在科

---

① Foster 1986.

卢森堡格布林根-诺斯普莱特（Goeblingen-Nosplet）遗址公元前1世纪一座贵族墓中出土的酒器，里面有运输罗马葡萄酒的大双耳壶

尔切斯特的墓葬之中。[①]

  比葡萄酒的传播更深入人心的，是关于葡萄酒具有何等魔力的传说。开篇故事中军团司令官家的宴会发生的前后几年，有一位贵族夫人长眠于丹麦洛兰岛（Lolland）上。尽管这里超出帝国辖区几百公里，但这位贵妇佩戴的珠宝以及多件来自罗马的玻璃器和青铜器，都见证了她在尘世间的奢华富有。其中一件铜容器中还有些残留物，其中可辨识出蔓越莓、越橘、大麦和香杨梅的残迹。这很可能就是塔西佗所指的饮品。他以明显厌恶的笔调，描述过一种用谷类制造的葡萄酒替代饮品。

[①] Dietler 1990.

这些证据似乎将葡萄酒置于地中海文化向北传播的先锋角色，事实上与之相伴的还有精神刺激品，比如烈酒、烟草或者罂粟，这些东西的传播较葡萄酒或许更早些，吸食麻醉品已经成为文化交流地带的显著特征，它们也是增进地域间密切关系的先锋。在许多社会中，主人最常见的待客方式便是给客人准备酒或者其他社会认可的精神刺激品。一起喝酒、抽烟，能够进一步改善共同进餐之后建立的还不足够亲密的关系。从这方面讲，不论在汉布尔登山还是在皮洛斯，这一点都在增进关系方面发挥了关键作用。甚至在身体感受到共餐的舒适之前，我们的精神已经享受到了飘飘欲仙的愉悦感。

当那些野心勃勃的北欧人聚集到时尚的水边贸易中心和新兴市场上，抱着一个个大肚酒瓶来回走动时，不论里面的葡萄酒是真品还是赝品，他们已经改变了自己饮酒的习惯；同时调整了展现自我的风格，这种调整不只表现在发型上，而是全身上下都有体现。他们绝不是第一代随身携带修剪工具的人，但考古学家所发现的个人使用的镊子的数量越来越少。他们祖父母的羊皮和亚麻披肩需要使用一枚朴素而颇为贵重的青铜胸针加以固定。他们也这样做，但用的胸针变得更大更闪亮，各式各样的胸针更容易使他们在一起饮酒的朋友们中间显得与众不同。和早在3万多年前，戴着贝壳和骨管穿成的项链的人们来到围绕火塘形成的人类最初的交流圈一样，铁器时代的饮酒者们为了参加酒席，用胸针、手镯、项链、耳环和修剪过的手指和脚趾上佩戴的圈圈环环将自己打扮得焕然一新。[1]

---

[1] Hill 1997; Jundi and Hill 1998; Carr 2000.

更为传统的饮食

贵族和他们的食客、商人、工匠，一代代长期聚集在消费边缘地带，进行商品交易，分享食物和酒水。一开始他们聚集在河岸贸易中心，这种贸易中心最初形成于地中海地区，后来传播到高卢，一直来到不列颠尼亚。随着这些贸易路线在军事活动中被侵占和征服，他们开始聚集在罗马边界的贸易站周围，随后又到罗马城堡衍生的周围城镇进行交易。但与此同时，绝大多数人的生活与他们完全不同。

距离跨文化交流的中心不远，有许多乡村聚落，他们的生活看上去似乎从未发生过任何明显改变。在这类遗址上曾生活着无数农耕家庭，社会被消费的绝大部分食物都来自他们的生产。在坎努罗杜努姆周围的空地里可以发现他们的农田，事实上这类农田遍布整个不列颠尼亚，有的痕迹不太清楚，但根据航拍图片还是能够辨认出作物标志。95%甚至更多的人口，就在这一个个住宅群和村落之中生活。此处建筑在欧洲显得比较特殊，房屋平面图呈圆形或椭圆形，周围有小牧场、沟渠、栅栏和树篱。在村落遗址的垃圾堆中，人们既看不到运输酒用的大双耳壶碎片，也没有发现葡萄酒杯的影子。在窖穴和火塘灰烬中，没有无花果也没有椰枣。取而代之的，是他们种植了几个世纪的主要农作物的谷壳，灰烬之中满眼都是它们的残留物。[1]

在欧洲其他地区，曾经发现远离贯通大陆网络轴心的农场遗址，火塘中留下的灰烬见证了谷物的丰收，更见证了一系列密集的粮食加工活动——脱粒、去壳、扬谷、过筛和贮藏。我们已经清楚

---

[1] Cunliffe 1991; Jones 1989, 1996; Hawkes 2000.

地认识到，当外来烹饪的浪潮沿着地图四处传播罗马文化时，与之相伴的扩张在很大程度上造成了当地农作物种类更为零散的局面。他们要种植大量不同的粮食作物，包括不同种和不同亚种的小麦、大麦、黍子、黑麦、燕麦、蚕豆和豌豆，还有在今天罕有种植的其他豆类。在他们留下的灰烬中，还发现了炭化的田间杂草种子，这些是古老环境默默无闻的见证者。其中有的野草代表了典型的潮湿和贫瘠的土壤状况。这些古老的土地历经几个世纪的开发，大量人口把它们出产的谷类和豆类收集起来，作为日常生活的主粮。在耕地附近，放养着绵羊、牛和猪，它们偶尔会被宰杀，作为日常饮食的补充。他们从这里带走田间收获的粮食和肉类，回到自己居住的圆形房子，那里是这片劳作密集土地的中心所在。

尽管方形建筑在杰夫-艾哈迈尔遗址就已经出现，并且已经在整个大陆的农业部落中盛行了几千年，但生活在欧洲西北岛屿上的人们还是习惯于在他们的圆形房屋里分享食物。这些圆形建筑以木梁和枝条构成骨架，外部涂以草拌泥，用茅草盖顶。房子大小不一，经常聚集成村落或相对独立的建筑群。根据几世纪以后爱尔兰和威尔士流传的法典，我们了解到曾经存在连续五代的大家庭，曾曾祖父和他所有的子孙们紧密联系在一起。[①]这些村落和房屋组合单位的规模非常适用于这种集体，而且是遍布罗马时代不列颠行省的标准居住模式。在这些单位的中心，父母、孩子、曾孙、直系和旁系的堂亲和表亲、叔伯还有姑婶都住在一起，按照性别和年龄，共同承担农耕活计。一位名叫波塞多尼奥斯（Poseidonius）的希腊学者记录了北部凯尔特人（Celts）宴会习俗的一些故事。文献记载了关于隆重集会中重要人物的流血事件和英勇行为的传说。以下是

---

① 此类考古学证据，参见 Hingley 1989。

他所设定的场景：

> 共同聚餐时，他们围成一圈。当中最有权势的人，或在军事战争中表现得优秀，或家庭关系庞大，或极为富有，在众人中出类拔萃，会坐在中央，像合唱队的领袖。他旁边的是主人，其他人依次按照各自的等级地位排列两侧。一群全副武装的男人，拿着长椭圆形的盾牌，紧紧站立在他们后面。而他们的保镖则在对面坐成一圈，和他们的主人一样在宴会中分享美酒佳肴。侍者为他们斟满美酒，酒杯和我们使用的带流杯相似，有陶制的也有银制的。用来盛食物的浅盘也是如此，只有部分人使用铜盘，其他人仍用木制的篮子，或柳编的篓筐。富人们喝的葡萄酒来自意大利和马赛周围的国家，他们不会在酒中掺其他东西，只是有时加一点儿水。穷人们喝的是用小麦做成的啤酒，里面掺加了蜂蜜，大部分人就这么干喝。这种酒被称作科玛（corma）。他们使用的酒杯跟富人的酒杯相同，每次喝一点儿，比一小杯还少，饮酒的频率要快一些。奴隶们提着酒壶来回穿梭于饮酒人中间，这就是他们的享受方式。他们服从于神灵，同样也追求正义。
>
> ——阿忒那奥斯（Athenaeus）：《宴饮丛谈》
> (*Deipnosophistae* IV, 151—152[①])

贵族们喝的银制大酒壶中的美酒，是从地中海远道运送过来的葡萄酒。在帝国边缘地带的传统部落里，即便喝啤酒的地位低下的阶层也顺应了新的潮流。甚至地位更低微的农户，也越来越喜爱佩戴胸针，偶尔还会拿出几件进口餐具向客人炫耀。也许他们还在自

---

① Athenaeus 1927-41.

家酿制的啤酒里添加红色的浆果汁以示追求时尚。

我们从修复的这一时期陶器来看，此时的消费更加个人化，突出表现在杯子和盘子的大小更加适合个体用餐者。在接待和欢迎陌生人时，过去那种整个大家庭需要围绕在火塘或者壁炉边的正规规矩变得宽松了。来自不同家庭和社会的个人在更小的圈子里分享食物和美酒。越来越多的贸易点在欧洲的河谷地带兴起，个体可以在这些贸易场所碰面，讨价还价，交换商品。交易的中介——游历者、商人以及珠宝和舶来品的提供者——往来于帝国边境文化丰富的交流区，这里丰富多彩的生活在塔西佗笔下得以流传。就像早先在欧洲大陆传播最初农业经济元素的游历者一样，他们会发现自己置身于一个个隔墙建筑之中，这种新兴长方形建筑靠近贸易路线，而远离传统的居民点，外形与西北部家庭熟悉的圆形建筑形成鲜明对比。在这些新兴贸易发生的遗址里，长方形建筑和建筑之间的直线空间开始出现，容纳了食物分享的新风格和新模式。[1]

有一种特别的直线型风格建筑专为经典的罗马餐厅设计。在优雅的餐厅里，三张长榻以角对角的顺序被安排在合适的角落里，每张可供一人斜躺在上面。第四面是开放式的，这里是向其他三面展示食物和进行娱乐演出的舞台。许多流传下来的文献记载了这种布局，在别墅保留下来的餐厅中还有镶嵌式地板，甚至固定的石制长榻。尽管异彩纷呈的烹饪越来越精致，许多罗马人的饮食规模其实还很小。与北部庞大的扩展家庭相反，传统的罗马家庭是核心家庭，由男家长、他的一个妻子、孩子和奴隶组成，他们的"盛宴"通常只有几个人一起分享。[2]

---

[1] Hill 1995.

[2] Slater 1991; Garnsey 1999; Dunbabin 1996.

社群和关系网

人们相互联系的两种相反相成的原则就这样通过饮食分享方式的不同体现出来。第一种是"社群",是借助血缘关系和土地——"祖先的"土地——联系在一起的扩展群体。一个社群分享的食物与他们的土地有着明显的生态联系,谷物、蔬菜、瓜果、肉食、鱼类、家禽之间的平衡反映了当地——祖先世代耕作的土地——土壤与水资源之间的平衡。食物很简单,在家族成员之间平等分配,以稳固社群永久性,增加群内安全感。第二种是"关系网",陌生人也能在网内活动并互换商品和信息。这类关系网是开放而非封闭的体系,就像一棵不断生长的大树,它的外延分支使得关系网不断扩展,再扩展。沿着这种关系网的各个分支所分享的食物,因具有异域风味而将关系网自身和远方其他地区都点缀得眼花缭乱。他们的食物更加丰盛,就餐过程更具竞争性,因此通常会使彼此陌生的人达成不平等的妥协。通过分享饮食,他们重新定位自己的社会及文化角色。到后来的历史时期,"社群"和"关系网"的饮食,分别与小农阶级的"普通料理"和欧洲王室贵族的"高级料理"大致对应。[①]在罗马扩张之前,最初的关系网规模很小,并主要由载运商旅的小船带动发展,而随后的扩张很快带来了军事武装。他们从不列颠尼亚带走了谷物、牛、银制品、猎狗和奴隶。[②]一个奴隶或许可以换一罐地中海葡萄酒。罗马影响和扩张的网络将为贵族的餐桌增添来自已知世

---

① Goody 1982.
② 斯特拉波生于公元前 64 年,卒于公元 23 年,曾在欧洲及尼罗河流域广泛游历,留下了大量关于当时地理和经济资源的信息。他这样描写不列颠尼亚:"岛上以低地和丛林为主,然而很多地区都是多山地貌。不列颠出产谷物、牛、金、银和铁。这些与皮革、奴隶和猎狗一起出口。"(Strabo, *Geography* 4.5.2)

界的各种新奇事物。南方的待客之道会随着军事扩张传播到阿尔卑斯山以北，石榴、杏仁、瓜、桃都在这里发现。或许跟随他们最远的，是一种辛香而干皱的小果实——黑胡椒粒。大不列颠岛有三处遗址出土了黑胡椒粒，中欧其他几处遗址也有发现。它们的影子可以追踪到埃及的罗马港口贝列尼凯（Berenike），追踪到它们进入帝国网络的地点，跟随这个网络，它们一路从原产地——印度南部马拉巴儿（Malabar）海岸的野生森林来到帝国北方的前线。[①]

网络架构

在整个帝国，尤其在它的社会和地理边缘，人们举行宴会，庆祝他们组成了巨大网络，并确保其外部分支继续扩展。在这些不断延伸的分支末端，我们注意到了麻醉物品和异域香料。它们跟在精心调制的美食和新兴的饮食方式一段距离之后出现。退一步说，从更远的距离看，这些新奇事物是消费和炫耀的某种特征，以至于罗马风格的生活和生存方式给整个欧洲留下了各式各样的实物线索，从服饰、私人饰品、装饰、房屋建筑，到居址、城镇以及地貌的空间布局。"罗马化"给罗马控制下的整个帝国烙下了深刻印记，这些印记在烹饪、艺术和消费结构上得到了最为充分的体现。

消费的背后

生产又是怎样的呢？这个影响广泛、遍及整个大陆的网络是如

[①] 中欧地区的奢侈食物包括罗马人的石榴、杏仁、甜瓜、桃和黑胡椒粒，参见 Jacomet et al. 2002；Bakels and Jacomet 2003。在贝列尼凯港口，不只发现了黑胡椒粒，还发现了椰子和稻谷，这些同样也来自印度，参见 Van der Veen 2004。

何把食物需求本身和食物资源供应转换为餐桌上那些精心制作的新型食物的呢？这个过程非常复杂，为了说明这种复杂性，我们把佩特罗尼乌斯虚构的诗人们带到大不列颠的另一个地方——另一位罗马风格奢侈消费者的家中。

在这个北方省份，靠近英格兰南部海岸的菲什伯恩（Fishbourne）宫殿非常壮观。发掘者巴里·坎力夫（Barry Cunliffe）推测它的主人是与罗马帝国交易的最精明的一位土著部落酋长。塔西佗曾提道："某些国家已经委托给国王柯基杜姆努斯（Cogidumnus）来管理，他直到现在仍然忠诚如一。利用当地的国王作为统治的工具，这乃是罗马人自古相承的原则。"[引自塔西佗《阿古利可拉传》（Agricola）14.1]①这一原则使我们这位与众不同的土著领袖获得了极大利益，他以一种穷奢极欲的罗马消费方式来庆祝他的成功。到公元80年，这座宫殿有套房、柱廊、瓦屋顶、嵌花式地板和涂色的墙壁，令人印象最为深刻的是宫殿中央的正式的园圃，所有建筑都环绕它排列。我们的诗人无疑会以他们惯常刻薄态度来鄙夷宫殿对面那150米的临街空地。不过在经过入口时，他们可能也会感到有些失落。②

回到罗马，贵族府邸的房间和空间总是沿用特定的结构和可预测的布局。从巨大的园圃望去，建筑结构表面上与之颇为类似，其实内部迥然不同。宫殿的外部装饰与其他都市并无二致，但内部的中心园圃本质上是一处巨大的建筑群。从这里，一系列门洞延伸至宫殿内一个个独立的单元结构。在中部，从入口对面的园圃远端可以进入最令人印象深刻的房间。园圃远端还有另一处令人惊诧的建

---

① Tacitus 1970.
② Cunliffe 1971, 1998.

筑——一个巨大的面包房。整个布局或许会使我们的诗人感到困惑，但对当地人来说，这种空间布局是再熟悉不过的。他们对如何进入这样一个有不同门洞的封闭的大型复合建筑，以及如何穿越入口对面的主屋了如指掌。他们的父辈熟知的这种复合建筑，可能是用木头和泥土搭建的，而且是圆形而非方形的，内部空间的布局方式与之大致相同。①

菲什伯恩的主人为我们提供了一个极端而典型的边境消费个案。他的父母习惯于地中海式的饮酒方式，喜欢从罗马世界交换来的精美花瓶和装饰品。而他本人在政治生涯早期，进一步发展了这种习惯，喜欢以罗马方式在长方形空间里与人分享美食。他建造的第一个木结构宫殿里，在许多突出的建筑物中，有一处专门的浴室十分引人注意，这表明当他以罗马方式分享美酒佳肴的时候，他和他的客人们也像罗马人那样留意整理自己的身体。在他成功地巩固了自己的政权后，房屋和整个建筑群外部完全饰以罗马风格，他热切地渴望客人们会注意到他的罗马式面包房和其他时尚的生活设备。尽管如此，除却华丽的罗马式的外表，他仍是与罗马合作的土著领袖，用塔西佗的话说，他是罗马帝国征服的有效工具。

也许正因如此，边境的饮食消费并没有即刻与变化了的食物需求挂钩。就我们所知，大量的耕作和农田管理方式延续着老传统。这些传统一点儿也不差，帝国并没有成功到达那些榨取不出丰收盈余的地区。实际上，供应盈余的限制可能最终决定了帝国本身的限制。几百年以来，森林不断让位于农耕，在帝国时代，它们仍不断被清除以满足人们对农田的需要。这里曾种植各种不同的谷类和豆类，如今仍在沿用几百年来的传统方法继续种植。菲什伯恩或许有

---

① Hingley 1989.

个菜园专供厨房需要，但还没有植物考古学证据表明早期罗马时代的不列颠园艺农业有发展的趋势。人工建造的园圃在北方是个全新的事物，但这里的园圃其实更强调它的外观设计和装饰，而非功能。[1]

然而，新一代的边缘消费者确实在一个地方改变了生产方式，就像改变食物消费方式一样。从本质上讲，他们是国外奢侈品的进口商，不断开发巨大的交换网络，还进行维持和扩展。交易物品涉及范围惊人，包括建材、金属、玻璃、食品，等等。他们还长于技术的进出口和大宗货物的远距离运输，结果拥有大量的金属，很快就利用铁制造了大镰刀，用于收割和照管牧草。[2]

对于一个普通农民来说，那时的铁是相当珍贵的，他们的铁器也仅限于袖珍折刀这么大的工具，虽足以用来收割长叶植物喂牛羊，却无法收割更为甘美的牧草。新兴资产者买得起收割牧草的长镰刀，在这个过程中他们驯化出一种新的植被形式——牧场以适宜夏季的多次收割。甚至在一些早期罗马水井里发现了浸水的牧草团。对食物需求的改变可能与来自地中海南部的消费模式没有直接关系。罗马人所钟爱的猪肉、鸡肉和牡蛎，并没有随牧场的出现而增加。金属技术催生的新生态产品——牧场，对于那些本质上属于北部特权和财富象征的物资——马匹和牛来说更为关键。[3]

柯基杜姆努斯去世之后，宫殿又延续使用了几代，依然是罗马式消费风格的展厅，继续反映罗马世界的时尚，而没有消费多少辖制下更多农人生产的食物。几经重建和扩修，宫殿最终毁于公元3世纪后半叶的一场大火，只留下一堆灰烬。伴随着菲什伯恩宫殿化

---

[1] Jones 1989, 1991b, 1996.
[2] Rees 1979.
[3] Jones 1991a.

为灰烬，帝国的联系网络也支离破碎。网络的节点——区域性管理中心减少，甚至在网络的中心，皇帝的神威也长期受到挑战。不列颠尼亚已经被分裂组织的领导者有效地控制。随着不列颠尼亚行省首要消费宫殿的崩塌，消费背后的理论基础和意识形态也处于崩溃的状态。帝国庞大扩张网络上最末端的聚餐不再像这张网青年时代那般与帝国中心产生共鸣和意义。并且，当我们将注意力由食物消费转移到食物生产时，会发现菲什伯恩宫的屋顶最后倒塌在食物需求变革新纪元的黎明曙光中。帝国边缘地带的黎明，还未来得及到达支离破碎的帝国中心。①

随着网络的崩溃，人们开始更多着眼于本地区内的联系，大量财富从城镇转移到了乡村。这笔城镇的财富，过去常用于贸易和交流，现在更多地与土地生产挂钩。有相当一部分的社区曾经建造和生活在罗马风格当中，现在它们也很难再"罗马"下去了，须知它们已经存在了近三百年。现在他们的别墅变得朴实，庄园更加有意思。他们当然有适应市场需要的园圃，种植了大量的蔬菜、香料和各种草本植物、果树，有的人还拥有自家的葡萄园。庄园之外的农田里，种植了大量的粮食作物，包括已经成为人类重要热量来源的主要粮食作物——面包小麦。这个品种已经有上千年的种植历史，不过长期以来在北方只是作为一种辅助作物。当罗马帝国在北方的控制力减弱时，面包小麦在食物需求中一跃占据首要位置，这种提升在我们后面的章节中还会提到。

他们使用刃部足有两米长的大镰刀来收获庄稼。将更多的金属用于农耕工具，这是无论哪一辈祖先都比不上的，消耗金属最多的工具，已经伴随着像面包小麦这样的作物，征服了许多地区。他们

---

① Cunliffe 1998.

的祖先用木棍和锄头平整土地，这些工具有效适用于各种地形。尽管如此，深土低地的土壤培育革命还需要由另一种工具最终实现，它可以挖得更深，将整片土地进行翻耕。要实现这个目标，需要借助经过训练的牲畜的力量，而生活在欧洲北部的人们正是训练牛和马的专家。在此之前人们需要一件形状合适的板子来翻起和覆盖沉重的土壤。在"犁板"的前面，还需要一块锋利的刃片在土地上切出口子，以免板子不能承受土壤的重量。单单制作这样一个切割器或者称为"犁刀"所需要的金属量，就等于上一代几个村庄积累起来的金属总量。①

奢华的边疆消费走完了它的历程，帝国中心的神威以4世纪的皇帝采纳了基督教的形式延续着，而后者恰恰对王权形成了极大的挑战。在君士坦丁大帝时期，帝国的公民以另一种方式生活、耕作和分享食物，完全不同于先王们扩张罗马文化时期的状态。与之前任何文化形态相比，罗马文化的扩张范围都更为广阔，影响也更为深远。扩张，以美酒的对饮为先行军，精致繁琐而颇具戏剧色彩的食物分享则紧随其后。

---

① Jones 1989, 1991a.

第 10 章
远离火塘

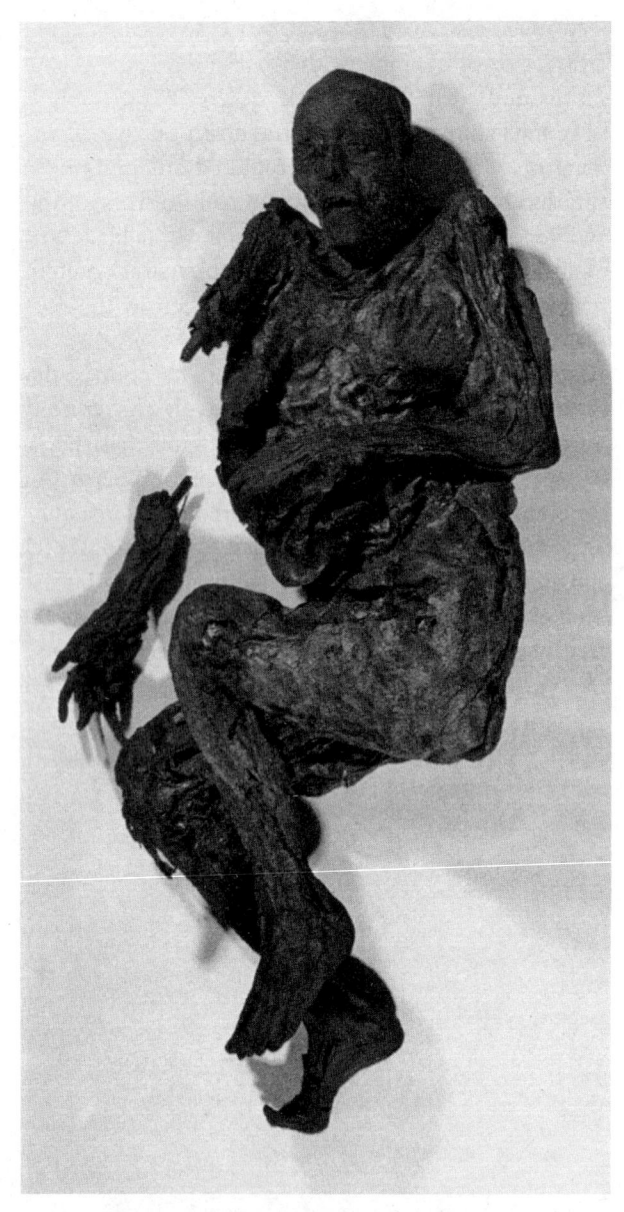

丹麦赫尔德尔茅斯沼泽遗址出土的一具两千年前的女尸

地点：丹麦北部赫尔德尔茅斯（Huldremose）

时间：距今约 2000 年

黄昏降临，薄雾模糊了所有事物的线条。一个寡妇提起她的格子裙，小心翼翼地迈步走向水边。她应该回家了，这些沼泽地在夜里一向危险，尤其现在那么多饥肠辘辘的人可能会铤而走险。又是一个空空的鸟巢。她的思绪跳回几个月之前，那时能收集到很多鸟蛋。然而那个季节已经过去，现在必须找到其他食物。

水边通常是觅食的好地方。过去的一个月她艰难地跋涉，和其他寡妇们一起搜索一片又一片的土地，捡拾散落的谷物和其他任何能够放到小小炖锅里煮的东西。按照常理来说，这个季节不会有多少收获，因为田地里不会剩下什么东西。不过，居住在河流下游的农民还是有些挑剔的资本的，他们收割农作物时往往会在残茬之间散落不少大麦和大爪草的禾穗，那些寡妇就是冲着它们来的。她就曾经成功采集到这两种作物的一些种子，用它们做了点儿汤，现在她只靠这点汤产生的热量维持着。她紧了紧头上的帽子和肩上的羊羔皮，希望温暖能够减轻这难耐的饥饿感。

她的母亲在她之前经历过很多个坏年景，并且传授给她许多寻找各种食物的常识。现在她正根据先辈们代代传授下来的知识，在水里和岸边搜索着。从母亲那里，她得知块根和块茎可以挖出来烤着吃；芦苇的茎可以掐断做个标记，第二天来这里就能从许多叶子里面收获黏黏的糖分，来给炖汤增加味道。但是每种东西都有自身生长的季节，而现在植物正在结实期。不久她会去树林里采集榛子和果类，如果今年橡子长势不错的话，还可以磨粉制糊，但是橡子的收成往往很难预料。不管怎么说，这些都是以后的事情，现在她真的饿极了，在地里收集往年残留的小种子已经十分困难，更何况是在沼泽附近。她从岸边往里走了走，抓住一棵水蓼稀稀落落的红色茎秆。她不得不将整株植物拔下来在地上用力摔打，获得一点儿种子颗粒。它们虽然不多，但如果积累一些，味道还着实不错。她转身又去寻找漂浮的甜茅草，那种甜甜的味道吸引着每个人。

她的思绪飘回那些能吃饱肚子的快乐时光。她坐在织机旁敲打忙碌着，背后是温暖的炉火，新鲜的大麦秆和动物的味道，混合着风干的猪腿味，顺着满是烟雾的屋檐飘荡。眼前一株最喜欢的植物把她拉回现实。她的母亲曾经教过她关于这种植物的知识。它们算是大植物了，叶如圆盘般浮于水面之上。这种植物的每一部分都有用处，还可以入药。它的叶子对治疗感染很有效，根的不同部分可以分别用于治疗各种疾病。带着淡淡的哀伤，她回忆起母亲曾向她解释怎样用它的根茎来推迟怀孕时间。但是现在,吸引她注意力的是那些肉质果实,里面坚硬的棕色种子在火中会变成像爆米花一样的小点心,很好吃。心里想着这些美味,她大步向前走去,可能有点太大胆了,竟然只顾迈向那些睡莲,却没有注意到芦苇沙沙作响,里面传来了脚步声。

抛开行凶者的动机,关于这个不幸的女人如何遇害,我们掌握了许多资料。大约两千年前,她陷入丹麦北部一个名为赫尔德尔茅斯的泥炭沼泽。由于某种原因,她的腿部严重受伤,一记斧击几乎完全将她的右臂切断。好在这段故事很简单,或者至少从尸体保存非常完整这一现象看,她很快就落入阴冷的水中。在水底,她成为大量不得安息的"沼泽古尸"中的一员。尸体被不断积累的泥炭吸收,从而阻断了腐烂过程。没有坟墓标示这些人最终告别了这个世界,他们一直不为人知,直到未来的某一天,一些人们带着切割机前来寻找泥炭作为燃料或者肥料,才把这些已经变黑了的躯体翻出来。当时,他们被赋予一个个颇具地理学意味的名字,"图伦男子"(Tollund Man)、"格罗贝尔男子"(Grauballe Man)和"温德拜女孩"(Windeby Girl),这些名字将他们与死亡地点联系起来。他们个人状况十分复杂,有富有贫,有少有老,要么是被害者,要么受到了某种惩罚,还有人可能是献祭神灵的牺牲品。他们共同的东西与其说是命运,倒不如说是最终的结果。无论何种原因,或是普通的铁器时代匪徒凶器下的"快速凝结体",或是为祭祀神灵而被吞没的个体,他们最终都成为泥炭的一部分。赫尔德尔茅斯女人完整的肋骨轮廓表明,整个入水过程很快,没有伴随任何延长的仪式。她衣着完好,长长的格子裙罩在羊羔皮内衣外,还有羊羔皮的长披肩和格子帽。衣着布料全新的时候应该质地不错,但是在她死的时候就不怎么样了。①

　　她是沼泽古尸中一个特殊群体的一员，被保存下来的不仅仅是身体组织和衣物。泥炭的保存状态取决于多种影响因素，首先也是最重要的是缺氧的环境。大量沼泽苔藓吸收了土壤中有机物腐败所必需的营养物质，从而使得这种无氧侵蚀密封过程得到进一步加强，并使人体外部组织变黑变硬。即使在这样的环境中，某些细菌仍然能够存活，并在某些内部软组织中发生反应。幸而这些细菌并不能分解刚被硬化了的人体"外部"组织——尸体和胃肠的表面组织。因此，即便肝脏、肺、肾脏等器官不能保存下来，胃肠仍然可能保存下来，更重要的是，里面的包含物可以保存下来。②

　　这具女尸发现于1879年，当时一台泥炭切割机碰巧割裂了她的一只手。女尸被拉出来，用担架运到附近一个仓库中。在那里，人们为她清洗，脱掉了她的衣服（当时男人们自觉地离开了房间）。她的衣服被清洗后晾干，尸体又被重新葬入当地墓地。不久，应哥本哈根北欧古物博物馆的要求，这具女尸又被从坟墓中发掘出来，几经辗转，最终保存在解剖学博物馆附近的储藏室里。在这里，她再度被遗忘，直到几十年后考古学家们第二次注意到她，准备用一套新的分析手段进行研究。他们的研究兴趣主要集中在耐久保存的内部组织——胃肠上。经过仔细解剖，研究者得到两份样本，每份重量都小于1克，在蒸馏水中进行复水，过滤之后拿到显微镜下观察。处理后的样本严重破碎，然而即使很小的碎片，其细胞结构仍然保存完整。从中可以辨别出谷物的麸皮，

---

① Glob 1969.
② Helbaek 1950, 1958a and b; Holden 1986, 1995; Turner and Scaife 1995; Van der Sanden 1996.

还有些进一步鉴定为黑麦的麸皮。除了这些东西，考古学家偶尔还发现不能确定种类的草本植物和炭屑。更少的是动物组织碎块、沙砾、一种野生的红色蓼属植物以及一种叫作"亚麻荠"的植物种子。此外还发现了一种通常被认为是野草的植物，但是从这位妇女内脏的包含物看，这种植物的碎片残存较多，足以与被视为"作物植株"的黑麦媲美。用现代语言描述，这位妇女生前的最后一餐简直是"杂草什锦"。①

她并非此方面的孤例，尽管北欧沼泽古尸群成员生前的状况并非整齐划一。英国研究得最为彻底的一例沼泽古尸——林多男子（Lindow Man），死前专门修剪了指甲，还刚刚吃过新鲜出炉的面包。②在丹麦的许多水域发现更多的则是另一类内脏包含物。第一批沼泽古尸中的两例——"图伦男子"和"格罗贝尔男子"分别经过了仔细研究。他们的内脏包含物含有几种大麦、小麦、黑麦和燕麦，除了这些谷物外，更多的是草本植物的种子，如藜、大爪草和蒿蓄，此外还有大马蓼、春蓼、卷茎蓼、紫罗兰以及大车前草。继之另一例——"波利茅斯男子"（Borremose Man）的内脏包含物主要是蒿蓄、大爪草和藜。在当时还很新奇的媒体——电视上，两位颇受欢迎的考古学家根据这些胃部的残余物提出了一种杂草理论，其中一位又强调，或许正是由于不堪忍受枯燥无味的杂草食物，他们才纵身跳入了沼泽。当时人们的口味确实发生了变化，当然，这些食物似乎从来也没能加入"高档食物"的行列。③

---

① Brothwell et al. 1990a and b; Holden 1996/7.
② Stead et al. 1986.
③ 1954年，在英国电视系列节目《地下宝葬》中分享这一餐的考古学家分别是格林·丹尼尔（Glyn Daniel）和莫蒂默·惠勒（Mortimer Wheeler）。显然，他们很快就用牛角中盛放的丹麦白兰地冲走了那种"可怕的味道"。

但是，它们并不像人们想象的那样低劣。许多种子来自蓼科，它们和荞麦是近亲。水蓼、萹蓄和卷茎蓼的种子如果经过适当的加工，完全可以与日本最好的"soba"（由这些"杂草"植物的近亲——荞麦做成的面条）媲美。同样，很多草本植物的种子都可以加工成美味的像谷类一样的面粉，而藜科的灰菜和它的亲缘植物味道都不错，富含营养物质，是铁和 B 族维生素的极好来源。前哥伦布时期的美洲人曾种植多种藜科植物以获得叶子和种子，其中一种——奎奴亚藜（quinoa），至今仍是南美大陆的重要作物之一。这些作物的亲缘杂草种子的问题并不在于味道或者营养如何，而在于获得哪怕只是一般的收成也要花费大量的时间和精力。杂草种子往往不足以让他们果腹。

前面提到的赫尔德尔茅斯的妇女生活在世界的边缘，不过这是一种非常与众不同的边缘——社会的边缘。相对于那些衣食无忧的精英阶层，这个世界上还有很多人正在为找到足够的食物而挣扎。她也许曾一点点收集别人农田里的作物残余来填饱自己的肚子。许多部族都允许其内部的不幸者在收割后的残茬里寻找一切可食用的东西，包括田里不经意间残留的农作物，或是偶然掉落泥土里的谷粒或谷穗，或是田间某个角落没有收割的一点儿作物。也许还有一些不被农民喜欢的杂草，但是它们的种子也能做成可食用的面粉，或是像大爪草和藜这样的植物种子，如果收成好的话，也能勉强用来填饱肚子。

在所有的拾荒者中，最著名的是摩押地（Moabite）的寡妇路得，据说她生活于公元前第一个千纪早期，她的故事收录在《圣经》的《路得记》里。古老的以色列有一项法律传统，允许外乡人、寡妇和贫民紧随收割者在田间捡拾剩余的谷物和其他一切可食用的东西。这一传统习俗使得刚刚因丈夫去世而陷入贫困的路得受益并生存下来。大麦收割的季节刚刚到来,路得和她的婆婆双双来到伯利恒,在这里她们跟随在收割者后面,捡拾和收集他们收割捆绑后落下的谷物,据说收获颇丰。在丰收时,农田里性别隔离的规定不再那么严格,路得在收获较多剩余大麦穗的同时,还吸引了未来丈夫的注意力,两人约定当晚到打谷场幽会。[1]

界限逐渐变得模糊了。我们想要区别截然不同的两类人——农民和贫民,两种截然不同的资源——农作物和野草,两种不同的食物采集方式——收割和拾穗,然而差别并不那么明显。

以农民和受接济的贫民为例,他们并非两个不同的阶级,而是两种不同的生活状态。即便不是大多数,也得说有很多农村家庭的生活记忆中都有过多次这两种状况交替的经历。单轨食物网络的扩展强调权力核心阶层和为他们提供食物的小规模农业者之间的区别。确实,这种网络关系的存在将权力核心和他们之下的生产者联系起来,并允许农业社群以比他们祖先更小的规模,甚至小到核心家庭这样的规模存在。然而,任何这种小规模团体更容易受到一系列大波动的影响。他们容易受到所属权力核心政治波动的影响。更严重的是,他们还容易受到环境波动(自然灾害)的影响,通常要花费多年才能从一两次歉收的年景中恢复。最重要的是,他们容易受到人口变化的影响。一个规模小于正常生产和繁衍所需人口的团体,很快就会面临年龄结构失衡的问题。这种不平衡还会带来婚配的困难,这对农业社群来说更是致命的打击。对于路得来说,生活的贫富伴随着她的婚姻不断起伏。我曾根据赫尔德尔茅斯妇女尸体身上编织精美的衣服和头饰与她消化道残余物的鲜明对比,推测她经历了家境的败落,或许这正是伴随失去丈夫而来的变故。格子布

---

[1] Ruth 2-3.

裙子和羊羔皮的搭配看起来确实奇怪，这或许暗示了一段好运和噩运交替的过去。

　　不断经历命运变故，很多农民或许开始调整原有的单一作物、方块田的农业种植方式，以便年年有更多的食物选择。其中一种方法是开始混种多种作物，而不再依赖单一作物。这对于今天的机械化收割来说无疑是个噩梦，但是对于人力收割来说，却开辟了可能性，尤其是当他们的收割工具与一把小折刀大小无异的时候。就像我们在前面章节中所提到的，史前时代的金属制品十分珍稀，往往是精英阶层用来炫耀财富的手段，很少用于日常耕作。正如在它之前的燧石刀片一样，金属制作的镰刀也很短。史前收割者在田里慢慢挪动，手中抓满一把谷穗，用刀片一把一把地收割。即便作物不止一种，长势也不同，人们仍有办法收割。第 8 章中我们考察的阿西罗斯遗址储藏室的陶仓里就混合储藏着二粒小麦和斯佩尔特小麦。北欧史前时代晚期的许多谷物组合看起来混杂得多，一种或几种农作物混种在一起的现象更为普遍。作物混种的方式分散了很多东西，最重要的就是它分散了风险。例如在一个小麦和黑麦混种的田里，好的年份里小麦会丰收，不好的年份里也许会收获黑麦，不管怎样都有东西吃。作物的混种，不仅形成了田地里农作物高度各不相同的局面，同样也分散了收获的季节。掐穗的缓慢收割方式，使收获者在不同作物的成熟期之间多次往返，又不断从"收割"顺利地过渡到"拾穗"。

　　"田地"的概念扩展得更远，它不仅模糊了收割与拾穗的界限，也模糊了农作物和野草的区别。今天被我们看作杂草的某些植物，在考古遗存中十分常见，而且数量可观，显然不能简单地把它们视为作物加工后的废弃物。其中之一就是赫尔德尔茅斯妇女胃里发现的大爪草。与我们想象的拾穗者遇到各种各样杂草种子不同，她并没有吃到很多混杂的野草种子，只有一些黑麦和大爪草，别的种子就更少了。其他来自火塘和垃圾坑而不是胃里的考古遗存，更突出了某一种植物的重要性。比如雀麦草的长种子，还有富含铁和维生素的藜的种子，这两种植物直到最近还被人们食用。20世纪早期，丹麦的黑麦田中雀麦草十分常见，它的种子一直被丹麦农民食用。当黑麦产量极低的时候，正是这种野生植物在田里疯长的时期，因此，为什么不能用一种草种代替另一种呢？藜属植物和它的亲缘植物种子同样也被广泛食用，尤其是在新大陆，那里的奎奴亚藜是全世界生长在海拔最高的谷类作物。美洲土著部落还培育藜属的其他种类，而在这里的考古遗存中发现的这个属的植物种子，或许完全是"野草"和"谷物"的连续统一体。①

因此，与我开篇虚构故事里富裕与贫穷的两极分化不同，田间并非种植着单一作物，衣食无忧的人们惬意地在温暖的炉火边享受，而贫穷饥饿的人们急切地在农田的树篱之外搜寻食物，实际情形远比我们现代人想象的画面复杂得多。相反，我们可以设想，为了应对坏年景，他们将土地一块一块用树篱围起来，播种某些特定种类的谷种，通常都是几种作物混合种植。这些小块土地经过人们精心照料，作物到成熟期后，很可能产出的所有东西都会成为食物来源，不仅包括种植的谷物，还包括那些神灵们决定生长在这里的其他植物，甚至那些收获时没能及时逃走的小动物也会被他们捕获来吃掉。尽管不同作物所占比重总是在变化，每年的收成依然是来年种子的来源。一些农民在收获和再播种的间隙，会对谷种进行相当密集的清理，我们可以在史前时代晚期遗址中看到这种清理活动

---

① 关于更小的藜科种子以及其他较少为人所知的藜科美洲驯化种植物的考古学研究，参见Smith 1992；更多相关研究参见Smith 1995。

留下的痕迹；其他人则不这么做，因而他们的谷种组合在不同年份变化很大。我曾听说过亚洲中西部种植含油种子的第一手观察资料。在这个地区的不同区域，通常会以不同的组合混种三种植物，即亚麻、亚麻荠和芸芥。我们很难分辨哪种是他们真正要种植的作物，哪种是杂草，事实上，他们的谷仓里通常三种都有。能够搞清楚的是，当地农民不论实际上种植了什么，在生活需求的支配下，他们往往充分利用田地里生长的各种植物，不只收获有价值的含油种子，还会利用这些植物的叶子、根茎等。欧洲人关于如何区分谷物和野草的问题并非无法回答，只是与我们讨论的问题不甚相关。

本章和第 9 章探讨了北欧不同地区的两种截然不同却在广义上同时并存的消费模式。第 9 章中讨论的消费模式是基于向广大农民群体征收税赋而建立起来的。确实，罗马帝国的扩张依赖于对柯基杜姆努斯这些当地领袖的信任，他们作为罗马的"统治工具"，不断为帝国榨取地方剩余物资。罗马帝国为了控制单轨食物网，要确保网内生产区域在帝国的控制之下，作物也要在固定的季节收获。固定的田地以及集体作业的打谷场很好地适应了他们的需求。只要大多数农民获得好收成，少数农户收成的下降并不会影响整体的赋税征收。

农民有自己的关注点。他们很少关心别人征收的最大剩余物有多少，而更关注一年年如何存活下来。他们的食物网越分散，越具有流动性，那么环境变化对食物网的影响就越容易掌控，同时也给统治者征税带来更多困难。当征税人到来时，农民可以将家畜从一个地方赶到另一个地方。田地虽然不那么容易隐藏，但是田里到底收获了多少粮食则很难估量。因此土地税收体系通常包括掌控谷物加工的关键场所，如打谷场或者磨坊，这样就无须费时猜测和争论农民们的实际收成了。这些制度都有利于单一作物的收获和单一食物网的推广，同样有利于以谷物作为赋税或者贡品的统治者，却使得个体农民容易受到环境灾害和变化的影响，当然也进一步增强了农民对统治者的依赖性。在年景不好甚至颗粒无收的年份，越来越多的人会丧失土地，加入债务奴的行列。从个体农民的长远利益来说，维持一个内部复杂广泛的多轨食物网通常比这种单轨食物网有利得多。

  胃容物研究最为细致的是英国的一具沼泽古尸，有人称之为"林多男子"，也有的称其为"林多Ⅱ"或者"皮特·马什"（Pete Marsh）。这位成年男子与赫尔德尔茅斯妇女大致属于同一时代，于大约两千年前暴力致死后葬身泥炭沼泽。他的胃肠包含物经过多种科学手段分析，其中电子自旋共振法可以帮助我们确定他胃中残留食物烹饪时的温度。他的最后一餐主要是一块未发酵的面包或是一块烘烤的蛋糕，这种食物使用桤木烧火迅速加热，由一种或两种"常规"谷物磨制的上好面粉制成。一些槲寄生的花粉粒让我们想象，他的最后一餐分明可以编写成德鲁伊教徒的故事。[1]然而，直言不讳地说，那一餐保留下来的只有一片面包而已。还有两具分别出土于荷兰威罗（Zweelo）和阿森（Assen）的沼泽古尸，他们的最后一餐也以谷物食品为主，可能还有极少量野生杂草的种子。与之形成对比的是，许多地区特别是出土沼泽古尸最多的丹麦，还有许多其他个体，他们的最后一餐分明就是由野生植物或者"杂草"种子构成的食物组合。[2]

---

[1] 公元1世纪，英国的德鲁伊教相信槲寄生可以带来奇迹，带来人口和牲畜的繁荣，治疗疾病和保护人们免于巫术的诅咒等。——译者注
[2] 关于林多人，参见 Stead et al.1986；关于沼泽古尸们的"最后一餐"，Turner and scaife 1995 中做了令人满意的概要。

这些频繁出现的杂草食物有大爪草、野生禾本科植物、荞麦的野生亲缘植物（酸模、蓼、萹蓄和卷茎蓼）以及奎奴亚藜（藜）。在德国德特根（Dätgen）和凯豪森（Kayhausen）出土的两具尸体中，还发现了野生萝卜种子和野苹果籽。赫尔德尔茅斯妇女的胃里包含了大量大爪草和黑麦。直到进入历史时期，丹麦布赖宁（Brejning）地区的穷人们还在食用由这两种植物混合制成的面包。在本章开头的故事中，我想象她是在成为寡妇后开始变穷的，是社区里不幸的人；现在看来，或许她只是社区里的普通一员，她所从事的采集各种植物果腹的行为，对社区每个需要渡过难关的成员来说都不陌生。无论是哪种情况，我认为她都处于主宰她的世界的边缘。在这个世界里，绝大多数肥沃的土地都被分割成垂直的、栽培单一作物的小块，便于统治者征收和控制剩余谷物。而在某个空白角落，她所掌握的是采集所需的关于植物生长的另一种传统知识，毫无疑问，这些知识应该来自她的母亲。[①]

从这块土地上采集榛子和丰富的森林浆果，需要具备迅速反应的能力，要赶在其他动物到来之前才能有所收获，也就是说，要求人们掌握季节周期变化的知识。获取其他食物资源也要具备相应的知识，包括植物的隐藏部位，如生长在地面以下的根和茎，并且知道如何将它们挖出来。这里的环境有利于山胡桃、甜菜根和橡果的生长，对于这些植物，人们还得学会如何过滤掉其中包含的有毒植物碱基。

[①] 关于这种生态系统中可能存在的植物食物，我参照了时代更早的丹麦海尔斯考（Halsskov）和曲布林韦格（Tybrind Vig）遗址出土的植物遗存（Kubiak-Martens 1999, 2002）；另参见 Robinson 1994。

在开垦过的土地里，栽培作物和野生植物之间的界限通常十分模糊。许多植物往往有多种用途。这里一端是颇具价值因而被细心照料的植物，比如大面积播种的、高产量的谷物和豆类；另一端则是无用的、甚至会降低作物产量的植物，它们的根茎会被除掉，种子也会被清除，农民就是要铲除它们。而在两端之间，还有大量可食用的、甚至有时可以作为药材或营养补充品的植物，人们对这类植物的态度往往受到一些因素的影响，包括文化选择、经济需求和环境变迁。动物的情况与之类似，一端是被精心饲养的牛、绵羊和山羊，另一端是害虫。二者之间则是许多像可食杂草一样难以归到任何一端的动物，比如野兔和野生啮齿类动物等。不过，相对于可食杂草而言，区分一种动物是驯养的还是野生的要容易些。许多历史文献记载的某些动物的喂养方式，比如猪、马和兔子，据此可以认为它们处于驯养动物和野生动物中间。未驯化的猪就在灌木林中放养，和它们的野生亲缘动物一样自由生长；未驯化的马则常在湿地和草原上漫步觅食。不管哪种情况，它们都是根据环境条件放养或者半季节性圈养，而这种喂养方式使它们看起来与野生动物没有多大差异。

很多人喜欢把人类世界也按照这种模式划分。一端是优雅的、精英式的个体，他们像"林多男子"那样，用修剪干净的手指拿起烤得焦脆的白色面包圈；另一端却是似乎永远处于贫困状态的人，运气在走下坡路的人，总是以杂草果腹的人。不同的命运在他们的骨骼上烙下深深的印记。在前几章中，牙齿和骨骼分析向我们展示了他们的饮食有多么精美。事实上，它们同样也能告诉我们，那些不幸的人们，饮食到底有多糟糕。

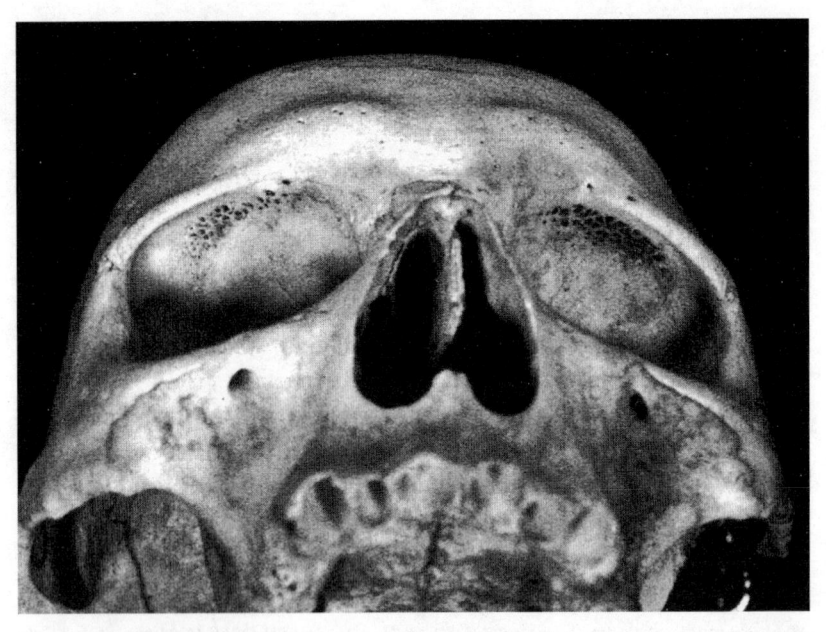

出土于西班牙的中世纪成年人的颅骨,上眼窝骨骼多孔疏松,医学上称为"对称性骨质疏松症",是常见的贫血症状

不幸的骨骼

许多沼泽古尸的骨骼结构上都留有营养变化的历史痕迹。在青少年发育时期,如果得不到足够的营养,骨骼生长就会被阻止,导致钙积累在骨骼停止生长部位。之后如果饮食情况好转的话,骨骼会重新生长,但是这些不透明物质即所谓的"哈里斯线"(Harris Line)仍会存在,作为经历过一段艰苦生活的证明。荷兰北部艾什波肯(Aschbroeken)发现的沼泽古尸骨骼显示,他自9岁或10岁时开始出现哈里斯线,之后又多次经历愈合与营养不良。在"温德拜女孩"的胫骨末端,可以明显区分出11个独立的分层。她只活了十几岁,这表明在短暂生命里的每一个艰苦之年,她都经受着营

养缺乏的折磨。①

尽管我们从考古遗存中看到很多宴会奢侈浪费的场景，然而对绝大多数人来说，生活常常是艰苦的，饥饿无处不在。回到大约5000年前英格兰南部的汉布尔登山周围聚集的早期农业人口群体，这里的动物和人类骨骼所表现的情况相互矛盾。从动物骨骼看，肉类似乎十分充足，一次宴会就杀掉整整一头牛，足够为人们提供大量富含营养的肉食。然而同一个遗址中出土的人类颅骨表明，15%的人在世时并没有获得足够的动物蛋白质。75个颅骨中11个上眼窝骨多孔疏松，这是贫血的症状之一，而贫血是由缺铁引发的病症。②我们饮食中铁主要来源于牛羊肉、豆类以及贝类，这些都是我们渔猎采集的祖先经常食用的。然而随着驯化谷类在饮食中占据主导地位，肉类食物在人类食谱中的地位逐渐弱化。实际上，谷物的食用抑制了人们对铁元素的摄取。③

20世纪80年代早期，一批人类学家聚集在纽约，重新审视史前时期全世界范围内人类健康方面的证据。大量骨骼资料被重新整理。学者们对亚洲、非洲、欧洲和美洲出土的距今3万年以来的骨骼资料进行了比较，研究结果对人们长期信奉的关于人类过去的推论提出了挑战。自考古学产生以来，大家都倾向于支持这样一个结论，即积极改变社会和发明新技术，人类可以不断改善生活。然而从骨骼证据来看，人类历史上的一次重要变革——农业的产生，看起来并没有令我们的整体健康有所改善。渔猎采集者的骨骼实际上并没有留下任何表明曾经存在长期严峻的食物压力或是疾病的证据。而史前时期的农业社会则不同。在史前农

---

① Fischer 1980.
② 这种症状也可能由寄生虫感染或缺少B族维生素而引发，参见Molleson，个人通讯。
③ McKinley in Mercer and Healey（待出版）：第5章。

业社会的遗址中，我们多次发现因饮食压力而产生疾病的证据。此外，早期农民明显比他们渔猎采集的先辈们变矮了。会议组织者的推论是，农业的出现不仅带来了人口增长，同时导致贫困和饥饿频繁暴发。①

农业人口比流动的渔猎采集人口增长速度快得多。正是这种人口压力驱使他们横跨整个世界。从进化论的角度讲，这是人类成功的一个特点；但是对人类自身而言，这个过程使他们历尽艰辛。没有相对安全的现代西方医学的庇护，频繁生育对妇女健康造成很大威胁。史前时期，妇女死亡的高峰期之一就是生育期，主要由于分娩造成。此外，婴幼儿的死亡率也非常高，大概仅50%的婴儿可以活到成年。而存活下来的幸运儿，在他们的牙齿和骨骼上通常也会烙有童年营养失调的印记。

仔细观察身边那些童年营养失调的人，会看到他们牙齿上水平分布着一些凹坑或凹槽。这些凹槽通常意味着营养不良、对传染病的抵抗力差，尤其是在刚断奶的生长期。这些特征同样出现在考古遗址出土的牙齿上，可以用来判断不同时期人们营养失调的可能性。让我们再次回到汉布尔登山的75具尸骨上，其中两具的牙齿上有这种毛病，这个数字也不算糟糕。另外一些牙病也暗示出饮食状况的不理想，比如龋齿、脓肿、牙结石和某些牙齿的缺失等，但是这些问题还是集中出现在相对较少的个体身上。实际上，甚至15%的人有贫血症，这个数字都不算太高。在距离汉布尔登山仅30公里的庞德伯里镇（Poundbury）有一处公墓，大约由1400座坟墓组成，大多数的年代只有汉布尔登山的一半之久远，多为罗马帝国晚期墓葬。这些坟墓中近28%的颅骨，眼窝里都发现了贫血

---

① Cohen and Armelagos 1984.

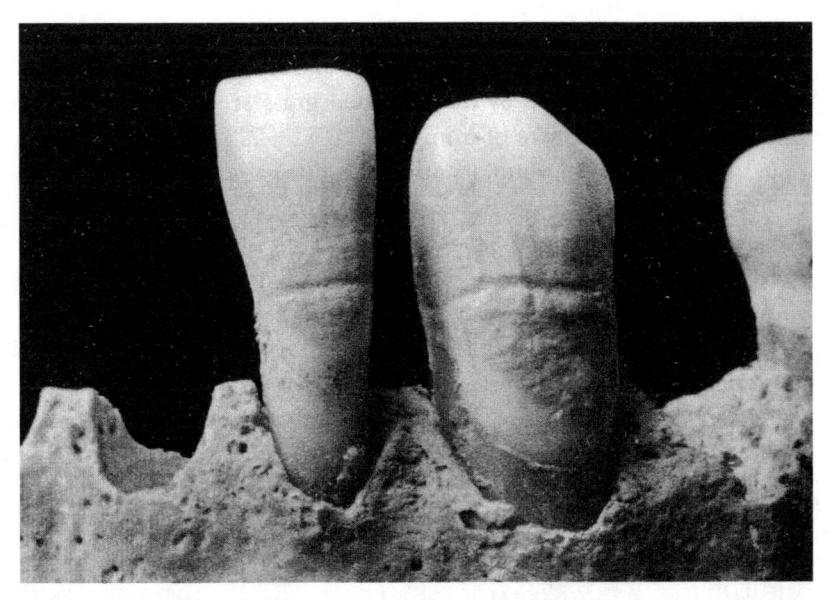

英国中世纪一个年轻人的门齿和犬齿，上面有永久的水平凹槽，即医学上的"牙釉质发育不全症"，通常与青少年时期营养不良密切相关

症状。[1]

确实，汉布尔登山遗址的骨骼与早期农业社会的其他资料一样，促使我们提出疑问：以谷物为主的饮食，其消极作用是否已经影响到其他早期农业社会？这也是很多学者在纽约会议上提出来的问题。他们的结论是，农业的明显消极作用是在第一次出现驯化征兆后逐渐发生的。我们要注意的是，这些早期农业人口是多轨食物网的一部分，在这个食物网内，植物栽培和动物驯养也仅是多重网络的一部分。除此之外，这个网络还包括大量的森林和野生资源。而当我们从早期农业的多轨食物网转向取而代之的人类等级生态系

---

[1] 关于汉布尔登山的资料，参见 McKinley in Mercer and Healey（待出版）：第5章；关于庞德伯里的资料，参见 Molleson 1989。

统的单轨食物网时，情况发生了截然不同的变化。

当汉布尔登山遗址这种分散社区的周期性聚集点开始衰落时，在接下来的景观变迁中形成了许多单轨食物网的物理特性：持久的清除、土地的固定分割以及显示森严等级的新型坟墓。在这些早期农业聚集点衰落后的两千年里，人类的骨骼也在发生变化。

不列颠群岛发现的骨骼遗存为我们提供了关于史前人类饮食和健康的宝贵资料。把公元前4000—前2500年——大致对应的多轨食物网的早期农业人口阶段的数据，与公元前2600年—前800年——基本对应的单轨食物网的晚期农业人口阶段的资料进行对比，我们发现二者的差异惊人。因贫血症而产生眼窝多孔的症状在后一组中更为普遍，是前者的两倍。其他比较普遍的口腔疾病也有类似的增长，这些疾病在骨骼上也有反映。在他们生命不同阶段由食物压力造成的其他痕迹由早及晚增长的趋势越来越明显。青少年时期营养不良造成的牙体缺损在后一组中更为普遍，是前者的10多倍。成年人牙齿脱落的情况，后一组大约也是前一组的10倍。看起来，当整个社会被纳入单轨食物网后，无论老少，营养缺乏成为一个难以摆脱的大问题。在随后的千年里，这些营养缺乏的特征表现起起落落，但始终没能回到史前早期阶段较低的发病率水平。[①]

类似情况在欧洲其他地区和地中海地区也有发现。在纽约会议上，东地中海的资料被收集起来作为一个整体进行讨论。这让我们有机会将3.9万年前看来非常健康的渔猎采集人群和其后命运非常混杂的群体做一个对比：体现营养状况的数据之一——男人和女人的身高——都降低了大约10%；同时，各种牙齿病损的

---

① Roberts and Cox 2003.

情况也增加了一到两倍。这再次表明,人类健康的主要变化并不是伴随植物培育和动物饲养立即产生的,而是发生在随后的单轨食物网和阶级社会背景下。在东地中海地区出土的公元前第二个千纪的骨骼,可以按照体现社会等级的墓葬习俗细分为几类。这种划分使我们得以比较普通人和墓葬极其奢华的人的身体健康状况。结果表明,普通人的牙齿损害情况是他们统治者的 5 倍之多,身高也比后者矮 4%。东地中海地区青铜时代的男性农民平均身高是 167 厘米,比统治者的平均身高矮 6 厘米,且比他们的捕猎先辈们平均矮 10 厘米。[1]

持续波动和分化是单轨食物网固有的特征。这种狭窄、高度连接的网络,其内在结构本身不稳定,而复杂的文化核心似乎缓冲和加固了它的生态组成部分。各部分生态命运的差异既是单轨食物网的产物,也是它自身存在的逻辑依据。这种差异既存在于不同社会群体之间,也存在于男性和女性之间。在不列颠史前的大部分时期,男性似乎比女性更容易遭受营养不足的压力。然而,在《圣经》中以色列的路得和丹麦赫尔德尔茅斯的妇女生活的几个世纪中,许多遗址的牙齿资料刚好表现出相反情况,女性看起来比男性更容易受到营养不足的折磨。[2]

原因我们还不清楚,也许是因分析样本太少而出现的偶然结果,或者其他不可知的因素也可能使结果出现偏差。但是,社会内部的整体分化确实已经出现,这种分化不但体现为食物来源不足的发生率,也体现在食物过于充足的发生率上。在史前时代末期,营养缺乏在女性群体中体现得越来越明显;与此同时,一小部分男性

---

[1] Angel 1984.

[2] Roberts and Cox 2003b.

却要忍受饮食过于充足带来的负面影响。

多塞特郡另一处墓地中，28% 的头骨眼眶显示出贫血的迹象，还有很小一部分人，大约占 1%，却出现了另一种不同形式的病症。他们的骨骼生长异常，外表看起来就像流动的蜡油，导致脊椎骨和一些关节融合。这种病症多发于年老、肥胖和患有糖尿病的男性群体，医学上称为"弥漫性特发性骨肥厚"（DISH）。根据英国考古发现，在最早的农业人口群体中只发现 1 例男性患有这种病症，而史前时代晚期又发现了 3 例。庞德伯里发现 11 例，是罗马人统治时期英国发现的 23 个 DISH 男性受害者的一部分。优越的生活条件并非引发痛风的唯一途径，但是痛风病在罗马治下的不列颠时期出现却很有意思。庞德伯里墓地中，5 具遗骸发现了这种病症，其中 3 个为男性，另外 2 个是女性。[1]

当罗马世界的老饕们不情愿地移动他们僵直的脊背、满胀的肠胃和酸痛的双腿，从一场盛大的宴会辗转到另一场晚宴时，欧洲大陆整个社会的农民家庭都在食用着来自单轨食物网的简单食物。正是这张食物网，在他们的农业生产和地方统治者之间架起了无形的桥梁。很多农民在他们人生的不同阶段都在为生计而挣扎，许多人为了适应不断变化的命运改变了寻求食物的方式。他们也许不得不吃掉田里的耕牛，转而使用锄头耕地。肥料的缺乏使土壤肥力下降，滋生了大批杂草，这些杂草最后也成为他们的食物来源，他们会将大爪草、蒿蓄和藜的种子掺在一起磨成面粉。作为食物的补充，他们还会采集可食用的根茎、橡果，捕捉所有可以碰到的小野味。凄凉的寡妇和贫民只能四处寻觅，采集野生食物，捡拾地里残留的谷穗。他们正在逃离这个使他们在各方面都被边缘化的单轨食

---

[1] Farwell and Molleson 1993.

物网，而模糊地模仿着他们遥远的祖先，以期回到食物相对充足的多轨食物网中。在大型居址和防御工事的宏伟遗迹、复杂的墓葬、田地、道路之外，他们各自多变的命运片段以一种更加与众不同的形式在考古学上留下了深深的印记。

第 11 章
食物与灵魂

罗马百基拉地下墓穴（Catacomb of Priscilla）中距今 1800—1600 年的壁画——"擘饼"。画中，就餐者斜靠在垫子上，面前摆放着面包和鱼

地点：皮卡第（Picardie），莫罗考特小修道院（Moreaucourt）

时间：大约 1372 年

　　每天不管是一顿饭，还是午餐、晚餐两顿饭，吃 1 磅（约 0.5 千克）面包就足够了。如果要吃晚饭的话，这三分之一磅的面包就被放回小地窖，等着晚上再吃。如果这天的工作相对繁重，院长有权力临时变通规则，增加一部分食物。总之，最重要的一点，就是避免暴饮暴食，防止消化不良影响修士的生活。的确，没有什么比贪吃与基督徒更不相称的了，因为主说过，"注意警醒自身，免得你心中满是放纵的欲火"。不经年的小孩子不能和他们的长者吃得一样多，因为节俭应当贯注在每一个细节之中。除了身体病弱有特别需要以外，所有人都戒吃四蹄走兽。

　　每个人都会得到上帝独有的恩赐，不论是以这样或那样的方式，因此，我们在决定别人应该吃多少喝多少的时候，总是怀揣不安。不管怎么说，身体虚弱的人应当激起我们的怜悯，不过每天 0.25 升葡萄酒也就够了。但从上帝那里获得戒酒耐力的人们知道，他们也会得到属于自己的福祉。除此之外，出于地理原因或工作需要或炎夏难耐，院长有权决定是否增加供应；但他也负责监督，以免酪酊大醉的人干扰修道院正常的生活。尽管知道修士务必禁酒，但因为我们的时代已经不是修士的时代，所以至少同意这样一点，那就是我们可以饮酒，但不能醉到不省人事，因为酒会使人变节，即使智者也不例外。

——摘自《本笃准则》第 39、40 章，由格林斯特修道院的修士们译为英文

沿着索姆河畔皮卡第区的亚眠（Amiens）稍往西，就是莫罗考特小修道院的废墟了。14 世纪英格兰的侵略令它历经磨难，现存遗迹正在修复之中。20 世纪 70—80 年代，考古学家在这里进行了发掘，揭露出修道院的一些房屋，这就是 12 世纪晚期亚眠的艾利尤姆（Aleaume）为基督教修女们建造的清修之处。我们推测，除考古学家们发掘出土的大量碑刻和器物残片外，小修道院原本还应该保存了一些来自大基督教堂的圣父和天主的教规副本，它们系统阐释了修行者需要遵循的准则，这些准则都来自耶稣本人和其他《圣经》人物生活的启示。所有修行生活准则中流传最久远、影响最深刻的当属 6 世纪一位意大利修士的规定，他最初只是在罗马南部的蒙德·卡西诺热修道院（Monde Casinorio）宣讲自己对教规的解释，但他的讲道在以后几个世纪里促使基督教信仰传遍了整个欧洲。当莫罗考特小修道院被入侵时，《本笃准则》已有 8 个世纪的历史了，但它依然是当时指引修道院生活最突出的文献，直接引导遍及整个欧洲 3.7 万个修道院生灵的生活。除了耶稣名下的普通男女之外，到 14 世纪为止，《本笃准则》还引导了 20 位皇帝、10

位皇后、47位国王、50位王后、1500位主教和24位教皇的生活。它的影响已经远远超出修道院的围墙。更令人吃惊的是,尽管教会准则不断强调节约和节制,但它所描绘的一顿便餐最终竟使罗马帝国边境那些铺张豪华的盛宴黯然失色。[①]

这顿便餐的某些成分对地球生态系统的影响远远超过了本书中所描述的任何一餐,其中影响最大的,是一种专门用来加工特定风味面包的谷物。但是我们不能据此想象圣本笃的教导在基督教本笃会中没有被百分之百地遵从,这从莫罗考特小修道院的厨房里就能看得出来。

经过发掘的厨房面积大约6平方米,中央是一个很大的圆形炉灶,厨房的一角有口井,它废弃后见证了这个女修道院的院长对待食物的豁达态度。遗址出土的动物骨骸经过了精细、系统的研究,专家甚至对用精密筛子发现的细小的动物残骸也做了详尽记录。考古学家们更加不会忽略修女们丢弃在井里的大量四蹄动物的骨骸,骨骸上还带着剔肉时留下的切割痕迹。最常见的是猪肉,其次是牛肉,再次是羊肉,此外显然还用兔子调剂口味。我们不清楚,这个小修道院的大多数人是否都很"体弱",所以才会消费这么多的四蹄动物。但是,从欧洲各地修道院遗址残留的食物遗存来看,无论是修士还是修女,他们都从本笃教规中找到了足够的自由空间,对自己的饮食做了相当可观的改善。另外,我们很清楚地发现,他们仍在遵守着本笃制定的严格的例行斋戒,日斋戒,周斋戒,季节性斋戒,年度斋戒,不同斋戒的主题各异,有时在整个斋戒期要完全禁食,有时则是有选择地忌食某些食物。斋戒越广泛、越细致,就越重视那些非四蹄动物的肉食来源。

---

① Clavel 2001; Lancel n.d.; Cahon 1993, 2005; Lawrence 2000.

法国皮卡第莫罗考特小修道院远景

　　这类肉食遗存在小修道院的井里保存得十分丰富。经过对骨骼残骸的粗略估算，鸡肉是继猪肉之后消费量最大的一类。除了一些斑尾林鸽，井里还出土了数量众多的鹅骨。水产食物种类繁多，有贻贝、螺壳，在井内的两处堆积中还发现了许多鸟蛤贝壳；还有大量鳕鱼、鲽鱼、牙鳕、鲂鱼、鲱鱼和梭鱼的零散鱼骨。井里还出土了与鱼骨有关的其他遗物，都是炭化物，有大块的橡木和山毛榉，也有很多细长的榛木和柳树枝条。要解释这些遗物与鱼的关系，有必要把目光移到井外，对厨房地面的残留物进行系统筛选，毕竟井内的垃圾都来自这里。

　　井只是小修道院厨房里显眼的遗迹之一。另一处是厨房中央的圆形平台，烧烤痕迹表明这是个火炉。厨房地面表层堆积物经过系统筛选（筛子孔径为1.5毫米），筛出的骨骼残骸一点儿也不比井内的堆积逊色。不过，这些骨骼的构成大不相同。地面上90%的骨骼碎块都是鱼骨，还可辨别出种属，其中15%是鳗鱼，而75%都来自鲱鱼。与井内堆积中多种多样的肉食遗存形成鲜明对照，显然厨房里曾经进行过较为集中的加工鱼的行为，而这些行为发生的核心地点就是中央的圆形平台。这一点可以从紧靠平台周围高度密集的鱼骨遗存形成的阴影中看出来，这些骨骼中甚至包括一些完整的、骨节清晰的鱼尾。

本书曾经描述过博克斯格罗夫时代某些食物分享场景的重建过程，生物考古学家对遗址中出土了什么、没有出土什么做了极为细致的研究，从而复原了人们当时准备食物的场景。这种研究手段可以在更为复杂的框架里复原更多的细节。在皮卡第区的其他遗址，已经有学者通过解剖学的观察，根据鱼不同部位的骨骼保存或缺失情况，分辨出如剖鱼等食物制备活动。[①]在莫罗考特小修道院，鱼骨架的各个部分都保存完好，显然整条鱼经过了精心集中的处理。厨房成了烟熏室，鲱鱼和鳗鱼被穿过榛木或柳树的枝条，在篝火上悬挂起来，混合着山毛榉和橡木的熏烟，被加工成腌鱼。我们从1361年10月13日的一条文献中找到关于这种行为的一点线索，据记载，莫罗考特小修道院那天从某个地方得到了5000条鲱鱼的年度捐赠。[②]修道院的皈依者们因此可以在节日禁食和斋戒期间享用腌鱼这种健康食品。

在莫罗考特小修道院的时代，鱼在基督教礼拜日历中的重要性影响深远，不仅体现在修道院的厨房里，也波及修道院周围的景观、供水系统和更广阔的生态系统。小修道院废墟向西一点，索姆河偏离它弯曲蔓延的天然主河道，改道笔直流淌了足足两公里。通

[①] 关于一系列12—17世纪城市、乡村和教会遗址，以及瓦兹河、塞纳河、埃纳河流域的城堡遗址，参见Clavel 2000。
[②] Cahon，引自Clavel 2001：158。

根据生物考古学证据复原的莫罗考特小修道院熏制腌鱼的场景

过细读早期地图和文献可以推断，这种情形早在 13 世纪即莫罗考特小修道院完工几十年后已经形成，可能由同一人促成，即亚眠的艾利尤姆。虽然这条支流可能不是专门用来捕鱼的，但显然它是整个密集供水系统的一部分。而供水系统是中世纪修道院四周最为典型的景观。此后修建的修道院，都会在周围开掘一系列水道，以获得干净的饮用水，还用于清洗和排污。最理想的饮用水是泉水，不过当时主要还是依靠挖渠转引河水和溪水。一系列水渠、排水系统、水闸和舱门把水引向修道院的生活区和工作区，日常累积的废水将汇集到主排水道中。这些水对修道院依然有用，或用来浇灌花园，或用于洗涮作坊和谷物磨坊的水力驱动，或是供应鱼塘用水。[①]

有一份文件涉及这些支离破碎的鱼骨残骸和曾被治理过的水道遗迹的细节。1179 年，罗马教会的一位主事起草了一份名为《莫罗考特蓝图》（Bulle de Moreaucourt）的文件，副本流传至今，它详细记载了建成近代莫罗考特小修道院所需要的土地和固定资产。文件还提及修道院什一税的各种来源、各类礼品和捐赠等。其中最引人注意的是关于修道院的土地和葡萄园，以及当时谷类和葡萄酒量度标准的内容。此外，它还记载了磨坊的供水系统、拥有独立水闸的鱼塘、产量可达两千条鳗鱼的渔场，以及修道院附近弗利克斯库尔（Flixecourt）到莱托伊勒（L'Étoile）之间河流两岸所有鱼类的产出情况。[②]

修道院的渔场在整个欧洲大陆留下了显著的痕迹，在河边林地和水草地带常常可以看到矩形鱼塘留下的土方工程。尽管中世纪的

[①] Aston 2000.
[②] 《莫罗考特蓝图》由罗马教廷主事阿尔伯特·德默拉（Albert de Morra）——未来教皇格里高利八世（Gregory Ⅷ）起草而成。目前流传下来的是 15—17 世纪的副本（参见 Giry 1894：458）。

渔场产量很大，但是它们依然很难满足修道院对"无腿肉食"的不断需求。根据对莫罗考特周围一些遗址的类似分析，可以清楚地看到这一点。

莫罗考特距离海岸仅有15公里，因而在小修道院发现大量的海鱼也就不足为奇了。让我们把目光转向内陆地区。从其他遗址的鱼骨残骸资料可以看出，这里存在一个周期更为漫长的动态循环系统。这就解释了为什么需要密集地开挖池塘和河渠，疏通内陆水道，看起来陆地天然水道的产鱼量可能难以满足修道院的需求。

《莫罗考特蓝图》提及的鳗鱼骨骼出土量十分丰富。这类鱼骨不仅见于修道院遗址，在法国北部许多遗址中也大量出土，由此可见基督教社区对鱼类的需求对周围环境造成了多大的影响。9—13世纪，鱼的食用情况相当直观地反映了当地水域的情况。在沿海地区的遗址中，出土的鱼骨残骸以海鱼为主；而内陆地区遗址中最常见的则是淡水鱼，数量最多的是鳗鱼，其次是鲤鱼。然而到14世纪时，一切都发生了变化，莫罗考特小修道院的厨房正是这场变化的见证者。此时内陆地区的遗址中，鲱鱼和比目鱼的数量已经超出了原有的淡水鱼。到了15世纪，鲱鱼已经成为无论沿海还是内陆遗址中都最为常见的鱼类。无论中世纪的渔场是多么完备与集中，它们也很难跟得上市场需求和内陆运输变化的脚步。①

基督教饮食大大影响了欧洲的水域生态系统，事实上它对陆地生态系统同样产生了影响，甚至从长远来看，对后者的影响更大。对莫罗考特小修道院骨骼遗存的动物考古学研究成果，或许可以从她们食用的植物食物得到进一步的补充。在另一处中世纪聚落——莫罗考特东南40公里左右的杜利磨坊（Dury Le Moulin）遗址中保

---

① Clavel 2001: 152ff.

留了大量线索。

杜利磨坊遗址上面现有一处公众艺术馆。在建馆之前，考古学家进行了面积约为1公顷的抢救性发掘。这次发掘很好地说明了，科技考古手段在面临现代经济发展压力之下进行的抢救性发掘，同样能够得到有效运用。考古学家对1公顷范围内的各种遗迹现象都进行了详细的绘图，并仔细收集了灰沟、灰坑、柱洞中的全部包含物，研究了保存下来的动物骨骸、植物遗存、人骨残骸和陶瓷器残片等，并对全部文献资料进行了详尽调查。今天国道恰从杜利磨坊遗址边缘经过，从亚眠南部到博韦（Beauvais），一路沿罗马的军事路线铺设。这次抢救性发掘揭露的是这条罗马军事路线的一段。路建成后的几百年间，两侧接连出现一系列木构造房屋，从而在道路两旁留下许多柱洞、基槽和灰坑遗迹，这些都是早期土著居民留下的典型居址。到7世纪末，这些房子组成了一个名为杜利的聚落，在同时代文献中偶有提及。在它西北40公里的莫罗考特，杜利作为教会拥有的领地被记录在案，附属于亚眠大教堂。杜利磨坊这一时期的出土物提供了当时农村居民食物的一些线索。尽管这里保存的鱼骨状况远远不及莫罗考特，但显然他们也食用鱼类。遗址出土了大约44公斤动物骨骸，看起来他们食用的肉类品种丰富，包括鹅肉、鸡肉、羊肉和马肉。不过他们的最爱是牛肉。[1]

牛骨占遗址出土全部骨骸的将近一半。从牙齿磨损情况看，大约一半牛屠宰时的年龄集中于2—4岁。与比它早四千多年的汉布尔登山遗址出土的牛骨情况大致相似，这是出产牛肉的最佳年龄。然而，也有近三分之一的骨骸属于更老的牛，在6—9岁。在这一地区同时代的其他遗址中，甚至还发现过更老的牛，屠宰年龄将近10岁

---

[1] Yvinec 1999.

甚至更老。史前时期很少看到这样的屠宰年龄数据，说明还有其他原因使这些动物活到了产肉的最佳年龄阶段。原因之一是人们成组成群地训练它们，用这些动物来拖拉大车及其他重型机械，比如拉犁。

这种训练动物从事重活的做法，可以通过研究遗址出土的植物遗存观察出来。杜利磨坊遗址灰坑、基槽、柱洞中的炭化作物和杂草种子揭示了另一种生活方式。这种生活方式在历史时期并不少见，却象征着全球食物生产史上最沉默却最重要的一场革命，从而将老牛、金属物品的新来源以及不断变化的作物联系起来。这种新的耕作方式可以在杜利的杂草种子中找到踪迹，尤其是属于粉色花系的麦仙翁的种子和一种名为臭春黄菊的菊科植物种子。这些物种在几百年前罗马帝国衰落时期也有发现，那时这场革命才刚刚开始。也是在那时，帝国北部大量财富正沿着帝国网络的节点和轴线转向农村。①

阿尔卑斯山系北部的欧洲社会有着悠久的养牛和用牛劳作的传统，他们擅于对牛的饲养和训练。帝国体系已经改变了他们与金属加工和金属供给之间的关系。那些曾经只是充当贵族炫耀物品的金属材料，开始被越来越多的富裕农民拿来在田间使用。这种畜力和金属技术相结合的方法开辟了完全不同的耕作方式。几千年来，人们一直使用小小的木制划犁浅浅地松动土壤。而现在，铧式犁和受过训练的牲畜轻而易举地将整块土地翻耕一遍，即便是低地深处沉重的黏土也不在话下。土壤翻耕得更深，也就容易吸收更多的肥料。另外，在铧式犁逐渐取代轻薄的木制犁之后，人们与杂草的斗争也更加激烈。

一些杂草开始渐渐消失，取而代之的是那些更能适应在不停

---

① Bakels 1999; Jones 1989, 1991a and b.

被人类翻动、耕耘的土壤中生存的植物。从考古遗址掩埋的家用灰烬中发现了很多炭化的新的杂草种类，它们默默记录了农业耕作技术的变化历程。伴随铧式犁出现的众多杂草中，比较突出的有麦仙翁、春黄菊和田芥菜。它们在莫罗考特小修道院关于杂草的最早记载中，被列为田间最难清除的三大草类。它们最早出现在罗马帝国晚期的农场，后来在杜利等遗址出现，反映了当时新兴农耕技术的重要性正在上升。许多中世纪的文献都记载了这样的场景：两头、四头甚至更多的牛用轭套成一组，身后拉着沉重的带轮铧式犁，犁刀和犁铧深深地切入土壤之中。[①]

在这种新的农耕技术下，最重要的两种农作物是黑麦和普通小麦。在杜利遗址，它们的种子和杂草种子一样遍布灰坑、基槽和柱洞等各类遗迹中。在阿尔卑斯山脉北部，这两种作物已经存在了几千年，不过相对于其他作物，它们一直都是辅粮，在作物中所占比重较低。在罗马帝国晚期农场开始出现铧式犁时，这两种作物的数量开始增加，到杜利时期，它们在所有作物中所占比重最高，甚至在整个中世纪的欧洲一直都是人们的主粮。二者都是对密集翻耕的土壤环境适应良好的作物品种。[②]

杜利遗址中，二者相比，普通小麦数量最多，从产生的热量来说，它也是当今世界人类生活首要的热量来源。今天，小麦的年生产量超过了5亿吨。[③]看起来它似乎能够很好地满足人类的需求，因此几千年来都应该广受欢迎，种植面积也会相应得到推广。然而

---

① Fitzherbert 1523 提供了一份宝贵的早期文献，文中列举了当时最令人头疼的杂草种类。几十年后，威廉·莎士比亚的作品中也影射了一些杂草的信息，比如在《科利奥兰纳斯》第三幕第一场当中有这样一段台词："要是再对它们姑息纵容，那么这种莠草更将在我们翻耕、播种和撒播的土地上滋蔓横行，危害我们元老院的权力。"

② Jones 1989; 1991a and b.

③ 此为本书出版时即2007年左右的数据，当今世界小麦年产量已经超过7亿吨。——编者注

令人吃惊的是，普通小麦是在过去的1500年才上升为最受人类欢迎的食物。那么，究竟是什么变化奠定了它在当今世界成为现代饮食主粮的地位呢？在第一个千纪到底发生了什么，使得普通小麦这个几千年间都只是众多作物中的普通一员——并且常常作为辅粮的作物，一跃居于粮食作物的核心地位呢？

世界上最受欢迎的食物

现代植物科学详细研究了小麦属不同的作物和野草。早期研究者侧重于参照作物的生长方式、味道、质地和烹饪质量，对它们进行更为细致的分类，从而体现出农作物各种品种差异。*Triticum* 似乎与我们现在所说的"裸小麦"有关，裸小麦成熟后种子很容易从麦穗中脱落。普通小麦就是现存裸小麦群体中产量最大的一个品种。与 *Triticum* 相对的拉丁文单词是 *far*，它与今天的硬壳小麦相对应，尤其是二粒小麦和斯佩尔特小麦。硬壳小麦的麦粒被麦壳紧紧包住，一定程度上起到保护麦粒不受害虫和其他因素侵害的作用。自从农业在欧洲首次兴起，*far* 就成为欧洲农作物的前锋，而六千年后，它被 *Triticum* 取代。对这一现象的解释曾经很简单，认为一切都是"进步"的结果。普通小麦的产量比"原始"小麦高，而且更易收割和加工，因为它的麦穗将种子包裹得不像硬壳小麦那么结实。然而这种解释经不起仔细检验。种植实验显示，如果肥料跟得上，二粒小麦和斯佩尔特小麦的产量可以远远超过文献记载的中世纪普通小麦的产量；而在肥料不足的情况下，二粒小麦和斯佩尔特小麦的产量会降低，普通小麦的产量则更低。[①] 而将裸小麦

---

① Reynolds 1979.

易脱壳作为它取代硬壳小麦原因的论点也不那么令人信服。原因有二：首先，当时人们已经完全掌握了硬壳小麦的去壳技术，这些技术直到今天还有人使用；其次，裸小麦已经出现了数千年，却一直没有因其易脱壳而为人特别重视。看来，关于晚期人们对普通小麦偏好的更有说服力的原因，还需要从其他方面去寻找，而普通小麦的地理分布模式是解释这一现象的重要线索。

杜利磨坊并非唯一出土大量黑麦和普通小麦的遗址。公元9世纪和10世纪，该遗址所在地区的很多其他遗址都以出土相当高比重的普通小麦为特征，与此同时，黑麦也在出土作物中占有重要地位。确实，在同一时期，公元第一个千纪之后五百年，西欧多数地区也都出现了这种情况。从各地出土种类多样的炭化谷物来看，在此之前的五百年，为了应对坏年景，农民们往往选择多种谷物进行优化组合混种。在4—5世纪，普通小麦和黑麦这两种辅粮已经开始分离种植。莱茵河西岸种植普通小麦，东岸种植黑麦。这种划分似乎是沿着帝国的莱茵河边界形成的。在帝国军队撤退之后，这个分界线被保留下来，并且被进一步强化。小麦在莱茵河西部越来越普遍，黑麦在东部越来越多，并且在随后的几个世纪里一直向东、向北推进。从零散的文字记载来看，在公元第一个千纪末期，这两种作物的种植并没有受生态条件的制约和人们生活需要的影响，相反却与神的象征有关。在东欧，斯拉夫人敬拜众神。与农业息息相关的神灵是杰瑞拉（Jaryla）或何诺维特（Herovit），即田地之神。杰瑞拉每年依农时成熟、死去、重生。人们把他描述成一个英俊的年轻人，身着白色披风，头戴花环，骑着一匹白马，手持一束黑麦。西欧人只敬拜上帝以及他的儿子耶稣，他们用焙烤的普通小麦做成耶稣的像。所以在公元第一个千纪末，黑色的黑麦面包与白色的小麦面包分别象征了异教的欧洲与基督教的欧洲。①

为什么农作物的种植与文化信仰的关系反而胜过了生态条件的制约呢？当今世界的"民族美食"让我们将这种情况视为理所当然。但最初人类之所以能够在生态系统中成功生存下来，是因为我们能够不断适应复杂的环境，能够在第四纪环境的剧烈变动中消失和生存下来的物种之间寻求足够的食物平衡。事实上，2000年前欧洲种植的多种谷物和豆类组合还保持着这种灵活性，这种模式使它们适应了当地土壤及生态条件的波动起伏。然而在大约1500年前，这种模式发生了变化，尤其明显体现在普通小麦与黑麦上。它们先是勾勒出罗马帝国的灵魂，之后又划清了异教欧洲与基督教欧洲的界限。较之与我们肠胃之间的关系，二者与我们的精神和灵魂之间的联系似乎更为密切，这究竟是为什么？

面包的艺术

要回答这个问题，我们可以试着将面包看成一种文化的产物，一种艺术品，而不仅仅是一种食品。从某种程度上讲，2.3万年前奥哈罗营地的人们用植物种子来磨制面粉的行为，与几千年前摩拉维亚的人们淘洗陶土的行为有着相似之处。二者都可以拿来跟水混合，放在模具中塑形，然后送到火里烘烤定型。我们已经惯于将烧制的泥塑品视为文化的镜子，确实，我们就是根据这些陶器来界定整个史前"文化"的。正如不同的陶土混合不同的掺和料就可以制

---

① 随着普通小麦成为基督教的象征，黑麦也成为斯拉夫人神话的主角。比如田地之神和春天的先驱神杰瑞拉的形象就与黑麦有关。他胯下骑一匹白马，左手持一束黑麦，右手举着一个人的头颅。

造出不同的陶器一样，不同的面粉混合不同的配料，也可以做出不同种类、不同形状的面包。

在公元79年维苏威火山爆发淹没的庞贝古城废墟中，考古学家们发现了一些保存完好的面包。火山爆发埋没了城中所有面包店，并且留下了最后一次做好的面包。这些面包外表呈圆形，可以用刀分成4块，有时也可分成8块。这种设计便于人们在一起进餐的时候，将面包切开共食。它代表了一个"团体"（company，来自拉丁语的 *Cum Panis*，字面意思为"与面包一起"），象征着一起分享食物的群体和这个群体中的每个人。这种隐喻也经常出现在经典作品当中。喜剧诗人德米特留斯（Demetrius）曾玩味过 *Artos* 一词，在他的作品中，它既是一个人名，也用来指代那种"令人欢喜的、象征地位的白色面包"。慷慨的主人供给的精致面包，常因体积和颜色受到称赞。马其顿诗人安提法奈斯（Antiphanes）曾说："当一个出身优越的人，看到白色的面包紧挨着放在烤炉架上，在烘烤的过程中改变了形状——仿效古雅的技艺而生成了奇妙的产物，他会不禁感叹，塞隆[1]教给人们的技艺是多么神奇呀，此时他还离得开这个面包店吗？"在白面包尽享赞誉的同时，灰色的、黑色的、"脏"的面包也越来越多地与外地人和穷人联系起来。公元前4世纪，柏拉图就把一大堆脏乱的面包描述为"西里西亚人"（西里西亚当时占领了今天土耳其南部）。[2]

---

[1] 传说中的面包师。——译者注
[2] 这些奇闻逸事都来自瑙克拉提斯的阿忒那奥斯，他以面包为主题在《宴饮丛谈》中写了长长的一节。最后一件奇闻说的是在柏拉图的作品《漫长的一夜》（*A Long night*）中有这样的台词："于是他为我们买来一些面包，别以为是干净整洁的那种，他给我们的是大西里西亚。"

这个时候，烤面包的艺术已经有几千年的历史了。我们先来看看公元前两三千年埃及古墓中与面包有关的图案和模型。它们展示了早期面包作坊如何在二粒小麦和大麦面团中添加甜料和香料，又如何将它们做成各种形状的面包圈以及更为复杂的比如人的形状。[①]许多年过去了，直到公元 200 年左右，我们才从一位生活在埃及尼罗河三角洲瑙克拉提斯（Naucratis）的居民——阿忒那奥斯（Athenaeus）那里获知了更多关于面包制作的创意。根据几个世纪以来的记载，阿忒那奥斯在他的饮食文化丛书中描述了各种各样的面包，仅希腊本土的面包就有 70 多种。这些面包的原料有大麦、黑麦、斯佩尔特小麦和小米，用芝麻、罂粟、奶酪或香料调味，和面时还加上油类、兽脂或猪油。它们的形状多样，有的拧成麻花辫，有的像圆盘、花朵、蘑菇、人或小动物。而且创意并不局限于原料和形状上，人们对面包的颜色同样很感兴趣，至少从公元前 5 世纪开始，白色已经成为面包最受欢迎的颜色。[②]

在东部地中海的某些传统中，白色的面粉代表纯净、美好、和睦的家庭，而使用酵母或其他任何来自家庭之外的发酵粉所进行的发酵则会破坏纯洁性。这种关于圣洁与罪过的信仰在保罗写给哥林多教会的信中曾经提到过，也在犹太人的象征——无酵饼中得到印证。有一种特殊谷物适应了这种信仰的要求，它可以磨制出最白的面粉，面团通过不断揉捏可以进行非常活跃的发酵活动，从而做出洁白松软的面包，那就是普通小麦。而拉丁语 *far* 所包含的麦种（二粒小麦和斯佩尔特小麦），尽管也可以做成营养美

[①] Samuel 1996.
[②] 据阿忒那奥斯的《宴饮丛谈》得出的推论。

味的面包，但无论对面粉如何进行精加工，颜色总是泛黄或者泛灰，因而并不像精加工的普通小麦面粉制成的面包那样受欢迎。在许多语言中，"洁白"一词常用于给重要的物种命名。"wheat"（小麦，特指普通小麦）一词，词源就包含"白色"（white）之意，在德语、弗里西语、哥特语和斯堪的纳维亚语中，普通小麦的单词都有这种含义。

东部黑色的黑麦面包，西部白色的小麦面包，它们不仅仅是食物，还是艺术品，标志着欧洲两大区域明显的文化差异。其中之一——白面包在接下来的几个世纪里继续传播，直到遍布新旧大陆。白面包的文化根源在欧洲和东部地中海地区形成了两大对立的传统：一个根植于罗马世界的富裕家庭，另一个则生长于受压迫、被排斥的社会底层。

田园式就餐环境

庞贝古城面包店复原的圆面包，在这座城市墙上的壁画中也反复出现，后来还不断地出现在罗马石棺的浮雕上，出现在早期基督徒地下墓穴的壁画上。这些图案所呈现的就餐场景比帝国边缘地区——无论是社会意义上的还是地理意义上的——豪华铺张的宴会要简朴得多，气氛也比较柔和。后者奢侈气派，带有大量的装饰性，常在有棱有角的地方摆设宴席，邀请陌生人来共同享受某种奢华的场面。自罗马帝国早期，随着帝国社会的和地理边缘地区的宴席越来越讲究、豪华，在腹地反而越来越流行更放松的、围成圆形的就餐方式。瓦尔罗（Varro）曾经提及环坐一起就餐的场景，并且从公元1世纪开始，诗人们就提到弯曲的草编垫子。但是直到二三世纪，这种垫子才广为人知。①

这些垫子不需要正式的场地，这种就餐方式更接近于田园野餐。这样一来，社会界限就不再那么清晰，农村与城市的差别也不那么显眼了。当然，罗马帝国后期这种就餐方式并非不讲究身份地位和壮丽的场面。就餐者有特定的座次安排，在半圆边上的位子是上座。他们也讲究斜靠的礼节，就餐者总是斜靠在左胳膊上，这样右手就可以空出来，从分享食物的盘子里取食，而且要用不同的方式拿取不同的食物。酒菜也不一定简单，富裕人家依旧有奢华的菜单。上菜也有一定的次序，先是根茎、蔬菜、鱼、蛋等开胃菜，然后上一系列主菜，最后是甜点、坚果和新鲜水果。尽管如此，我们依旧可以看出，这种圆形就餐方式跟边缘地带的精心装饰、大鱼大肉的宴席还是有很大区别的。罗马帝国晚期壁画、浮雕、石刻等上面的宴饮图案，重点越来越集中于少数几个主题元素。与帝国早期小份食物供个人食用不同，他们使用的是更大的饮食器具，便于分享。饮食种类并没有发生变化，尤其是葡萄酒、鱼和面包仍是食物的主题元素。②

在不毛之地——沙漠

当罗马帝国晚期拥有大量地产的家庭正在舒服地使用非洲大碗分享食物时，非洲自身却出现了另一种迥然不同的进餐方式，尽管也围绕面包展开。到过埃及和西奈（Sinai）半岛沙漠地区的游客可能会遇到一些虔诚孤独的隐士，他们什么吃得都很少。他们聚集在

---

① 关于罗马人各种各样的就餐方式，参见 Dunbanin 1996；关于罗马末期、中世纪早期壁画中反映的就餐和圣餐场景，参见 Vroom 2003。
② Hawthorne 1997; Vroom 2003; Garnsey 1999.

与《圣经·出埃及记》有关的地方修行，比如西奈山。在那里，他们在棚屋和洞穴中过着极尽节制的生活。他们虽然也吃面包，但每顿饭就吃那么一点点，已经完全超脱了世俗的食欲。

一位名叫安东尼的埃及普通农民就是这样的隐士。他反对都市生活，逃避到沙丘地带，在亚历山大城智者的劝说下，去寻找神圣与启迪。经过一次次尝试逃离世俗的视线寻求清静之后，他终于在孟菲斯附近建立了一个隐居者的修行之所，即今天的圣安东尼修道院。4世纪的许多沙漠修行者只以水、椰枣或其他水果为食。面包虽然在他们的生活中处于中心地位，但只在特别的场合。每个星期天的早晨，他们与其他修行者祷告一夜之后，会记起并重复耶稣最后的晚餐，然后通过一周吃一次面包的方式，进入与神的交流中。根据四部福音书中三部的记载，最后的晚餐本身是纪念性的一餐，为的是纪念一千年前发生的重大事件。在犹太人逃出埃及受奴役的前夕，他们聚在一起烤了一只全羊，并且很快烘烤了一些无酵饼。他们将羊血涂在门柱上，这样，上帝就知道房子里住的是犹太人，因而在整肃埃及人的过程中可以越过他们。①

逾越餐和最后的晚餐是千年来穷人、受奴役的人、被排斥的人的传统。他们在一起分享简便的食物，在世俗统治者和暴君的凝视之外，向自己的真神靠拢。《圣经》还提到关于这个传统的其他故事，比如以色列人在四十年的沙漠跋涉中得到了上天赐予的甘露。隐士们把这一传统秉承到极致，他们在返回的路上，建起了简陋的小屋。在这里，他们忍受饥饿，从而最大限度地模仿与上帝交流的圈子。

在尼罗河的一个岛屿上，一群虔诚的信徒放弃了独居，在孟

---

① Aston 2000.

菲斯当地一位名叫帕科米乌斯（Pachomius）的退役军人的带领下住在一起。他在塔贝尼希（Tabennisi）岛创立的这个隐修院留下了早期"修行准则"的线索，为虔诚的信徒走进与上帝交流的圈子提供了示范。帕科米乌斯的准则规定，每逢周三、周五不能进食，其余五天每日两餐，第二餐只有很少的一点。许多修行者每餐只能吃一种食物，有时只是一块很小的面包。对于某些信徒来说，非基督徒不能站到他们的桌前，否则就会破坏他们与上帝的交谈。他们所需要的只是一点水、盐和面包，以及一块栖息之地。[①]

帕科米乌斯在生命的晚期——4世纪中期，已经拥有很多男修道院和女修道院，这些修士和修女在潜心修行的同时，也开始从事小小的生产和贸易活动。帕科米乌斯的准则要求太过严格，于是后来的几个世纪里逐渐形成了新的规定，允许修行的人适当地参与世俗，之后再回到禁欲状态。在接下来的中世纪里修行准则又一再修改。在帕科米乌斯死后大约一个世纪，耶利哥（Jericho）附近的加里斯莫斯（Gerasimus）修道院的修行准则逐渐兴起，在这里，修士们每天都可以吃面包、椰枣，喝水。并且在星期天跟上帝交谈之后，有的修士还会再做点饭，喝点葡萄酒。[②]

传统的融合

罗马帝国时期，基督教从一个局外者的宗教，成为一个既受底层人欢迎，也为富人所信奉的宗教，从而使以面包为核心的两种不

[①] Harmless 2004.
[②] Hirschfeld 1992.

同分享食物的传统融合在一起。这一点从罗马早期基督教徒百基拉（Priscilla）地下墓穴的墙壁上可见一斑。

墓穴墙壁上有一幅壁画，画于1600—1800年前。上面有7位就餐者斜靠在草编垫子上，面前摆放着两个大盘，一个放着面包，另一个盛着鱼。旁边是一个双耳杯。从画面上可以清楚地看出，他们共用一个盘子，盘子之所以很大就是为了分享食物；旁边的杯子有两个柄，可以从一个人传给另一个人。他们也是斜倚着的，不过倚靠的是弯曲的草编垫子，而不是倚在丰盛宴席边的转角长榻上。其中一位就餐者正在用手掰面包，这幅画因此得名为"擘饼"。[①]

如果这幅画描述的是圣餐的场面，那么它已经开始脱离犹太人逾越节圣餐的风格，而带有罗马的田园风格。有人会说这种场景发生的年代其实还要早，《约翰福音》中就已经将二者区分开来。从5世纪开始，许多画作就将最后的晚餐描绘成斜靠软垫围坐一圈的罗马田园式就餐方式。在画家的笔下，除了有圆面包、共享的葡萄酒，往往中间还有一盘鱼，鱼是罗马人喜爱的食物，现在却成为耶稣的象征了。这些画作将普通小麦和葡萄酒的生产、罗马田园式的就餐传统和与上帝的交流融合在一起。这三条线因一个人的生活而交织在一起，这个人就是最具影响力的制度创立者。

大约480年，意大利中部斯波莱托（Spoleto）附近一户富裕的贵族人家诞生了一个男孩，这个孩子后来成为西方修道院制度之父。他的前半生是个富足的罗马年轻人，住在大房子里，过着文明的生活；后半生却在岩洞里独身隐修。6世纪之初，他在罗

---

① Wilpert 1896.

马附近的苏比亚科（Subiaco）成立了多处修道院，后来又创立了著名的卡西诺山（Monte Cassino）修道院，这在之后几个世纪成为整个欧洲修道院的典范，并在整个基督教世界的社会各个方面、精神层次和世俗生活中都发挥了核心作用。本笃（Benidict）一生两种截然不同的生活，反映了与圣餐有关的两种不同的影响。与那些沙漠隐修的前辈们相比，他的修行准则在生活方面的要求宽松得多。与厉行节制不同，他强调适度的放松。修士也可以吃足够的面包，喝点葡萄酒，享用鱼肉以及园子里的水果，甚至还有条款允许更多的娱乐，从而使修道院生活变得更有活力，因此这种修行准则传播速度也更快。在他死后的一个世纪，本笃准则被广泛接受，向北一直影响到英格兰。8世纪，这一教义将基督教的前线扩张到德国，继续向东、向北推进。这个过程不仅改变了人们的精神生活，也改变了他们的世俗生活、文化生活以及他们与土地的关系。[①]

十字架、书和犁

1220年，教皇洪诺留三世（Pope Honorius Ⅲ）写下这样一段关于波罗的海异教徒的文字：

> 利沃尼亚（Livonian）异教徒内心的坚硬就像无垠的沙漠，如今沐浴着上帝荣耀的雨，蒙神圣传道之犁的耕，上帝恩惠的种子正发芽，长成庄稼，土地上已经是白灿灿的丰收景象。[②]

---

① Lawrence 2000.
② Cited in Bartlett 1993.

他的写作遵循了古老的传统，把精神启蒙与土地的耕种联系在一起。文中的异教徒们广泛开垦，生活在相对多样化的多轨网络中，利用各种各样的资源，如森林、田地、沼泽、水域。13世纪的地主与主教们已经把他们的领地边缘地带搞得异常繁荣。大面积方块农田犹如雨后春笋般不断出现在住宅区、堡垒和教区附近。这些农田的大小完全适宜几头牛拉的大犁进行翻耕，并且种植和收获的都是比较统一的少数几种作物。这些作物中最重要的就是随着基督教在欧洲的东传、北传引进来的做白面包的普通小麦。非税收来源就以这种方式转变成为"粮食和财富基础"。历史学家罗伯特·巴特莱特（Robert Bartlett）把这个转变过程称作"谷物化"进程。①

修道院的传播有时被称为十字架、书和犁的福音传道，暗指在这个过程中人们在精神、知识和食物追求上的改变，而这些改变看起来都与修道院的发展有关。事实上，这种传播的深度仍然值得怀疑。从当今基督教的资料我们可以看出，东北部的异教徒从某种程度上讲更像是采集者。尽管有证据表明，在他们转化为基督教徒之前的几个世纪，谷物栽培技术就已经远及北极圈了。但是，在挪威北部的罗弗敦（Lofoten）群岛种植的是大麦，而不是可以加工成白面包的小麦。同样，关于在基督教王国之外犁是否算得上新鲜事物还存在疑点。当时一些作家确实明确区分过重一些的德国犁和轻一些的斯拉夫犁。然而有证据表明，沉重的铧式犁最早来自北方，这些地方已经超出了基督教王国和罗马帝

---

① 巴特莱特提出了"谷物化"的概念，用以指代农业、意识形态和政治扩张的融合过程，参见 Bartlett 1993。

国的控制范围。文献中提到的沉重的犁铧从本质上讲，指的是灵魂的犁铧。①

葡萄酒与面包的象征，以及犁的高效，无论是在现实中还是在比喻意义上，它们都伴随基督教传向全世界。斯堪的纳维亚人莱夫·艾里克松（Leifr Eiriksson）因于公元1000年首先发现美洲大陆而闻名。据称这个刚刚皈依基督教的基督徒在前往格陵兰岛传教的途中偏离了航线。他在新发现的海岸上，据说看到了"自种的麦田"，还有一个"到处都是葡萄和木材的国家"。木材和野葡萄确实有，但小麦并非美洲的本土作物。有人推测这或许是为了进一步传播福音而进行的一种象征性描述。在几个世纪后，西班牙征服者将这种描述变成了现实。②

哥伦布到达新大陆开辟了前所未有的交流之路，不仅在文化方面，甚至在生态意义上更为深远。欧洲人把牛、马、猪带到了美洲，改变了美洲的自然景观和经济面貌；还带去了香蕉、蔗糖、棉花、稻谷、木蓝和甘薯。许多作物都成为种植园和奴隶主庄园的特色产品。与此同时，他们把烟草、土豆、巧克力、西红柿，以及各种各样的豆类和火鸡带回欧洲，后来深深影响了欧洲人的饮食结构。除此之外，"哥伦布大交换"还影响了许多其他物种，既包括一系列有用的动植物，也包括各种杂草、野生物种和灾难性疾病。

---

① 相关基督教资料参见 Bartlett 1993。最早的铧式犁的证据见于德国北部的菲德森－维尔德遗址（Haarnagel 1979）。伯格伦德（Berglund 待发表）根据孢粉图谱的变化推测，在公元前第三个千纪间，农业向北沿挪威海岸线扩张，最远到达罗弗敦群岛。在接下来的千年里，斯堪的纳维亚的农业行为曾有多次变动起伏，但在这里信仰基督教之前的几个世纪肯定存在农业行为。他发现，尤其是在公元800—1000年，斯堪的纳维亚出现大规模的聚落扩张现象，各地纷纷建造村庄和城镇，农业十分兴盛。另见 Berglund 1985。

② 关于小麦和葡萄，参见《红发艾里克萨迦》（*Saga of Eric the Red*）。

同时，全球生态物种的大混融也互换了大西洋两岸最主要的草本植物种子。①

哥伦布第二次到达新大陆的时候，他带来了许多新的作物，包括鹰嘴豆、甜瓜、圆葱、蔬菜、水果和甘蔗，还有基督教徒生命中两种最基本的东西——葡萄和小麦。葡萄和小麦并没有很快扎根新大陆。出于对这两种东西的特殊需求，征服者们或许将新作物的成本与收益之比置之脑后了。这两种作物与西班牙基督徒的灵魂世界息息相关，使得他们坚持探索，最终在新大陆发现了适宜它们生长和繁荣的环境条件。哥伦布第一次启航的40年后，墨西哥出现了广阔的麦田。16世纪后半期，整个南美洲到处都是麦田，而秘鲁和智利的沿海地区则到处都有橄榄园和葡萄园。那个世纪见证了西班牙的话语权——它在新世界的"合法性"，它的土地和它的人民。西班牙征服者们推行着他们的法律，用十字架、剑和犁开拓了新的领土，同时也带来了大量疾病。总之，征服者的军队在新大陆产生了深远的影响，教堂网络逐渐形成，美洲印第安人人口锐减并日趋贫穷，地貌中涌现大量果园和麦田。②

表面上看，这种资源的双向交流可能会构成欧洲主要作物——小麦，与美洲主要作物——玉米之间的对称互换。然而，当小麦毫无疑问随着基督徒征服者们来到美洲的时候，美洲印第安人并没有热情地接受它。在他们看来，小麦不具备任何可以与玉米抗衡的优势，后者在他们的生活中有着深刻的象征意义。同样，玉米也没有在欧洲全面扎根，只是在旧大陆基督教的边界之外，比如中国，才得以广泛种植。在意大利语中，这种美洲本土作物依旧被称为"土

---

① 艾尔弗雷德·克罗斯比提出了"哥伦布大交换"（Columbian Exchange）的概念，参见 Crosby 1972，另见 Crosby 1986 和 Fernández-Armesto 2001。
② Fernández-Amesto 2001.

耳其的谷物"，就传统地理而言是个很反常的名字，但是在一块宗教信仰鲜明的土地上，它的含义或许要清晰得多。在"哥伦布大交换"的过程中，小麦作为一种作物来说并不那么重要，重要的是它所制成的白面包已经成为渗透着意识形态的艺术品。大交换的本质体现在西班牙大教堂内的一件文物中。

白色黄金

> 地球上所有地方的人都拿他们的水果等物产来装饰和丰富这块土地。我们西班牙人却发现它很贫瘠，动物和植物不能提供足够的营养，也不能服务于人类。但是这里有着丰富的黄金和白银矿藏。
>
> ——贝尔纳韦·科沃（Bernabé Cobo），17世纪[①]

马德里南70公里的托莱多（Toledo）是继哥伦布航线之后寻金线路的终点站。15公斤的黄金，加上180多公斤的白银，混合起来制成了一件超过12英尺（约3.6米）高的精美奢华的物品——托莱多圣体匣，它以翡翠、珍珠和260个小雕像装饰外表，是用美洲黄金制造的最大作品。而这些都是为了烘托中央主题所做的装饰。最抢眼的是中央的一个白色小圆饼，一块小麦加工的面包，也是基督圣像的精华——圣饼。[②]

托莱多圣体匣是把白面包升华为艺术品的巅峰之作。小小的白色圆面包，从充当最简单的饭食，到如今成为一件精致的奢华

---

① 贝尔纳韦·科沃是17世纪在南美洲和中美洲生活、传道的一位牧师，其《新大陆史》（*The History of the New World*）一书直到今天还是重要的民族学资料。
② Malagon-Barcelo 1963.

品，到底是什么引发了这一改变？它与圣体之间的关系一度成为神学讨论的焦点。现在，小圆饼或者说圣饼自身成了令人崇敬的东西，关于它的神话也越来越多。有的故事说，它在中世纪的教堂里被升到高处，教区居民们依然大声呼喊着希望它升得更高。据说有些人参加弥撒就是想看到圣饼上升和献祭圣饼的场景。他们从一个教堂跑到另一个教堂，想尽可能多地赶上圣饼祭献的过程，因为很多圣体匣里面都装着这种薄薄的白面包。有人曾见到圣体匣中间的圣饼流血，还有人亲眼看到它幻化为人形。13世纪，修女维尔波丝（Wilbergis）把圣饼带到房间里，帮助自己抵御性的诱惑，圣饼在她面前变成了一个漂亮的婴儿，开始唱起雅歌。[①] 17世纪在勃艮第一个女修道院里，修女玛加丽达·玛利亚·亚兰菊（Marguerite Marie Alacoque）在圣体前虔诚地祈祷，耶稣突然出现在她的面前，把他的心放在烈火炎炎的宝座上，这颗心被一层刺紧箍着，上面放着一个十字架。圣心大教堂就是为了庆祝她看到耶稣的圣心而建造。这所女修道院最著名的校友，就是我们文中经常提到的人类学家玛丽·道格拉斯。[②]

面包的力量最初在东部地中海不同时期的传统中有许多不同的表现形式。这一传统伴随罗马帝国的扩张得到传播，之后又随基督教传向全世界。普通小麦之所以在现代食物链中成为人类最主要的热量来源，就是因为面包的推动作用。一方面是它富含营养，热量高；另一方面它已经成为艺术品，内涵丰富。事实上，如果要让农学家建议一种在全世界范围内种植的理想农作物，他们很可能会选择大麦，因为大麦兼有相对坚韧和适应性强两个特征。从热带到北

---

① Walker Bynum 1987.
② Kolde 1911, cited in Farndon 1999.

极圈，从山区到沿海盐碱地，都能见到它的身影。大麦粥、面包，或是大麦酿制的啤酒，完全不存在营养缺乏问题。①

相比之下，普通小麦就挑剔多了。它只在水源充足、地力肥厚、精耕细作的条件下才能长势良好。连续几代"普通小麦传教士"辛勤地耕耘，历经艰辛，终于令它在远离发源地的田间扎下根来。最终完全征服新大陆一代人的，就是这些"小麦传教士"的一部分。19世纪末20世纪初，西部居民把麦种带到更为贫瘠的大草原，生态危机出现了。每天，每家每户都向上帝请求赐予他们面包，宽恕他们的罪过。每天早晨，他们都带着"耕耘之后便会普降甘霖"的信念清理新的土地；他们相信，当犁铧划破草原，雨水就会从天空中被吸引下来。他们的坚持在20世纪30年代得到了"回报"——失去植被保护的土地，精耕过的土壤被吹到空中，形成了沙尘暴。②

20世纪中期，普通小麦征服了最后几处领地——新世界的北部与南部，以及澳大利亚新南威尔士州的广大地区。如今，两种主要的世界性农作物，普通小麦和稻谷分别代表了世界两大经济集团——西方集团与东亚集团。西方的小麦和东方的稻谷，所代表的已经不仅是为身体提供营养。在不同文化背景下，二者都具有丰富的象征意义，在宗教习俗中扮演着重要角色，同时也是文化认同的标志。在哥伦布到来之前的美洲，玉米在新大陆也可以说具有同样的地位。③

---

① Hunter 1952; Briggs 1978.
② Worster 1977, 1979.
③ Hamiliton 2004 关于稻谷在亚洲的象征意义和在礼俗中扮演的角色，参见 Hamiliton 2004。奇科梅科瓦特尔（Chicomecoatl）和其他美洲玉米神的资料，参见 Miller and Taube 1993。

中世纪后期，莫罗考特修道院餐厅里的木制餐桌上，摆放着熏鱼、蔬菜、面包和葡萄酒。静静共食的一餐从不同层面反映了它所处的社会及景观特点。首先，它反映了修道院的生活，修士、修女、菜园、鱼塘，还有耕种的田地，做工的面包房和磨坊等。从更广义层面上说，它反映了生态系统的改造过程。塞纳河与欧洲其他河流一起被引入修道院的菜园、草坪、鱼塘和磨坊，它们被充分利用，以获得最大利益。修道院对鱼的大量需求使整个改造过程从河道扩展到海洋。水道附近是一块块菜园、果园和精耕细作的狭长麦田。将观察尺度进一步放大，它还反映了社会的变迁。园子里的水果、面包片和鱼、圆面包和葡萄酒，这些都与传承了的千年信仰和意识形态的早期饮食有着千丝万缕的联系，正是这种信仰和意识形态改变了整个世界。这种改变的先锋力量，综合了语言和思想、经济和政治等多方面的因素。走在这场改变前面的，还有食物渴求和食物分享，以及铧式犁和小麦做成的面包。

第 12 章
全球食物网

一则斯旺森（Swanson）早期电视快餐广告

地点：美国俄勒冈州波特兰市

时间：1954 年

"二战"后那些年，我母亲经常对消费革新感到好奇。1954 年，新的饮食文化首次登场，快速和便利开始主导美国文化的潮流。

格里·托马斯（Gerry Thomas）就是这种饮食的发明者。他说过，由于新兴电子传媒的爆炸性普及，电视广告会使产品显得又酷又时尚。

我得承认，我的家人确实是在客厅里边看电视边吃饭的。

我们的客厅桌子上常常堆着高高的垃圾邮件和旧报纸，原因非常复杂，在这里难以详细解释。但是至少我们也从电视上看到一些高质量的节目，例如《亨特利－布林克利报道》（"晚上好，凯特。""晚上好，大卫。晚上好，这里是 NBC 新闻。"）。然而在我看来，真正使得电视快餐[1]如此具有吸引力的是那些托盘。

铝是太空时代的技术产物。我经常幻想自己在星际巡航舰的驾驶员座舱里，一边盯着经过仔细称量的食物，一边飞向土星轨道的场景。同时，电视快餐也给了孩子们难以置信的特权，使他们在主菜之前可以吃块苹果脆点心。

说到这儿，我还想评论一下斯旺森快餐诞生以来所取得的另一项杰出成就，那就是鸡肉派。在鸡肉派即将出炉的那一刻，我总是沉浸在犹豫和踌躇之中：我是应该直接从铝托盘里把它拿出来吃呢，还是应该先把它轻轻放在一个盘子里，注视它那小小的金色圆顶小屋一般的样子呢？

鸡肉是最有滋味的，火鸡也还可以，牛肉就比较令人失望了。牛肉汁黑乎乎的，就像从本地游艇港口挖出来的淤泥。对不起了，斯旺森，但是你不能期望我们这些"冷冻食物美食家"吞下任何东西时都面带微笑。

有时候我会想，那些旧托盘去了哪里呢？我母亲总是将它们洗刷干净保存起来，她解释说："我们还可以用它们干别的。"一想到它们最终都将成为一堆垃圾，我心里就会感到一阵不舒服。

——杰弗里·谢弗（Jeffrey Shaffer），《基督教科学箴言报》（*Christian Science Monitor*），1999 年 4 月 16 日星期五

在飞往新泽西州的纽瓦克（Newark）机场时，或许你会瞥见佛罗里达州和缅因州之间长 1500 米的海岸线上海拔最高的景观。那是一处人造景观，其规模是吉萨（Giza）大金字塔的 25 倍，比特奥蒂瓦坎（Teotihuacan）的太阳神庙还要大 40 倍。就体积而言，

---

[1] 冷冻盒装食品，加热后即可食用而不中断看电视。——译者注

大概只有中国的长城能与它媲美。弗莱斯垃圾填埋场（Fresh Kills Landfill Site）总体积约29亿立方英尺（约8212万立方米），称得上是世界上最大的人造建筑物之一了。2001年7月4日，时任纽约市市长的鲁道夫·朱利安尼（Rudolph Giuliani）主持了一个特殊的仪式，宣布关闭这个垃圾填埋场，并承诺要把这里建成一处"宁静的田园，既有起伏的绿色小山，也有低地沼泽，到处都是鸟儿、陆地动物和水生物。将来有一天，斯泰顿岛（Staten Island）的居民们，事实上所有的纽约居民，都会成群结队地前来参观游玩。简言之，弗莱斯将成为这里最具吸引力的地方，并且会成为纽约市世界级公园中的一颗璀璨明珠"。它将不再是徘徊在杰弗里·谢弗记忆中的那个大量电视盒子般的铝托盘的最后休眠地了。

格里·托马斯发明斯旺森电视快餐时，填埋场刚刚投入使用不久，只是一个5岁的孩子。在它富壮的中年阶段，当最后一次传送的垃圾刚刚通过入口，朱利安尼市长就下令关闭这个通道，从此之后，填埋场将度过平和的晚年。在过去几年间，来自亚利桑那州图森市（Tucson）的考古学家比尔·拉思杰（Bill Rathje）对这座宏伟的高龄垃圾填埋场遗址进行了调查和发掘。拉思杰是现代考古学界的领军人物，主持了许多垃圾填埋场的发掘项目。他使用的科学方法本质上与他同事们在处理年代更为久远的遗址时使用的一样——地层学、类型学、取样和实验室分析。有时他对健康和安全方面的要求还要更加严格。为了精确处理某些特殊材料，他不得不使用一些非常规的方法。比如，本书提及的一些遗址正在用手铲和毛刷进行发掘时，拉思杰则发现由高延展性金属制成的1300磅的漏斗式螺旋钻更适合于他的发掘场地，尤其是钻孔深度达到30米甚至更深时。[①]

---

① Rathje and Murphy 2001.

考古学家比尔·拉思杰教授在纽约斯泰顿岛弗莱斯垃圾填埋场遗址

当起重机带着螺旋钻深入考古地层时，无论是腐烂的食物还是坚硬的车轴，都被它凶猛的"牙齿"——咬碎穿透，于是，一个具有相当年龄的人工制品宝库就被带上了地面。其中最重要的是一些考古发掘的标准物：破碎的建筑材料、实用容器、手工艺材料、人体装饰品、食物残留以及食物容器。有些物品明显是现代生活的产物，是古人从未见过的新东西，比如塑料、铝，以及大量化妆品和医疗用品。这类垃圾甚至比古罗马时期注重身体修饰的用餐者们扔掉的垃圾还要多。但它不是现代考古学堆积的标准化石，真正的标准化石是堆积如山的文本材料。

杰弗里·谢弗对环境的忧虑直接指向他客厅里的不协调部分，这一点值得称道。确实，那些铝托盘与快餐业使用的许多替代品和类似物品一样，正处于大众指责的风口浪尖。许多人可能都会认为，它们在弗莱斯这种垃圾填埋场里一定占了相当大的比例，然而我们都错了。拉思杰的研究数据显示，只有不足1%的垃圾来自这种快餐产品。让我们把视线从食物托盘转向餐桌，真正的罪魁祸首出现了，报纸、邮件、电话号码簿以及其他许多现代社会的纸张，占据了发掘物大约40%。其中，报纸超过了三分之一。

自从印刷术发明以来，文本的工业化生产从各个方面改变了我们的生活。它不仅影响了本书的主题——人类的饮食方式，还将我们淹没在绯闻、日常琐事、票据记录和财务工作中，尤其对人类个体有限生命的影响无处不在。本书最后一章的写作，虽从文本材料中受益匪浅，或者更确切地说，人类学家和历史学家所做过的工作为我提供了大量的资料，但我还是要保留一个考古学家的视角。在我看来，尽管文本在揭示真相和蒙蔽世人方面有着非同寻常的能力，但它也只是众多考古学物质证据中的一种，与食物、饮食器、工具、人体装饰品、建筑以及景观组成了传统考古学的研究对象。此外，我还要保留贯穿本书的研究视角，即在不同的空间和时间尺度范围内观察和表现特定的餐饮形式、它们发生的背景以及所产生的影响。这使我看问题的角度与某些食物历史学家不同。那些历史学家认为，快餐工业彻底背离了传统形式的饮食，或者是导致后者终结的一场灾难。似乎大家围坐成交流圈一起分享食物的最珍贵的古代仪式，在20世纪后期的某个时间已经"死去"了，取而代之的，是一堆非社交的、商业化的、乱七八糟的东西。①与他们相反，我的结论完全不同。围绕社会性的营火进行的饮食活动今天依然非常活跃，事实上，在现代社会，这种营火的表现形式比以往任何时候都更加丰富，这一切都与文本材料的增加有着莫大的关系。随着文本材料越来越丰富而发生的最主要的转变，就是在很多围绕营火进行的聚会——首先是炉灶，然后是用餐者自己——已经逐渐变成理论意义上的存在。

让我们还是先回到对现代社会的考古学研究上来，回到拉思杰发掘的大量文本材料上来。他注意到，市区垃圾里的文本材料并没有显示出多少降解的迹象。事实上，许多报纸仍然可以阅读，这为考古队提供了重要的测年信息。沿着垃圾堆不断向下发掘，几乎每一层都能为考古学家提供梦寐以求的精确的时间记载。一块变色的报纸碎片上宣布"阿波罗已经登月"（1971年7月30日）。再向下清理，又发现这样一条消息，"海关人员扮作酒吧嬉皮士卧底，切断墨西哥毒品流入通道"（1967年10月18日）。翻开一页宣布"比基尼岛氢弹爆炸成功"（1954年3月1日）的报纸，上面一则广告宣称："现在父亲是个'炸'鸡能手！"一位父亲，系着一条

---

① 比如 Strong 2002。

褶边围裙，面带自豪的微笑，端着两份热气腾腾的斯旺森鸡肉餐走向欢呼雀跃的孩子们。这块报纸碎片摸起来还很温暖，刚出土时甚至有些烫。正是这种密封状态产生的热量，才使它们的完好程度如此惊人。①

20世纪50年代以来，斯旺森的广告在荧屏上表现的并不是电视迷，相反，它们总能抓住一些忙碌兴奋的人们来到厨房的桌子上寻找食物补充能量的场景。"怎样做饭……带有双重特征"，这样的解说似乎对消费者很有帮助。9毛8分钱的价格算不上便宜，这些钱够买7块面包了。但它们可能对爱幻想的消费者颇具吸引力，即便事实更接近谢弗在黑白屏幕前的银河白日梦。②

作为十几岁孩子的父亲，我对那些关于去哪儿吃饭的家庭争议并不完全陌生。可能是考古学家的职业特点，促使我尤其热衷于那种传统的形式，大家围坐在岩棚的营火边分享食物，背后的墙上还有漂亮的壁画。如果不能实现这个愿望，我愿意大家排成一行享用食物，在闪烁的、火焰般的影像里凝视前方，这或许更容易让我想起在艾波瑞克-罗姆遗址水滴缓缓坠落的房檐下尼安德特人的世界。但是，我们越是更多地深入谢弗回忆的时刻，就越容易唤起另一种不同的解释。关于土星轨道和星际巡航舰的说法，传达了战后现代性的真实气氛，那么当时的电视节目呢？

那个电视节目播出时间只有15分钟，而它诞生时斯旺森品牌也只有几年光景而已。然而，这种节目形式却在广播界开启了一个全新的趋势。在那之前，电视广播一直刻意剪辑各类新闻消息，配以权威的画外音播出。而谢弗所看到的都是现实中真实存在的

---

① 前两则资料引用来自Rathje and Murphy 2001；第三则资料年代完全可信，是作者插入的资料。
② Gitelson 1992; Adema 2000.

东西，正如资深新闻记者沃尔特·克朗凯特（Walter Cronkite）回忆的："像高速列车一样驶向我们。"没有糟糕的电影镜头做辅助，两个人各自在现场交谈世界各地的新闻，他们之间实际相隔350公里。画面在位于纽约的切特·亨特利（Chet Huntley）和位于华盛顿的大卫·布林克利（David Brinkley）之间来回切换。谢弗身后是成堆的文本材料，上面讲述着世界各地各种文化背景下形形色色的故事，星际巡航舰编织着它们飞越夜空时的神秘旅程。的确，谢弗同样身处交流圈之中，这却是一个跨越时空的交流圈。亨特利和布林克利相距350公里的谈话，也和电视机前的观众——使用同样的铝托盘，吃着盘里同样的食物——构成一个交流圈，所有人都在他们叙述的充满奇迹和恐怖的故事中分享着食物。

或许15分钟已经足够狼吞虎咽吃完一顿饭，但是我们猜想，谢弗的一餐所耗费的时间或许要长一些，对于那些手拿鸡肉派的人来说更是如此。网络引擎的快速搜索使我们回忆起1956年10月收视率最高的电视节目，排在收视率第一位的、令人难忘的情景喜剧——《我爱露西》（I Love Lucy）。

20世纪50年代，许多家庭情景喜剧主要是争议较少的轻喜剧。它们就像一面镜子，以轻松幽默的方式折射着电视机前人们的理想和抱负，减轻他们在现实生活中的压力。最流行的《我爱露西》，在许多方面都有可圈可点的成就。最有名的是它的主角——一个非常滑稽有趣的女人。无论荧屏内外，露西尔·鲍尔（Lucille Ball）都可以说是一个并无新意的温和笑料人物。回顾她的作品，可以清楚地看到战后核心家庭重新组合的历程，尤其是在这一过程中妇女地位的变化。随着电视行业的兴起，她不仅在现实中的1952年她怀孕期间，生活中处于家庭战争状态，荧屏上的她同样多次面临类似的家庭冲突。看起来电视里的模范家庭也不具备人类繁衍的基本条件，剧中丈夫和妻子因生活习惯不合拍而导致分床，这样的情节更加凸显现代家庭的失谐。鲍尔并不是唯一在真实生活中违反繁衍原则的人，她还有个从犯，那就是现实生活中的丈夫德西·阿纳兹（Desi Arnaz），同时也是她荧屏上的丈夫。这一切看起来似乎太超越人们的心理底线了，以致电视公司想将该剧搬下荧屏。由于鲍尔的坚持，这部电视剧得以继续拍摄，直到1953年1月19日以"露西上医院"宣告剧终。在那宝贵的一刻，现实生活和剧中情节混合在一起，"社会人"和作为生物体的人合为一体，为之着迷的观众们，膝盖上放着速冻食品，在电视屏幕前共同组成了一个庞大的对话圈，并为这样的情节而感动，这个对话圈的总人数在那一刻竟然上升到5400万人。[①]

不一样的营火

这些现代用餐者当然不能真的返回围绕古老谈话圈所进行的分享食物仪式上。事实上，他们围绕的是另一种形式的营火。餐厅里的木制餐桌最初是为核心家庭设计的，只不过从前一家之主所坐的上首位置，如今已经被成堆的文件资料占据了。与此同时，一个虚拟的圈子围绕庞大的远程交流网络建立起来。这让人感觉，好像一个年代久远的传统正在被废除，其实传统餐桌本身也只是在一个世纪之前才取代了原有意义上的"营火"。直到19世纪，普通家庭才开始出现以餐桌和椅子为中心的餐厅设计。在此之前的几个世纪，首先在欧洲，随后在殖民地移民者的房子里一直流行主厅。普通家

[①] 参见 Brain *ef al.* 1999。

庭的主厅和家具都有多重功能，桌子和椅子按需要拿来使用或放在一边。人们专门开辟出"餐厅"，在中央将木制餐桌和椅子摆放整齐，似乎永远等待着下一次家庭聚餐。这种设计是解放了的男性选民们的新创举，伴随选举权和男性民主在19世纪的西方世界流行开来。他的祖先们曾经偶然看到盛大的宴会，那里可能有一个主教、公爵或者国王坐上宴会的首席。现在，由于拥有了选择自己领导人的权力，他也可以坐在自家餐桌的首席了，甚至可以举行自己的"宴会"。为此，他需要全新的空间组合和物质载体，以及体现新的食物分享礼节的各种言谈举止。[1]

房间的中央不再是炉灶，而是一张铺着桌布的木制餐桌，热气腾腾的食物准备就绪，家庭的一餐就要开始了。在餐桌边缘，为了礼貌进餐而必备的用具也准备妥当——盘子、碗、玻璃杯、餐巾、刀、汤匙和叉。靠近餐桌边上，椅子按顺序摆放好，父亲和母亲的座位分别置于桌子长轴的两端。除了这些，就是准备食物的辅助空间。作为就餐的背景，墙壁上挂着华美的装饰物品，先是挂画，后来被逐渐兴起的时尚壁纸取代。除了这些基本设施，餐厅里的物质文化还将无休止地发展下去——花瓶、鲜花、蜡烛、餐柜，而"餐桌礼仪"对言谈举止的细节要求甚至更为繁缛。文艺复兴时期的宴会，通常要求烹饪场所足够大、足够敞亮，以便宴会厅里每个人都能够看到整个宴会的过程，甚至包括坐在最边缘的观众。而在空间非常有限的家庭聚会中，这种烹饪场所无疑会缩减规模，通过刀、叉、汤匙、餐巾的正确摆放和使用，以及得体的言谈举止体现出宴会的味道。整个19世纪，在饮食形式背离古代营火传统的过程中，一整套新的饮食礼节在以往诸多仪礼的基础上被积极地建立起来。

---

[1] Strong 2002；第6章。

仅仅过了一个世纪,这种新的"营火"形式就遭遇了另一种虚拟营火的挑战,伴随着这场挑战,家长制和核心家庭的形式也从必然转变为自由选择。

电视快餐本身就是重构核心家庭、家庭成员及其期待的组成部分。准备饭菜的活动变得简单快捷,使家庭主妇自主规划时间并与丈夫和孩子们交流成为可能。当现实中的露西尔·鲍尔正在经历忙乱而诙谐的虚构家庭生活时,一个虚构的苏·斯旺森(广告商凭空设想的人物)却让现实生活中的主妇们相信,不必为自己没能给家人亲手烹制饭菜而感到惭愧。在一个太空时代的厨房里,冰箱、电炉、烤面包机、平底锅和咖啡机,这些都使饭菜准备工作变得更为迅速和便利。只有最富裕的"持家者"(这个称谓已经开始取代"家庭主妇"一词)才能说服她的丈夫去购置一台雷达炉(Radarange)——一个开辟微波技术时代的微波炉品牌。即便近几年价钱跌了一半,它们仍然要花费 1000 多美元,相当于 1956 年人均月工资水平的 6 倍。还要大约 10 年光景,微波炉才会变成厨房里的寻常物品,可能那时我们就能从几千年来用火加工食物的苦差事和监禁中解放出来。[1]

这都是半个世纪以前的事情了,今天我们可以看出,这场革命其实远非那么简单。它的确解放了一些人,同时误导了一些人。追求从人生核心的强制性束缚中解脱的自由,在社会网络的边缘探索前所未有的、新的和更加激动人心的机会,似乎是现代商业社会的基本特点。尤其对于男人们来说,他们已经习惯了这种追求,长期以来男性一直是核心与边缘、社区和社会网络的主角。对于欧洲的女性,这种追求还有些新鲜,然而在接下来的半个世纪里,她们渐

---

[1] Osepchuk J. 1984.

渐也会对此习以为常。电视快餐的几个主题因素使之成为另一套饮食形式，这种形式已经无法回到家庭餐桌的时代。在欧洲商人、企业家和旅行者的世界里，我们看到了一场真实会话圈和虚拟营火之间的较量，以及伴随这种较量发生的社会变革。新兴的中产阶级，将从18世纪欧洲旧制度那里夺取权力。

小旅馆、饭店和咖啡馆

新一代贸易者和旅行者极力逃避的束缚性营火，曾一再出现于许多餐馆、酒馆和小旅馆里，正是这些地点不时打断了他们进入国际贸易网络的进程。直到18世纪，这些旅行者还很希望在这些地方停下来，在某个特定的时间，与一群当地人坐在旅店的餐桌旁吃个套餐。大家从同一口大锅里分享食物，一旦你到餐桌边迟了，或者是取食物的速度慢了，锅里可能就剩不下多少了。这种餐桌边的饮食是平常劳动生活的一部分，在旅行活动相对较少的时候，其实就是一顿平常的社区大锅饭。进餐者们彼此熟悉，对每个人在本地社会中的位置了若指掌。随着工业和商业的发展，不断增多的旅行者们在尝试了不同的东西之后，开始渴望旅行生活发生新的改变。考察区域农业活动的农学家阿瑟·杨（Arthur Young）就是个例子。他曾为法国公共餐桌上食物消失太快感到头疼，而且他并不十分认同法国农民的礼节。当时的流行作家路易斯·塞巴斯蒂安·梅西耶（Louis Sébastien Mercier）将这位有代表性的顾客描述为贪得无厌的人。这体现了一种阶级优越感，而不是种族敌对的产物。在那个资本主义制度兴起的年代，许多新兴游历阶层不只对小客栈和饮食店里提供的食物抱怨连天，就连坐在当地农民身边时，他们也越来越傲慢自大。但是，这个世界上至少有一座城市，正在形成更加宽松的氛围。①

在巴黎，出现了一个人可以独自拥有一张桌子的地方。电视机在那时还是很遥远的事情，因此，去巴黎"饭店"的宾客们可能会埋头于纸张之中。有时是一些报纸，有时是另一种像报纸的文本——饮食指南（Carte），其实就是一本带有浪漫色彩的美食地图，上面描绘着康卡勒（Cancale）的生蚝、鲁昂（Rouen）的鸭子以及切斯特（Chester）的奶酪。这就意味着，无论白天还是黑夜，只要客人做出选择、提出要求，这些令人垂涎的食物便唾手可得。从日常琐事中解放获得自由，是早期巴黎饭店的一个显著特征。经过 18 世纪 70—80 年代漫长的法律斗争，对店门关闭时间的限制得以取消，人们随时进入这些饭店的权利最终获得了法律保障。剧院、小旅馆和熟食店夜间必须停止营业，但是饭店可以整晚开放。一旦从强制时间表的外部束缚中解放出来，饭店的顾客们对时间表的掌握就依赖新出现的庞大醒目的精美座钟来保证了。发端做美食评论的亚历山大·格里莫·德拉瑞尼耶（Alexandre Grimod de la Reynière）不仅为饭店提供食物口味方面的建议，也会评议餐厅里的座钟是否合宜。②

法国大革命后，饭店的另一个显著特点是，一餐之中男性家长的地位变得越来越不重要了——两个世纪以后，斯旺森电视快餐同样也表现了这一特点。大革命以后，巴黎市的男性家长——国王不再出场。之前这个人物曾经不断地让公众观看他的进餐场景。君主并不是炫耀性消费的唯一主角，纷纷效仿的还有公爵、地主、主教等人。伴随大革命的兴起，在整个社会各阶层盛行的以这位或者

---

① Spang 2000：序言。
② Spang 2000：第 4 章和第 6 章。

那位男性主导者为首的饮食行为，从国王宏伟壮观的宴会厅到乡村低等小酒馆的公共餐桌，都纷纷发生了改变。现在，让我们把视线从豪华的宫廷和传统的小酒馆移开。巴黎饭店开始出现新的就餐气氛，有些饭店也会极尽奢华，富丽堂皇，但是如果我们向餐桌的主要席位张望，寻找坐在那里的男性首领人物，会发现十分徒劳。相反，我们会看见来来往往的就餐者正在一个虚拟的世界里变得越来越模糊，这是由两种简单的人工制品——镜子和蜡烛制造的错觉。早期巴黎饭店的一项主要花费，就是大量围绕宾客摆放的镜子，在镜子的反射下，餐桌上跳动的火苗营造着一个虚拟的世界，在这里人人平等就餐，似乎永远不会停息。男主角消失的同时，这种集体活动又因许多未婚女性的参加更吸引人。一些外地来的就餐者被这种无礼的举动惊得呆若木鸡，其他人（也许是同一群就餐者，只是在心情不同的情况下）则对这些出现在饭店里的女性报以欣赏的态度。[①]

煽动人心之味

说起来已经算不得新鲜，在为生理需要开辟新的食物领域之前，总是会出现为精神需求创造同样新颖的食物领域。巴黎的上流人士正在饭店餐厅的新潮流中慰藉自己的身体。而整整一个世纪之前，一个新兴阶层已经在用来自东部的新型麻醉药物来安抚自己的灵魂。

17世纪欧洲的城市咖啡馆具备了未来饭店的许多特点，尤其是在从农民工的小酒馆变成了由书、小册子、最新报纸虚拟的营火

---

① Spang 2000；第7章和第8章。

这一点上。那些商人、旅行者、政客和知识分子啜饮着"醇厚的、有益健康的液体",在书架、镜子和镀金的画框边小憩。咖啡馆是国际化文本交流网络的节点。客人们将他们的邮件送到那里,集聚在一起,边喝饮料边讨论当天时事。随着资讯在咖啡馆里的流通,有人在这里做成了生意,有人在这里进行演讲,话题非常广泛,涉及文学、医学和科学,有人在这里举办展览,还有人在这里开展实验。在伦敦的希腊咖啡馆,埃德蒙德·哈雷(Edmund Halley)和艾萨克·牛顿(Isaac Newton)就对一头海豚进行了科学解剖。诸如伦敦的迈尔斯咖啡馆、巴黎的普罗可布咖啡馆和福耶咖啡馆这样的场所,都成为上演各种讨论和辩论、民主和激进政治的大舞台。正是在福耶咖啡馆,卡米耶·德穆兰(Camille de Moulins)曾经号召巴黎市民在法国大革命前夜武装起来。[1]

咖啡馆、饭店和电视快餐之间的鲜明对比,似乎都与文本、科学和个人自由这样的主题联系在一起。未来的考古学家将与这个时代拉开距离,从整体上审视现代工业文明,将注意到玻璃和金属质地的食物容器不断增多。为解决拿破仑·波拿巴在没有新鲜食物的情况下维持部队供应的问题,尼古拉斯·阿佩尔(Nicolas Appert)发明了用密封容器储藏食品的技术。未来的考古学家在清理废弃的陶、金属、玻璃、纸张或者塑料容器时,会惊讶地发现,个人使用的饮食器具所占比重逐渐增加,而大型容器所占比重急剧减少。考古学家还会发现一些废旧的鞋子,这些东西毫无疑问证实妇女们的"外出"频率大大增加,而在新的物质文化中,先是自行车,紧接着是自动化交通系统和移动电话,这些也都体现出同样的趋势。一旦未来考古学家认为有必要深入研究现代人留下的生物遗存,那么

---

[1] Fernández-Armesto 2001.

18世纪巴黎普罗可布咖啡馆的场景,伏尔泰、狄德罗、达朗贝尔、拉哈普和孔多塞围坐在一张桌子旁边分享食物、饮品,以及思想的火花

他们就有可能发现另一个最初同样令人吃惊的特点,这个特点会将大革命之后的饭店与电视快餐联系起来。从前者虚幻的镜子到后者的铝托盘,无论就餐背景是多么现代化,实际供应的饮食却深深地浸渍着怀旧色彩。

我们首先来看一下电视快餐。铝托盘或许已经推动谢弗的旅行穿越了土星轨道,但是它的包含物又让人回到另一个时代。据斯旺森速冻快餐的创始人回忆,他的产品诞生之初,是为了适应这个时代的现代性观念,基于实用主义原则的一项发明。他的故事从52万磅(约23.6万千克)的剩余火鸡开始讲起,他用了十辆冷藏货车,将火鸡从一个海岸到另一个海岸来回运输,苦思冥想如何将它们处理掉。一个偶然的机会,他看到一批用于盛放食物的金属盘子正在向空中运输(当然是通过飞机而不是宇宙飞船),他脑海中浮现了一个解决问题的方案——火鸡加上盘子就等于产品。但实现这一点必须进行一项关键性技术改良,"需求是发明之母。我曾在'二战'中度过五年的时间,我们使用食堂里的餐具吃饭,但无论你得到什么饭菜,最终都会变成一份炖菜,因为它们都掺和到一起了"。①

问题出在哪儿?现在是太空时代,宇航员都吃那些看起来像从牙膏管里挤出来的食物。现在是个多么好的机会,他可以在那些亮晶晶的托盘里装备闪光的圆管和几何形药丸,这样就可以配制完美的、营养均衡的食物。托马斯聪明地判断出,如果将他的食物与之前更为传统的食谱结合起来,这场革命会取得更大的胜利。尽管他知道设计改良需要一笔不菲的费用,他还是决定将托盘设计成三个独立的部分。他的灵感其实来自一份已经存在了3个世纪的食谱。

时尚与怀旧

总督派出4个人去捕鸟,这样在收集劳动成果之后,可以举行不同寻常的仪式庆祝丰收。那天这4个人捕获了许多野禽,还有其他小野味,整个团队的人员吃了将近一周。在那段时间,除其他娱乐活动,我们还与许多印第安人一起操练习式,另一些印第安人,大约有90人,在他们的最高首长马萨索伊特(Massasoyt)的带领下,与我们欢聚一堂,我们以盛宴款待三日。

——爱德华·温斯洛(Edward Winslow),1621年12月2日 ②

---

① 就在2005年9月托马斯刚刚去世不久,《洛杉矶时报》撰稿人罗伊·里文伯格(Roy Rivenburg)提出,这个故事完全是虚构的,并提出在此10年之前,W. L. 麦斯威尔公司已经向海军提供速冻食品。参见 Rivenburg 2005。
② 温斯洛记录资料节选,转引自 Heath 1963:82页。

第一顿感恩节聚餐具体包括哪些食物呢？这一直是学术界讨论的课题，我在这里只叙述一个大概。从根本上说，经历了从英格兰的一路艰苦航行，在新大陆登陆上岸定居一段时间之后，五月花号（Mayflower）轮船上只有80%的妇女幸存。为了庆祝在新家园第一年的大丰收，她们充分展示了从欧洲带来的烹饪技术。除了上文梗概中提到的野禽，五月花号上储存的所有诸如干豆和谷物一类的东西，都被拿来做成美味佳肴，庆贺丰收。许多美国人都会选择丰盛的宴会而不是铝托盘里的东西来庆祝感恩节，然而本质上第一份电视快餐大体类似于这种宴会的食物——一种新大陆的作物（甘薯），土生土长的飞禽（火鸡），以及船上存储的豆类（豌豆），这些都以欧洲人的烹饪方式进行加工制作（每一样单独做好，再加入调料和肉汁）。火鸡餐既昭示了一个美好的未来，又提醒人们不忘美国的开创者们，至今仍是斯旺森系列最受欢迎的食物。现在，感恩节聚餐本质上是美国人的节日，在各州州长和总统批准通过统一庆祝法案之后，全美上下都在同一时间将它端上桌。即便我们对感恩节聚餐仅有一个粗略的理解，它的食材配料和庆祝仪式，也很容易使这顿饭与国家画上等号。

地理、区域和国家也是大革命之后饭店的核心主题。1808年，巴黎的进餐者们可能会翻阅格里莫·德拉雷尼耶（Grimod de la Reyniere）最新出版的《法国美食地图》（Carte gastronomique de la France）。在这本书中，他在地图上标示出法国各地不同的"烹饪风格"，还对饭店为高雅进餐者们掌握时间提供方便的座钟风格提出了建议。他的美食地图也使得跨越空间实现饮食一体化成为可能。几年之后，法国讽刺漫画杂志《喧嚣》（La Charivari）在反思时政时指出："在共和国以及帝国的统治下，我们的胜利扩张了法国的地理地图，但是今天，除了饭店的美食地图之外，再没有造成别的影响。"[1]

地域菜肴和国家菜肴

人类学家杰克·古迪考察了欧洲社会的"普通料理"(农民的食物)与"高级料理"(精英阶层的食物),并将这种分类应用到史前时期的等级社会中。这两种饮食用于描述欧洲大陆截然不同的两种模式。普通料理本质上体现了一种大规模的生态学模式。欧洲可以分为几个不同的自然板块,多山和季节对比鲜明的地中海地区,潮湿而肥沃的温带低地,以及寒冷的北方海滨,每个板块在食物获取方面都具有自身的生态特点。在过去的 1500 年中,这种生态模式遭到了宗教颁布的规定和禁令的压制。在多数社会,普通料理就是最常见的谷物和菜园产品混合而成的食物,其他能够从生态环境中获得并被宗教允许食用的还有鱼和肉,鱼类和可食用的动物种类受到生态和宗教两股力量的控制,在特定区域总是有特定的组合。普通料理就是这两种力量不断妥协的结果。在这些普通料理之上,是精英阶层的饮食——高级料理。[2]

高级料理本质上体现了一种社会和政治模式。罗马帝国夸张的烹饪艺术勾勒出帝国的边境与核心,并且影响了周边地区对葡萄酒的消费。有一则传说,将豪华高级料理的起源与 1533 年凯瑟琳·德·美第奇(Catherine di Medici)与当时的奥尔良公爵亨利(Henry Duc d'Orléans)的婚礼联系起来。据说凯瑟琳将她的厨具作为嫁妆从意大利带到了法国,同时带来了关于食物的一套新观念:

---

[1] Spang 2000:第 7 章。
[2] Goody 1982.

调料和奶油蛋羹的口味要清淡，应当注重餐桌上的礼仪，使用昂贵的松露调味等，从而使法国的高级料理很快兴盛起来。故事的真实性虽然值得怀疑，但它揭示了一条真理，那就是在大革命之前的欧洲，饮食风格往往依靠通婚和上流社会的相互接触来实现交流，由此导致欧洲大陆所有宫廷千篇一律地雇用法国厨师，烹饪风格相同的食品。与典型的网络内部和边缘地区的饮食文化一样，这些高级料理制作得越来越精细，食材逐渐被越来越多的调料掩饰起来，尤其是在使用了著名的调味汁之后，菜肴也越来越局限在最具异国情调、烹饪程序最复杂和装饰最引人注目的菜品上。这就是那个清教徒前辈移民们渴望逃脱的以君主制为核心和君主至上的世界。欧洲王室之间联姻的潮流构成了一张复杂的网络，沿着这张网络，时尚、礼仪和烹饪风格不断流动。到五月花号扬帆航行时，意大利、法国、英国和西班牙的上流社会都在享用着来自全世界的各种食物，以烹饪的方式体现着清教徒移民们所反对的君主制世界的特权。

上述不同饮食模式可以通过生物考古学遗存逐一清晰地辨识出来，不过无论哪种模式，都还不需要从国家性的角度予以解释。然而从五月花号时代开始，特别是法国大革命之后，食物分享成了塑造国家性的重要工具。经过高级料理和普通料理的重新融合，大革命以后的巴黎以及随后欧洲各地的美食地图指南从某种程度上塑造了"地区"和"国家"的概念，留下了一份地区化和国家化的烹饪遗产，至今仍然指导着我们的饮食类型。今天，超市货架上充斥的无数电视快餐的"后代"，主要就是根据不同国家的烹饪风格来进行分类的。现在，这些快餐的种类不只包括法国菜和意大利菜，还有印度菜、中国菜、泰国菜等。

意大利菜提供了一个菜肴创新的例子。想象一下，那种来自古老中国的烹饪方法，将生面团制成细长条，然后将其浸入沸水中。

现在，让我们从旧大陆前往新大陆，在南美的峡谷中采集一种颜色鲜红的水果，然后将它们与产自欧洲峡谷的牛肉混合，再加上一些来自地中海的香料和蔬菜，把所有这些与中国传统煮面技术结合起来，就做成了一道典型的意大利番茄牛肉面。或者，让我们去趟东南亚，在香料群岛停顿一下，找到桂皮、丁香和肉豆蔻，然后再去亚洲大陆寻找糖和生姜，在地中海东岸停下来采集一些椰枣、坚果和无花果、黄油和板油，然后继续横跨大西洋，找来玉米淀粉，这样我们就能够以美国人圣诞节的消费量为参考，做一道传统的英国甜点了。国家化的烹饪诉说着一个故事，或是混合了不同故事的精华，故事的内容与商业相关，与一个"日不落"帝国和其他主题有关。自从人们在火塘边围坐一圈讲述第一个故事起就是如此，到了文本时代，那些故事在街头巷尾更是随处可知。故事的主题总是离不开我们是谁（本地农民的饮食）、我们不是谁（种族和宗教意义上）、我们在世界中的力量（全球的组成部分），以及我们的志向（高级料理）。我们无论变得多么现代、多么以四海为家，都选择将这些故事保留在记忆里。正因如此，即便是太空时代的斯旺森电视快餐，也能追溯到文艺复兴时期以及随后建立国家的流血时期。

突发奇想也许能创造新的故事。如果没有异想天开，这些巴黎先驱者开发的食谱也就什么都不是了。根据我们对18世纪英国餐饮行业的了解，当时法国时尚的新派料理大受欢迎。有的故事可能更直接，更显而易见。在阿姆斯特丹，人们外出吃饭时通常会选择Rijsttafel[①]，这种料理毫不掩饰地展示着过去荷兰的殖民地对欧洲的影响。从印度洋到东南亚群岛的许多地点，生长着多种热带植物，

[①] 荷兰语，意为"ricetable"，是一种印度尼西亚料理，提供多种小菜，可随意搭配。——编者注

欧洲和中国的上流社会都将它们产出的生物碱视为珍贵的香料。在中世纪活跃的贸易中，来自不同国家、不同层次的商人们，带着大量丁香、肉豆蔻核、肉豆蔻衣、桂皮，以及几百吨胡椒离开这里。大多数贸易由荷兰东印度公司以及后来的荷兰殖民主义者掌控，结果之一就是在阿姆斯特丹的现代饭店里出现了用这些香料调配烹饪的 Rijsttafel 料理。如果我们来到这个殖民国家的边缘地区，可能会选择普通农民家庭庆祝节日的饮食，吃一顿"焖锅"，这种简单的饭菜永远提醒荷兰人民要牢记他们对西班牙殖民统治的反抗。1574 年，当莱顿市（Leiden）从漫长的包围中幸存下来时，据说正是人们闯入西班牙驻军营地看到这种简单的饭菜之后，才真正感受到危险解除的宽慰。"焖锅"是欧洲农民常吃的罐焖菜的一种，做法是将手头的蔬菜、豆类以及储存的最常见的骨头放在一起，再加入品质较低的肉一起焖煮。现在，罐焖牛肉、意大利蔬菜汤、兰开夏郡炖菜和其他许多菜肴一样，已经成为代表某个区域的特色菜，它们的食材配料已经用文字记录下来。食谱上对各种食材配料有明确的分类，烹饪书中也详细说明了每种食材配料需要的数量。在饮食变得如此文字化之前，欧洲的罐焖菜是诸多食材配料的连续统一体，在不同的地区，因当地生态条件和宗教礼俗的差异而有所分化。①

　　食谱、烹饪书、美食评论和烹饪年鉴，这些讲述的烹饪纲要织成一根长长的线，将新出现的虚拟营火的现代性与怀旧感联系起来。这种怀旧色彩和现代性的交织，同样也是电视快餐及其种类繁多的后代的特点。然而，这已经是可以在不同"营火"之间进行选择的时代了。用药片和软膏为宇航员配制科学饮食并非没有先例，事实上，整个现代科学饮食的传统都是伴随带有怀旧色彩的民族化

---

① Goody 1982; Spang 2000; Fernández-Armesto 2001.

烹饪迅速发展起来的，这种传统依然根植于饭店之中。

有效循环和科学

大革命消灭了原有的精英阶层，上流社会的烹饪厨师就失业了；上流社会烹饪厨师的重新组配，促成了巴黎饭店的出现。这是食物历史上的另一则神话。文化史学家丽贝卡·斯潘（Rebecca Spang）通过对巴黎饭店经营者们进行的观察，揭穿了这个神话。事实上，早在贵族们在断头台前排成长队之前，巴黎的饭店已经经营了25年了。在前大革命时期经营饭店的先驱者中，有一位拥护全球经济和科学思想日新月异的创新人才，他就是罗兹·德·尚图瓦索（Roze de Chantoiseau）。他进行了诸多规划，包括提议建立基于信用的商业系统和经营者年鉴，虽然各有瑕疵，但都旨在加强现代全球经济背景下商品的循环。循环不仅对于物质世界的商品十分重要，对于人体来说也是如此。快速开展的健康科学强调循环、呼吸和消化之间的相互作用，这也是优雅敏感的精英阶层需要格外注意的。为了满足这些需求，尚图瓦索实施了一项长远的计划。他在自己的经营手册上做广告，宣传一种新型巴黎设施——沙龙餐厅。那些敏感而"胸口虚弱"的人可以到这些沙龙来进行"康复"治疗。他们需要单独坐下来，保持平静，再优雅地呷一口经过科学提炼的肉汤，这种汤当时被称为"restaurant"。[①]

如果18世纪或更早已经有了宇航员，他们一定会携带大量这种"restaurant"——按照我们今天的说法应称为"肉汤"——进入太空。一则资料记载，早期"restaurant"是15世纪一个炼金术士

[①] Spang 2000：第2章和第3章。

用玻璃壶提炼获得的,具体做法是取一只新鲜阉鸡,浓缩其精华放入壶中,加入黄金和各种宝石混合熬制,以增加营养。这种做法一直被视为经过科学加工获得的最纯净的肉汤,是从我们习惯消费的固体食物中提纯和分离出来的精华。为了让大家明白它有多么纯,据后来的一份食谱详细记载,要用2公斤左右的小牛肉、四分之一块火腿肉、一只家禽,混以牛骨髓、圆葱和欧洲萝卜,再从中提取四分之一的液体精华。

这些液体的科学性质反映了沙龙餐厅里优雅、现代的顾客看待他的世界时所抱持的机械论观点。在身后的庄园里,园丁们正在努力地疏通精致喷泉池的喷嘴,以确保水流能够在这些复杂的几何形园囿里正常循环。而在这个沙龙里,一种肉食的化学提纯物也在为它自己的内部循环从事着类似的工作。

18世纪末,拉扎罗·斯帕拉捷(Lazzaro Spallanzani)借助显微镜观察细菌细胞的分裂,并且意识到这种分裂能够通过高温来阻断,从而扩展了人们对于看不见的有机世界的认识。这种新知识与20世纪早期的工业技术结合,最终产生了瓶装和罐装食品。不仅如此,从有机物到化学物质的转变,标志着人类已经攻克了控制腐败自然发生的时间和过程的难题。在法国沙龙餐厅里,自18世纪中期它们刚刚出现之时,利用科学手段控制有机体的观点就对人体、城市和世界商品的循环产生了广泛的影响。同时,这些观点也对食物生产的场地、农民对土地的治理产生了影响。①

---

① 拉扎罗·斯帕拉捷(1729—1799)是著名生物学家,微生物学和消化生理研究的先驱。他通过实验发现煮沸能够杀死微生物。尼古拉·阿佩尔(Nicolas Appert,1750—1841)是一位有创新精神的厨师,他开发了许多新做法,包括将肉汤压缩成可存储的块状,并且充分利用了斯帕拉捷的科学方法,将煮沸的食物密封在玻璃罐和金属罐中保存(Appert 1810)。

地球村

在英格兰中部乡村田间，我们会看到以前人们治理土地留下的两种截然不同的痕迹。较古老的一种是"垄和沟"，缓缓起伏的犁垄沿着地势形成了密集的带状分割。田垄被一块块分开，并非个人土地所有权的标志，而是反映了以村社为单位治理土地的情形，集体安排收获、除草和土地的休养生息。田垄并非笔直的，而是斜着呈反转的"S"形，这是辛劳的牛群拖拉笨重的犁铧往返时留下的印记。这种合作模式见证了这里发生的一场在土壤、地形、牛力和村社之间持续进行的有机谈判结合。[①]

叠压在沟垄之上的是笔直的边界划分系统，它无视整体地貌，更关心封闭的道路流通。许多道路都是18、19世纪为提供交流网络而铺设的，土地已经成为商品而不再是一种有机力量，它们被绝对占有，进行科学管理，不再是谈判协商的对象。与中世纪注重土地的休养生息不同，现代土地系统关注的是适宜的管理和矿物养分的流通循环。

这个充斥着科学控制和高效循环的新世界，有自己高大的纪念碑和广阔的空间，古典圆柱勾勒了走廊，把它装饰得富丽堂皇。但是，与另一个时期在皇家宫殿和宗教场所的腹地建造的柱廊大厅不同，19世纪这些柱廊大厅建造在商业社会的节点——城市市场和百货商店之中。科技时代产生了完全现代化的食品和容器文化。炼金术士的蒸馏壶将饮食的重要组成部分——肉转换成了提纯的蒸馏液，工业革命将同样转换食物的另一个重要组成部分——谷类。

[①] 相关代表性著作参见 Hoskins 1955，该书是景观考古学的开山力作。

数千年来，甜甜的谷类面粉混合物加水，依靠酵母菌活跃反应，膨胀之后被做成面包片和圆面包，这是典型的酵母发面模式。工业革命之后，同样的混合物不再靠酵母菌发生反应，而是直接由机器设备加工。自19世纪早期，甜甜的生面团经过多台机器设备的加工塑形之后，再拿到印模机里印制文字。英格兰雷丁镇（Reading）伦敦路（London Road）边的一家工厂发明的一台早期设备，就能生产出许多长方形刻字食品，上面印着业主的名字"亨特利"（Huntley）。尔后，亨特利与乔治·帕尔默（George Palmer）合伙，进一步开发了这套机械化生产流程。他们的蒸汽动力印模机生产了大量带图案的饼干，他们将饼干装进精美的盒子，在全世界流通。正如农田里蜿蜒的沟垄被现代高科技农业笔直的矩形分割所代替一样，发酵的圆面包也让位于方形的饼干了。[1]

我们想象中的19世纪的宇航员如果真的存在，他们在携带巴黎饭店提供的浓缩肉汁精华块的同时，也一定会将这些印模饼干带上太空。当时虽然没有出现太空旅行，但翻山越岭、横跨海洋的大规模旅行并不少见，亨特利和帕尔默的饼干跟随着这些旅行者走向了全世界。饼干在盒子里密封保存，可以保持干燥，科学使这种美食远离了腐烂和分解的危险。全球范围内的饼干生产和消费创造的景观，勾勒出一幅罗兹·德·尚图瓦索曾经梦想的世界地图。在这里，跨越陆地和海洋的有效经济循环得以实现，饼干工厂就沿着港口和贸易路线战略性地分布在商业轴线的节点上。

又过了整整一百年，这种带有鲜明现代化色彩的食品生产线

---

[1] Goody 1982; Spang 2000; Fernández-Armesto 2001.

更加丰富多样，生产了许多著名的产品，例如人造黄油、番茄酱和巧克力棒。它们沿用了肉汁和饼干的传统风格，商品要么是统一的、没有任何特色的糊状液体，要么是刻字的几何形状。尽管它们也带有浪漫的怀旧色彩——南海捕鲸船是人造黄油的来源，可可豆和西红柿来自印加和阿兹台克——但这一切与现代产品的销售无关。没有了怀旧色彩，这种食物也就不再体现地区和国家的特色。与原先饮食的区域风格不同，真正突出的是这些商品流通中的巨头，以经营者名字命名的商标要么印在产品上，要么印在产品包装上。如果说人造黄油称得上是一项真正的科学发明，巧克力和番茄酱都有一段悠久的历史，但是这种历史伴随现代产品的再发明自觉退出了舞台。最具代表性的现代食品也面临同样的情况。[①]

机械嫩化肉是个古老的概念，就像吃面包一样。不过只需做一点儿调整，就可以简化它的流程，生产出统一标准的产品。1921年汉堡包的"发明"或许算不上现代化的产物，然而，25年之后，它的生产和消费文化发生了一场革命。

1948年12月，加利福尼亚州圣贝纳迪诺市（San Bernadino）出现了一家新的食品零售机构。这是一处典型的"免下车"的建筑设施：实用的六边形建筑，面向宽敞的停车场有多个柜台，边上立着几块巨大的广告牌，吸引着旁边高速公路上司机们的注意力。那些司机可以把车开下高速路，停一下他们的别克或凯迪拉克，花25美分点一份汉堡包和薯条。按照饼干生产和消费的景观考古学的逻辑延伸，这家食品机构似乎终结了炉灶和交流圈时代。不过，顾客能在柜台停留，也可能回到车上打开收音机。第一家麦当劳店

---

① Fernández-Armesto 2001：第8章。

1948年，加利福尼亚州圣贝纳迪诺市开张的第一家麦当劳汉堡包店

面虽然也配有桌子，但跟早期汉堡包连锁店不同，他们的桌子上既没有盘子，也没有规范餐桌礼仪的关键餐具——刀和叉。①

　　孤单的司机，一边双手捧着食物，一边听着车上的收音机，从这种场面联想食物分享的起源似乎有些不可思议。我们或许会想，这种完全现代化的进餐方式——在第二个千禧年之末盈利已经超过40亿美元，地球上平均每五人中就有一人光顾过，这是否更像贡贝森林里黑猩猩派森一边游荡一边咀嚼食物的场景呢？本书对食物的探索之旅使我不能认同这个结论。相反，汉堡包、薯条和斯旺森电视快餐似乎同样延续了某种古老的主题。为了理解它们是如何延续这个主题的，我们还是回到这本书开篇所提出的问题上来。

　　第一个问题，人类的饮食艺术究竟有哪些特点？结论是它具备

---

① Kottak 1978; Fitzell 1978.

两方面特点：第一个是，与许多物种通过迅速反应和快速蜕变来适应第四纪多变的环境不同，早期人类依靠从时间上和空间上扩展他们的进食规模适应了环境的变化。早期人类通过社会协作获得食物的行为越来越多，这反过来又对大脑提出了更高的要求。现代人大脑独一无二的能力塑造了我们最不寻常的行为模式——以火塘为中心围成一个交流圈来分享食物。由此延伸开来，体现了饮食艺术的第二个特点，即社区和网络之间无休止的相互作用，这个特点直到今天仍然存在。

那么，这些都是在何时又是如何发生的呢？前社会时期的饮食行为与鸟类、哺乳动物有着很深的渊源，但是在早期人类进化期间，其饮食行为的发展也加速了步伐。这种进化轨迹留下的最持久的印记，就是人类捕获猎物体形的爆炸性增大和人类脑容量的扩大。牙齿的缩小和炊煮活动的出现标志着消化系统不得不为此付出代价。在欧洲现代人出现之际，所有现代人饮食的关键元素都已经出现了。

第一批现代人的大脑与我们相差无几。自从最早开始修饰外表的人类聚在火塘周围分享食物和饮品，并进行深入交流时，最重要的生物进化已经实现了。列维-斯特劳斯划分的"内烹饪"和"外烹饪"，古迪区分的"普通料理"和"高级料理"，都是对以火塘为中心的社区与延伸更远的网络之间的相互作用，以及随之产生的种种影响进行探讨得出的结论。根据一系列食物考古遗存我们可以看到，最初这个网络以采集的方式展开，人们收获了丰富多样的野味之后又返回社区。后来，网络中出现了珍稀物品——黑曜石刀片和带有异域风情的贝壳。随后，拓荒者们和流动的食物网沿着那些网络又建立了新的社区和节点。区域文化的节拍越来越多样化，也越来越深入；区域自然环境的节拍则变得更加统一，也越来越显而易见。随着时间的推移，网络开始限定社区的范围，社区融入了整个网络，并且变得越来越模糊。

这种流通性不断增强的趋势是否有它的临界点、重大变革或者转折点？新石器时代革命很明显就是沿着这条轨道发生的必然改变，但它只是在食物寻求及饮食的理念与生态方面发生的一系列深刻变革之一。对现代人来说，最早的变革伴随着纺织和编织技术而来，这些新技术不仅使人类采集食物的领域革命性地延伸到海洋和天空，而且使得采集植物的小种子也成为可能。那些种子当中的一部分，今天正在主导着我们的食物网。此外，这些新技术还改变了食物寻求中的性别分工。

珍稀物品的流通以及后来的农产品食物链，都不再需要颠覆人类生态系统中固有的层级和节奏。早期农民所属的多轨网络在生态系统中的各种动态关系或许与之前的采集网络具有相似性。当人类社会的相对尺度、发展节奏和等级阶层开始平等，进而取代自然界的规律时，无论是人类社会还是大自然都发生了深刻的变化。这种变化在人类历史上留下的可见证据，体现为对生者、祖先和神灵家园建筑的精心建造；在自然环境中，体现为景观的结构化、荒野的块状分区，以及许多环境"压力"的迹象。

过去五千年中许多历史阶段发生的尺度和节奏的变化，扰乱和挑战了历史学家费尔南·布罗代尔提出的历史的等级制度网。社会约定已经超出短暂的局部历史事件范畴，环境影响也不再是长时段的基本特征。尤其是成块划分的私人固定土地的年度农业轮回更易缓冲环境因素造成的影响。而社会因素也可能意想不到地冲击了遥远的空间与时间，超越社会上层，直接影响了神灵、祖先和上帝。[①]

作为食物寻求的共同塑造者，生态和社会交织在一起，将我们

---

① Braudel 1958.

带到了本书开头提出的第三个问题——社会化饮食对食物寻求自身产生了哪些影响？我们与其他类人猿的食物寻求模式有诸多相似之处，都吃种类繁多的植物叶子、茎秆和水果，捕获小型哺乳动物作为辅助食物。食物寻求领域遍布整个地球，是我们这个物种成功进化的结果。然而，依照年产量划分，对人类来说排在首位的食物品种不是其他类人猿食谱中的关键食物，而是最能反映人类特征的那些。正因如此，25美分的汉堡包和薯条更值得我们关注，二者分别代表了上述两类食物中的一种。

薯条是用世界上最常见的地下块茎植物做成的，但是人类饮食中重要的块茎绝不止土豆一种，特别是在热带地区。黑猩猩也能从地下挖出块茎植物，这种灵巧的行为是我们与许多其他灵长类动物都拥有的能力。不过，块茎植物的味道要通过炊煮才能得到更好的体现，因此它们被提升到人类食物网中一个重要的位置。汉堡包里夹着的肉取自世上最常见的"大型动物"。无论是现在还是从前，大型动物的捕杀和消费都有赖于广泛的社会协作和较大的脑容量。汉堡包和薯条的第三种构成物——圆形小面包，原料来自粮食中最高产的一种——普通小麦的种子。实际上，禾本科植物的种子，尤其是小麦、稻谷和玉米，在生产力阶梯中占据着上层。的确，一些灵长类动物也吃禾本科的种子，但是与其他动物相比，现代人因大脑认知能力的扩展而成为禾本科种子的消费主体。除了使用石器收割植物穗部或通过敲击获得种子之外，收割者们的工具还有篓篮、编织物、袋子以及其他现代智能所发明的设备。从新鲜的植物种子到粥、面包、煮熟的谷粒，或者包含了更多复杂步骤和事先制作规划的啤酒，这些都与现代人的思维能力有关。有些人——最著名的要数罗伯特·阿特金斯博士——认为我们的内脏没有跟上脑力创造性发明的进化步伐，并且，碳水化合物，尤其是后来加入我们祖先食谱的那些，对身体更没有什么好处。尽管"阿特金斯减肥法"（Atkins Diet）倡导的旧石器营养回归行动使得面包的消费量有所下降，但是几乎没有任何迹象显示汉堡包和薯条会从现代生活中消失。①

如果孤单的司机所吃的汉堡包和薯条的成分代表了人类食物寻求中关键而独特的元素，那么最后一个问题——"食物寻求缘何成为社会生活的中心"又该如何解答？为了回答这个问题，我们可以先来看一下众多食物考古遗存是如何与人类学家如玛丽·道格拉斯、列维－斯特劳斯和杰克·古迪提出的观点产生共鸣的。他们共同强调的一个主题，是社区和网络之间、近亲家族与陌生人之间、内群体和外群体之间的区别。社区是有秩序的地方，并且通过以火塘为中心的各种设施和行为确保秩序的稳定；网络则是充满变化和危险的领域，到处都有竞争、贸易和影响力的扩张。在考古资料研究中，我们可以将这些模式放在一个时间框架中仔细考察。由此会发现，譬如以火塘为中心的社区是伴随现代人出现的产物，而事实上其中大多数元素在早期人类进化中就已经形成。正如社会和生态之间的复杂互动是现代人生活的主题一样，同样也会看到，社区和网络之间的复杂互动也是如此。在奥哈罗遗址，饮食似乎已经成为社会关系的一部分；而在科尔切斯特遗址中，种种迹象却显示出社会关系和身份认同可能是饮食分享的一部分。在莫罗考特小修道院，网络和社区根本无法区分开来，它们已经成为一个整体，并且极为相似。

这将我带回孤单的司机那里，我相信，他不可能只是在那里吃汉堡包而没有看报纸或者听收音机。与其说他是孤单的，不如说他实际上与一个跨越了美国、美洲大陆，乃至整个地球的网络联系在

---

① 参见本书 145 页注释①。

一起。今天，成千上万的汉堡包经销商遍布世界各地，虽然品牌各异，但店面布局雷同，他们的顾客显然也不能免于一整套的程序，包括排队、付账、扔掉垃圾等。这已经成为一套全球化的程序，从加利福尼亚到上海皆是如此。

社区和网络已经融合在一起。今天，它们跨越了整个地球，并且促使进餐者们围着巨大的营火分享食物，当然这种营火是虚拟的而不是真实存在的。这种全球化饮食的主体元素是一种禾本科的种子，它之所以占据了主导地位，并不是因为它对地球复杂生态系统的适应能力强，而是因为它与基督教的上帝有着密切的关联。

从本书开篇描述的在摩拉维亚寒冷的风暴中挣扎寻找食物的古代人类，到虚拟营火旁的现代社会成员，从古代物质匮乏的世界走到今天，这是一段漫长的道路，不过，也许并不像它第一眼看去的那样漫长。古人类也有虚拟的世界，从围绕火塘讲述的故事中可以捕捉到它的影子。故事总是与他们的旅程有关，或是出发采集斑灰色和血红色的石头来加工石片工具，或是伏击迁移的兽群，或是外出采集根茎做食物，采集纤维来编织的旅程。当中的一些人，按照常规可能走过100公里或者更远，他们到过火塘周围的其他伙伴们从未见过的地方。从欧洲到亚洲的广大区域里，相似的故事在相似的火塘周围流传着，围着火塘的进餐者们，装饰品相似，携带的石片工具风格也相似。有时，一些巴掌大小的模型也会作为这些故事的辅助物，有面部、人物、猛犸象、鹿、狼等，它们都是食物寻求过程中的重要角色，通过火塘里的火焰，被带入人们的生活。当人类独特的饮食仪式反复以图画形式记录下来接受观众的审视时，它背后已经隐藏了一段漫长的进化历史，社会人和生物有机体的人，二者持续变化的相互作用，早已在饮食的分享过程中开始了。

参考资料

ADEMA, P. (2000), 'Consumption: Food, Television and the Ambiguity of Modernity', *Journal of American and Comparative Cultures* 23/3: 113.

AIELLO, L. C., and DUNBAR, R. I. M. (1993), 'Neocortex Size, Group Size and the Evolution of Language', *Current Anthropology* 36: 199–221.

—— and WHEELER, P. (1995), 'The Expensive Tissue Hypothesis', *Current Anthropology* 34: 184–93.

AKAZAWA, T., MUHESEN, S., ISHIDA, H., KONDO, O., and GRIGGO, C. (1999), 'New Discovery of a Neanderthal Child Burial from the Dederiyeh Cave in Syria', *Paleorient* 25/2: 127–40.

ALLEN, T. F. H., and STARR, T. B. (1982), *Hierarchy: Perspective for Ecological Complexity* (Chicago: Chicago University Press).

ALLEY, R. B. (2000), 'Ice-core Evidence of Abrupt Climate Changes', *Proceedings of the National Academy of Sciences* 97/4: 1331–4.

AMBROSE, S. H., and KATZENBERG, M. A. (eds.) (2000), *Biogeochemical Approaches to Paleodietary Analysis* (New York: Kluwer Academic/Plenum).

ANGEL, L. (1984), 'Health as a Crucial Factor in the Changes from Hunting to Developed Farming in the Eastern Mediterranean', in M. N. Cohen and G. J. Armelagos (eds.), *Palaeopathology at the Origins of Agriculture* (Orlando: Academic Press): 51–73.

APPERT, N. (1810), *L'Art de conserver, pendant plusieurs années, toutes les substances animales et végétales* (Paris: Patris et Cie).

ASHBEE, P., SMITH, I. F., and EVANS, J. G. (1979), 'Excavation of Three Long Barrows Near Avebury, Wiltshire', *Proceedings of the Prehistoric Society* 45: 207–300.

ASTON, M. (2000), *Monasteries in the Landscape* (Stroud: Tempus).
ATHENAEUS (1927–41), *The Deipnosophists*, trans. Charles Burton Gulick (London: William Heinemann; New York: E. P. Putnam's).
ATKINS, R. C. (1972), *Dr. Atkins' Diet Revolution. The High Calorie Way to Stay Thin Forever* (New York: David McKay).
BAKELS, C. (1999), 'Dury "le Moulin" (Somme) Étude des restes botaniques', *Revue archéologique de Picardie* 1: 237–45.
—— and JACOMET, S. (2003), 'Access to Luxury Foods in Central Europe during the Roman Period: The Archaeobotanical Evidence', *World Archaeology* 34: 542–57.
BANTING, W. (1863), *Letter on Corpulence Addressed to the Public* (London: Harrison).
BARBETTI, M. (1986), 'Traces of Fire in the Archaeological Record before One Million Years Ago?' *Journal of Human Evolution* 15: 771–81.
BARTLETT, R. (1993), *The Making of Europe: Conquest, Colonisation and Cultural Change 950–1350* (London: Penguin).
BARTON, R. N. E. (2000), 'Mousterian Hearths and Shellfish: Late Neanderthal Activities in Gibralter', in C. B. Stringer, R. N. E. Barton, and J. C. Finlayson (eds.), *Neanderthals on the Edge: Papers from a Conference Marking the 150th Anniversary of the Forbes' Quarry Discovery, Gibralter* (Oxford: Oxbow Books).
BAR-YOSEF, O. (1998), 'The Natufian Culture in the Levant, Threshold to the Origins of Agriculture', *Evolutionary Anthropology* 6: 159–77.
BEARD, M. (1998), *Religions of Rome*, ii, *A Source Book* (Cambridge: Cambridge University Press).
—— NORTH, J. A., and PRICE, S. R. F. (1998), *Religions of Rome*, i, *A History* (Cambridge: Cambridge University Press).
BEHRE, K. E. (1990), 'Some Reflections on Anthropogenic Indicators and the Record of Prehistoric Occupation Phases in Pollen Diagrams from the Near East', in S. Bottema, G. Entjes-Nieborg, and W. Van Zeist (eds.), *Man's Role in the Shaping of the Eastern Mediterranean Landscape* (Rotterdam: A. A. Balkema): 219–31.
BELL, M., and WALKER, M. J. C. (1992), *Late Quaternary Environmental Change: Physical and Human Perspectives* (London: Longman).
BELLOMO, R. (1993), 'A Methodological Approach for Identifying Archaeological Evidence of Fire Resulting from Human Activities', *Journal of Archaeological Science* 20: 525–53.
BENDALL, L. (2004), 'Fit for a King? Exclusion, Hierarchy, Aspiration and Desire in the Social Structure of Mycenaean Banqueting', in P. Halstead and J. Barrett (eds.), *Food, Cuisine and Society in Prehistoric Greece. Proceedings of the 10th Aegean Round Table, University of Sheffield* (Sheffield: Sheffield Univer-

sity Press).
BENTLEY, R. A., PRICE, T. D., LÜNING, J., GRONENBORN, D., WAHL, J., and FULLAGAR, P. D. (2002), 'Prehistoric Migration in Europe: Strontium Isotope Analysis of Early Neolithic Skeletons', *Current Anthropology* 43: 799–804.
BERGLUND, B. E. (1985), 'Early Agriculture in Scandinavia: Research Problems Related to Pollen-Analytical Studies', *Norwegian Archaeological Review* 18: 77–105.
—— (forthcoming), 'The Agrarian Landscape Development in Northwest Europe since the Neolithic. Cultural and Climatic Factors behind a Regional/Continental Pattern', *World System History and Global Environmental Change*, conference in Lund, September 2003.
BERGMAN, C. A. (1986), 'Refitting of the Flint Assemblages', in M. B. Roberts (ed.), 'Excavation of the Lower Palaeolithic Site at Amey's Eartham Pit, Boxgrove, West Sussex: A Preliminary Report', *Proceedings of the Prehistoric Society* 52: 235–6.
—— ROBERTS, M. B., COLLCUTT, S. N., and BARLOW, P. (1990), 'Refitting and Spatial Analysis of Artefacts from Quarry 2 at the Middle Pleistocene Acheulian Site of Boxgrove, West Sussex, England', in E. Cziesla, S. Eickhoff, N. Arts, and D. Winter (eds.), *The Big Puzzle* (Bonn: Holos): 265–82.
BERNABO BREA, L. (1946), *Gli scavi nella caverna delle Arene Candide* (Bordighera: Istituto di Studi Liguri).
BERRYMAN, A. A., and MILLSTEIN, J. A. (1989), 'Are Ecological Systems Chaotic—and If not, Why not?' *Trends in Ecology and Evolution* 4/1: 26–8.
BIRKS, H. J. B., and BIRKS, H. H. (1980), *Quaternary Palaeoecology* (Baltimore: University Park Press).
BLEGEN, C. W., and RAWSON, M. (1966–73), *The Palace of Nestor at Pylos in Western Messenia*, 3 vols. (Princeton: Princeton University Press).
BLYTT, A. (1876), *Essay on Immigration of the Norwegian Flora during Alternating Rainy and Dry Periods* (Cammermeye: Christiania).
BOUYSSONIE, A, BOUYSSONIE, L., and BARDON, L. (1908), 'Découverte d'un squelette humain Moustérien à la bouffia de la Chapelle-aux-Saints (Corrèze)', *Anthropologie (Paris)* 19: 513–18.
BOWEN, H. C., and FOWLER, P. J. (1978), *Early Land Allotment in the British Isles* (Oxford: British Archaeological Reports 48).
BOWMAN, A. K. (2003), *Life and Letters on the Roman Frontier: Vindolanda and its People* (London: British Museum Press).
BRAIN, M., ELASMAR, M., and HASEGAWA, K. (1999), 'The Portrayal of Women in U.S. Prime Time Television', *Journal of Broadcasting & Electronic Media* 43/20.
BRAUDEL, F. (1958), 'Histoire et Sciences sociales: la longue durée', *Annales* 13/4: 725–53.
BRIAND, F., and COHEN, J. E. (1987), 'Environmental Correlation of Food Chain

Length', *Science* 238: 956–60.

BRIGGS, D. E. (1978), *Barley* (London: Chapman & Hall).

BROTHWELL, D. (1987), *The Bog Man and the Archaeology of People* (Cambridge, Mass.: Harvard University Press).

—— LIVERSAGE, D., and GOTTLIEB, B. (1990a), 'Radiographic and Forensic Aspects of the Female Huldremose Body', *Journal of Danish Archaeology* 9: 157–278.

—— HOLDEN, T., LIVERSIDGE, D., GOTTLIEB, B., BENNIKE, P., and BOESEN, J. (1990b), 'Establishing a Minimum Damage Procedure for the Gut Sampling of Intact Human Bodies: The Case of Huldremose Woman', *Antiquity* 64: 830–5.

BURJACHS, F., and JULIÀ, R. (1994), 'Abrupt Climatic Changes during the Last Glaciation, Based on Pollen Analysis of the Abric Romaní, Catalonia, Spain', *Quaternary Research* 42: 308–15.

BUTLER, S. (1990), *The Odyssey: Rendered into English Prose for the Use of those who cannot Read the Original* (London: Longmans, Green & Co.).

CAHON, G. (1993), 'Le Prieuré de Moreaucourt', *Bulletin de la Société des Antiquaires de Picardie. Amiens* 629: 296–326.

—— (ed.) (2005), *EUREKA; les Amis de Moreaucourt: 35 ans de recherches sur Moreaucourt* (Picardie).

CARBONELL, E., and CASTRO-CUREL, Z. (1992), 'Palaeolithic Wooden Artifacts from the Abric Romaní (Capellades, Barcelona, Spain)', *Journal of Archaeological Science* 19: 707–19.

—— and VAQUERO, M. (eds.) (1996), *The Last Neanderthals, the First Anatomically Modern Humans* (Tarragona: URV).

—— and VAQUERO, M. (1998), 'Behavioural Complexity and Biocultural Change in Europe around Forty Thousand Years Ago', *Journal of Anthropological Research* 54: 373–97.

CARDINI, L. (1942), 'Nuovi documenti sull'antichità dell'uomo in Italia: reperto umano del Paleolitico superiore nella Grotta delle Arene Candide', *Razza e Civiltà* 3: 5–25.

CARR, G. (2000), ' "Romanisation" and the Body', *Proceedings of the 10th Theoretical Roman Archaeology Conference* (Oxford: Oxbow Books): 112–24.

CASTRO-CUREL, Z., and CARBONELL, E. (1995), 'Wood Pseudomorphs from Level I at Abric Romaní, Barcelona, Spain', *Journal of Field Archaeology* 22: 376–84.

CAUVIN, J. (1977), 'Les Fouilles de Mureybet (1971–1984) et leur significance pour les origines de sédentarisation au Proche Orient', *Annals of the American School of Oriental Research* 44: 19–48.

—— (1997), *Naissances des divinités, naissance d'agriculture. Le révolution des symboles au Néolithique*, 2nd edn. (Paris: CNRS).

—— CAUVIN, M. C., HELME, D., and WILLCOX, G. (1998), 'L'Homme et son environment au Levant Nord entre 30,000 et 7,500 BP', *Paléorient* 23: 51–69.

CAVALLI-SFORZA, L. L., MENOZZI, P., and PIAZZA, A. (1994), *The History and Geography of Human Genes* (Princeton: Princeton University Press).
CHADWICK, J. (1958), *The Decipherment of Linear B* (Cambridge: Cambridge University Press).
—— (1976), *The Mycenaean World* (Cambridge: Cambridge University Press).
—— (1977), 'The Interpretation of Mycenaean Documents and Pylian Geography', in J. Bintliff (ed.), *Mycenaean Geography* (Cambridge: Cambridge University Press): 36–9.
CHILDE, V. G. (1928), *The Most Ancient East: The Oriental Prelude to European Prehistory* (London: Kegan Paul).
—— (1936), *Man Makes Himself* (London: Watts & Co.).
CLARK, J. D., and HARRIS, J. W. K. (1985), 'Fire and its Roles in Early Hominid Lifeways', *African Archaeological Review*: 3–27.
CLAVEL, B. (2001), 'L'Animal dans l'alimentation medievale et moderne en France du Nord (XIIe–XVIIe siècles)', *Revue archéologique de Picardie* 19: 1–204.
CLEMENTS, F. E. (1916), *Plant Succession: An Analysis of the Development of Vegetation* (Washington: Carnegie).
COHEN, J. E., and BRIAND, F. (1984), 'Trophic Links of Community Food Webs', *Proceedings of the National Academy of Sciences* 81/13: 4105–9.
—— BRIAND, F., and NEWMAN, C. M. (1990), *Community Food Webs: Data and Theory* (*Biomathematics* 20) (New York: Springer Verlag).
—— LUCZAK, T., NEWMAN, C. M., and ZHOU, Z. M. (1990), 'Stochastic Structure and Nonlinear Dynamics of Food Webs: Qualitative Stability in a Lotka–Volterra Cascade Model', *Proceedings of the Royal Society (London) Series B* 240: 607–27.
COHEN, M. N., and ARMELAGOS, G. J. (1984), *Palaeopathology at the Origins of Agriculture* (Orlando: Academic Press).
COHMAP Members (1988), 'Climatic Changes of the Last 18,000 Years: Observations and Model Simulations', *Science* 241: 1043–52.
CONKLIN-BRITTAIN, N. L., WRANGHAM, R. W., and HUNT, K. D. (1998), 'Dietary Response of Chimpanzees and Cercopithecines to Seasonal Variation in Fruit Abundance II: Nutrients', *International Journal of Primatology* 19: 949–70.
COOPE, G. R. (1977), 'Fossil Coleopteran Assemblages as Sensitive Indicators of Climatic Changes during the Devensian (Last) Cold Stage', *Philosophical Transactions of the Royal Society (London) Series B* 280: 313–48.
—— and BROPHY, J. A. (1972), 'Late Glacial Environmental Changes Indicated by a Coleopteran Succession from North Wales', *Boreas* 1: 97–142.
COPLEY, M. S., BERSTAN, R., DUDD, S. N., DOCHERTY, G. D., MUKHERJEE, A. J., PAYNE, S., EVERSHED, R. P., and STRAKER, V. (2003), 'Direct Chemical Evidence for Widespread Dairying in Prehistoric Britain', *Proceedings of the*

National Academy of Sciences 100/4: 1524–9.
CORDAIN, L., EATON, S. B., SEBASTIAN, A., MANN, N., LINDEBERG, S., WATKINS, B. A., O'KEEFE, J. H., and BRAND-MILLER, J. (2005), 'Origins and Evolution of the Western Diet: Health Implications for the 21st Century', American Journal of Clinical Nutrition 81: 341–54.
CRAWFORD, M. A., GALE, M. M., WOODFORD, M. H., and CAWED, N. M. (1970), 'Comparative Studies on Fatty Acid Composition of Wild and Domestic Meats', International Journal of Biochemistry 1: 295–305.
CROSBY, A. W. (1972), The Columbian Exchange, Biological and Cultural Consequences of 1492 (Westport, Conn.: Greenwood Press).
CROSBY, A. W. (1986), Ecological Imperialism: The Biological Expansion of Europe, 900–1900 (Cambridge: Cambridge University Press).
CRUMMY, P. (1984), Excavations at Lion Walk, Balkerne Lane, and Middleborough, Colchester, Essex (Colchester: Colchester Archaeological Trust).
—— (1992), Excavations at Culver Street, the Gilberd School, and Other Sites in Colchester (1971–85) (Colchester: Colchester Archaeological Trust).
CUNLIFFE, B. W. (1971), Excavations at Fishbourne, 1961–1969 (London: Society of Antiquaries).
—— (1991), Iron Age Communities in Britain: An Account of England, Scotland and Wales from the Seventh Century BC until the Roman Conquest (London: Routledge).
—— (1998), Fishbourne Roman Palace (Stroud: Tempus).
—— (2006), 'The Roots of Warfare', in M. Jones and A. Fabian (eds.), Conflict (Cambridge: Cambridge University Press).
CWYNAR, L. C., and RITCHIE, J. C. (1980), 'Arctic Steppe-Tundra: A Yukon Perspective', Science 20/8: 1375–7.
DE ANGELIS, D. L. (1975), 'Stability and Connectance in Food Web Models', Ecology 56: 238–43.
—— MULHOLLAND, P. J., PALUMBO, A. V., STEINMAN, A. D., HUSTON, M. A., and ELWOOD, J. W. (1989), 'Nutrient Dynamics and Food Web Stability', Annual Review of Ecology and Systematics 20: 71–95.
DE WAAL, F. B. M. (1997), Bonobo: The Forgotten Ape (Berkeley: University of California Press).
DIETLER, M. (1990), 'Driven by Drink: The Role of Drinking in the Political Economy and the Case Study of Iron Age France', Journal of Anthropological Archaeology 9: 352–406
—— and HAYDEN, B. (eds.) (2001), Feasts: Archaeological and Ethnographic Perspectives on Food, Politics, and Power (Washington: Smithsonian).
DOUGLAS, M. (1963), The Lele of the Kasai (Oxford: Oxford University Press).
—— (1984), Food in the Social Order: Studies of Food and Festivities (New York: Russell Sage Foundation).

—— (1966), *Purity and Danger: An Analysis of Concepts of Pollution and Taboo* (London: Routledge & Kegan Paul).
—— (1970) *Natural Symbols, Explorations in Cosmology* (New York: Pantheon Books).
—— (1972) 'Deciphering a Meal', *Daedalus* 101: 61–82.
DROUIN, J.-M. (1999), *L' Écologie et son histoire: Réinventer la nature* (Paris: Flammarion).
DUNBABIN, K. M. D. (1991), 'Triclinium and Stibadium', in W. J. Slater (ed.), *Dining in a Classical Context* (Ann Arbor: Michigan University Press): 121–48.
—— (1996), 'Convivial Spaces: Dining and Entertainment in the Roman Villa', *Journal of Roman Archaeology* 9: 66–80.
DUNBAR, R. I. M. (1993), 'Co-evolution of Neocortical Size, Group Size and Language in Humans', *Behavioural and Brain Sciences* 16: 681–735.
—— (1996), *Grooming, Gossip, and the Evolution of Language* (London: Faber & Faber).
DUPRAS, T. L., and SCHWARCZ, H. P. (2001), 'Strangers in a Strange Land: Stable Isotope Evidence for Human Migration in the Dakhleh Oasis, Egypt', *Journal of Archaeological Science* 28: 1199–208.
EATON, S. B., KONNER, M., and SHOSTAK, M. (1988), 'Stone-Agers in the Fast Lane: Chronic Degenerative Diseases in Evolutionary Perspective', *American Journal of Medicine* 84: 739–49.
EIBES-EIBESFELDT, I. (1970), *Ethology: The Biology of Behavior* (New York: Holt, Rinehart & Winston).
EVANS, A. (1921), *The Palace of Minos: A Comparative Account of the Successive Stages of the Early Cretan Civilization as Illustrated by the Discoveries at Knossos* (London: Macmillan).
EVERSHED, R. P., and DUDD, S. N. (2000), 'Lipid Biomarkers Preserved in Archaeological Pottery: Current Status and Future Prospects', in S. Pike and S. Gitin (eds.), *The Practical Impact of Science on Near Eastern and Aegean Archaeology* (London: Archetype): 155–69.
—— DUDD, S. N., CHARTERS, S., MOTTRAM, H. R., STOTT, A. W., RAVEN, A. M., VAN BERGEN, P. F., and BLAND, H. A. (1999), 'Lipids as Carriers of Anthropogenic Signals from Prehistory', *Philosophical Transactions of the Royal Society (London) Series B*, 354: 19–31.
FARNDON, R. (1999), *Mary Douglas: An Intellectual Biography* (London: Routledge).
FARWELL, D. E., and MOLLESON, T. L. (1993), *Excavations at Poundbury, ii, The Cemeteries* (Dorchester: Dorsert Natural History and Archaeology Society).
FERNÁNDEZ-ARMESTO, F. (2001), *Food: A History* (London: Macmillan).
FISCHER, C. (1980), 'Bog Bodies of Denmark', in A. Cockburn and E. Cockburn (eds.), *Mummies, Disease and Ancient Cultures* (Cambridge: Cambridge University Press).
FITZELL, P. (1978), 'The Man Who Sold the First McDonald's', *Journal of American Culture* 1/2: 392.

FITZHERBERT, J. (1523), *Boke of Husbandrie* (London: Thomas Berthelet).
FLANNERY, K. V. (1969), 'Origins and Ecological Effects of Early Domestication in Iran and the Near East', in P. J. Ucko and G. W. Dimbleby (eds.), *The Domestication and Exploitation of Plants and Animals* (Chicago: Aldine): 73–100.
—— (1972), 'The Origins of the Village as a Settlement Type in Mesoamerica and the Near East', in P. Ucko, R. Tringham, and G. W. Dimbleby (eds.), *Man, Settlement and Urbanism* (London: Duckworth): 23–53.
FOLEY, R. A. (1989), 'The Evolution of Hominid Social Behaviour', in V. Standen and R. A. Foley (eds.), *Comparative Socioecology* (Oxford: Blackwell Scientific): 473–94.
FOLEY, R. A. and LEE, P. C. (1989), 'Finite Social Space, Evolutionary Pathways and Reconstructing Hominid Behaviour', *Science* 243: 901–6.
—— (1991), 'Ecology and Energetics of Encephalization in Hominid Evolution', *Philosophical Transactions of the Royal Society (London) Series B* 334: 223–32.
—— (1996), 'Finite Social Space and the Evolution of Human Behaviour', in J. Steele and S. Shennan (eds.), *The Archaeology of Human Ancestry: Power, Sex and Tradition* (London: Routledge): 47–66.
FOSTER, J. (1986), *The Lexden Tumulus: A Re-appraisal of an Iron Age Burial from Colchester, Essex* (Oxford: British Archaeological Reports 156).
FRENCH, C. A. I. (2002), *Geoarchaeology in Action: Studies in Soil Micromorphology and Landscape Evolution* (London: Routledge).
FRUTH, B., and HOHMANN, G. (2002), 'How Bonobos Handle Hunts and Harvests: Why Share Food?', in C. Boesch, G. Hohmann, and L. Marchant (eds.), *Behavioural Diversity in Chimpanzees and Bonobos* (Cambridge: Cambridge University Press).
GALE, R., and CARRUTHERS, W. (2000), 'Charcoal and Charred Seed Remains from Middle Palaeolithic Levels at Goreham's and Vanguard Caves', in C. B. Stringer, R. N. E. Barton, and J. C. Finlayson (eds.), *Neanderthals on the Edge: Papers from a Conference Marking the 150th Anniversary of the Forbes' Quarry Discovery, Gibralter* (Oxford: Oxbow Books).
GAMBLE, C. (1999), *The Palaeolithic Societies of Europe* (Cambridge: Cambridge University Press).
GARDNER, M. R., and ASHBY, W. R. (1970), 'Connectance of Large Dynamic (Cybernetic) Systems-Critical Values for Stability', *Nature* 228: 784.
GARNSEY, P. (1999), *Food and Society in Classical Antiquity* (Cambridge: Cambridge University Press).
GIRY, A. (1894), *Manuel de diplomatique: Diplômes et chartes* (Paris).
GITELSON, J. (1992), 'Populox: The Suburban Cuisine of the 1950s', *Journal of American Culture* 15: 73–8.
GLOB, P. V. (1969), *The Bog People: Iron-Age Man Preserved* (Ithaca, NY: Cornell University Press).

GODWIN, W. (1793), *An Enquiry Concerning Political Justice, and its Influence on General Virtue and Happiness* (London: G.G.J. & J. Robinson).
GOODALL, J. (1971), *In the Shadow of Man* (Boston: Houghton Mifflin).
—— (1986), *The Chimpanzees of Gombe: Patterns of Behaviour* (Cambridge, Mass.: Harvard University Press).
GOODY, J. (1962), *Death, Property and the Ancestors: A Study of the Mortuary Customs of the LoDagaa of West Africa* (Standford, Calif.: Stanford University Press).
—— (1982), *Cooking, Cuisine and Class: A Study in Comparative Sociology* (Cambridge: Cambridge University Press).
—— (1998), *Food and Love: A Cultural History of East and West* (London: Verso).
Guthrie, R. D. (1982), 'Mammals of the Mammoth Steppe as Paleoenvironmental Indicators', in D. M. Hopkins, J. V. Matthews, C. E. Schweger, Jr., and S. B. Young (eds.), *Paleoecology of Beringia* (New York: Academic Press): 307–26.
HAARNAGEL, W. (1979), *Die Grabung Feddersen Wierde, ii, Methode, Hausbau, Siedlungs- und Wirtschaftsformen sowie Sozialstruktu* (Stuttgart: Franz Steiner Verlag).
HALSTEAD, P. (1990), 'Quantifying Sumerian Agriculture—Some Seeds of Doubt and Hope', *Bulletin of Sumerian Agriculture* 5: 187–95.
—— (1992), 'The Mycenaean Palatial Economy: Making the Most of the Gaps in the Evidence', *Proceedings of the Cambridge Philological Society* 38: 57–86.
—— (1999), 'Surplus and Share-croppers: The Grain Production Strategies of Mycenaean Palaces', in P. Betancourt, V. Karageorghis, R. Laffineur and W.-D. Niemeier (eds.), *MELETHMATA. Studies Presented to Malcolm H. Weiner as he Enters his 65th Year*: ii. 319–26.
—— (2003), 'Texts and Bones: Contrasting Linear B and Archaeozoological Evidence for Animal Exploitation in Mycenaean Southern Greece', in E. Kotjabopoulou, Y. Hamilakis, P. Halstead, C. Gamble, and P. Elefanti (eds.), *Zooarchaeology in Greece: Recent Advances* (London: British School at Athens): 257–61.
HAMILTON, R. W. (2004), *The Art of Rice: Spirit and Sustenance in Asia* (Los Angeles: UCLA, Fowler Museum of Cultural History).
HARMLESS, W. (2004), *Desert Christians: An Introduction to the Literature of Early Monasticism* (Oxford: Oxford University Press).
HARRIS, D. R. (2003), 'Climatic Change and the Beginnings of Agriculture: The Case of the Younger Dryas', in L. J. Rothschild and A. M. Lister (eds.), *Evolution on Planet Earth: The Impact of the Physical Environment* (London: Academic Press): chapter 20.
HARRIS, M. (1958), *Portugal's African 'Wards': A First-Hand Report on Labor and Education in Mocambique* (New York: American Committee on Africa).
—— (1959), 'Labor Migration among the Mocambique Thonga: Cultural and

Political Factors', *Africa* 29: 50–64.

—— (1974), *Cows, Pigs, Wars and Witches: The Riddles of Culture* (New York: Random House).

—— (1977), *Cannibals and Kings: The Origins of Culture* (New York: Random House).

—— (1979), *Cultural Materialism: The Struggle for a Science of Culture* (New York: Random House).

—— (1985), *Good to Eat: Riddles of Food and Culture* (New York: Simon & Schuster).

—— and Ross, E. B. (eds.) (1987), *Food and Evolution: Towards a Theory of Human Food Habits* (Philadelphia: Temple University Press).

HARVEY, C. B., HOLLOX, E. J., POULTER, M., WANG, Y., ROSSI, M., AURICCHIO, S., IQBAL, T. H., COOPER, B. T., BARTON, R., SARNER, M., KORPELA, R., and SWALLOW, D. M. (1998), 'Lactase Haplotype Frequencies in Caucasians: Association with the Lactase Persistance/Non-persistance Polymorphism', *Annals of Human Genetics* 62: 215–23.

HAWKES, G. (2000), 'An Archaeology of Food: A Case Study from Roman Britain', *Proceedings of the 10th Theoretical Roman Archaeology Conference* (Oxford: Oxbow Books): 94–103.

HAWKES, K. (2003), 'Grandmothers and the Evolution of Human Longevity', *American Journal of Human Biology* 15: 380–400.

—— (2004a), 'Mating, Parenting and the Evolution of Human Pair Bonds', in B. Chapais and C. Berman (eds.), *Kinship and Behavior in Primates* (Oxford: Oxford University Press): 443–73.

—— (2004b), 'The Grandmother Effect', *Nature* 428: 128–9.

HAWTHORNE, J. W. J. (1997), 'Pottery and Paradigms in the Early Western Empire', *Proceedings of the 10th Theoretical Roman Archaeology Conference* (Oxford: Oxbow Books): 160–72.

HAYDEN, B. (1990), 'Nimrods, Piscators, Pluckers, and Planters: The Emergence of Food Production', *Journal of Anthropological Archaeology* 9: 31–69.

HAYS, J. D., IMBRIE, J., and SHACKLETON, N. J. (1976), 'Variations in the Earth's Orbit: Pacemaker of the Ice Ages', *Science* 194/4270: 1121–32.

HEATH, D. (ed.) (1963), *A Journal of the Pilgrims at Plymouth (Mourt's Relation: A Relation or Journal of the English Plantation settled at Plymouth in New England, by certain English adventurers both merchants and others* (New York: Corinth Books).

HEDGES, R. E. M. (2004), 'Isotopes and Herrings: Comments on Milner *et al.* and Lidén *et al.*', *Antiquity* 78: 34–7.

HEER, O. (1866), *Die Pflanzen der Pfahlbauten* (Zurich: Druck von Zürcher und Furrer).

HELBAEK, H. (1950), 'Tollundmandens sidsde maltid (the Tollund man's last meal)', *Arboger for Nordisk Oldkyndighed og Historie* 1950: 328–41.

—— (1958a), 'Grauballemandens sidste måltid', *Kuml* (Århus) 1958: 83–116.

—— (1958b), 'Studying the Diet of Ancient Man', *Archaeology* 14: 95–101.
HERSHKOVITZ, I., EDELSON, G., SPIERS, M., ARENSBURG, B., NADEL, D., and LÉVI, B. (1993), 'Ohalo II Man—Unusual Findings in the Anterior Rib Cage and Shoulder Girdle of a 19,000 Years-Old Specimen', *International Journal of Osteoarchaeology* 3: 177–88.
—— SPIERS, M., FRAYER, D., NADEL, D., WISH-BARATZ, S., and ARENSBURG, B. (1995), 'Ohalo II—A 19,000 Years Old Skeleton from a Water-Logged Site at the Sea of Galilee', *American Journal of Physical Anthropology* 96: 215–34.
HILL, J. D. (1995), 'The Pre-Roman Iron Age in Britain and Ireland: An Overview', *Journal of World Prehistory* 9/1: 47–98.
—— (1997), 'The End of One Kind of Body and the Beginning of Another Kind of Body? Toilet Instruments and "Romanization" in Southern England during the First Century AD', in A. Gwilt and C. Haselgrove (eds.), *Reconstructing Iron Age Societies* (Oxford: Oxbow monograph 71): 96–107.
HILLMAN, G. C. (1996), 'Late Pleistocene Changes in Wild Plant Foods Available to the Hunter-Gatherers of the Northern Fertile Crescent: Possible Preludes to Cereal Cultivation', in D. Harris (ed.), *The Origins and Spread of Agriculture and Pastoralism in Eurasia* (London: University College Press): 159–203.
—— (2004), 'The Rise and Fall of Human Dietary Diversity: An Overview of Archaeobotanical Evidence from Western Eurasia, and of Experiments with Some of the Key Food Plants', *The International Society of Ethnobiology—Ninth International Congress*—abstract.
HINGLEY, R. (1989), *Rural Settlement in Roman Britain* (London: Seaby).
HIRSCHFELD, Y. (1992), *The Judean Desert Monasteries in the Byzantine Period* (New Haven: Yale University Press).
HODDER, I. R. (1990), *The Domestication of Europe: Structure and Contingency in Neolithic Societies* (Oxford: Blackwell).
HOHMANN, G., and FRUTH, B. (1996), 'Food Sharing and Status in Unprovision Bonobos', in P. Wiessner and W. Schiefenhovel (eds.), *Food and the Status Quest: An Interdisciplinary Perspective* (New York: Berghahn Books): 47–67.
HOLDEN, T. G. (1986), 'Preliminary Report on the Detailed Analysis of the Macroscopic Remains from the Gut of Lindow Man', in I. M. Stead, J. B. Bourke, and D. Brothwell (eds.), *Lindow Man: The Body in the Bog* (London: British Museum).
—— (1995), 'The Last Meals of the Lindow Bog Men', in R. C. Turner and R. G. Scaife (eds.), *Bog Bodies: New Discoveries and New Perspectives* (London: British Museum Press): 76–82.
—— (1996/7), 'Food Remains from the Gut of the Huldremose Bog Body', *Journal of Danish Archaeology* 13: 49–55.
HOLLOX, E. J., POULTER, M., ZVARIK, M., FERAK, V., KRAUSE, A., JENKINS,

T., SAHA, N., KOZLOV, A., and SWALLOW, D. M. (2001), 'Lactase Haplotype Diversity in the Old World', *American Journal of Human Genetics* 68: 160–72.

HOSKINS, W. G. (1955), *The Making of the English Landscape* (London: Hodder & Stoughton).

HUNTER, H. H. (1952), *The Barley Crop* (London: Crosby Lockwood).

HUNTLEY, B. (1990), 'Dissimilarly Mapping between Fossils and Contemporary Pollen Spectra in Europe for the Past 13,000 Years', *Quaternary Research* 33: 360–76.

IMBRIE, J., and IMBRIE, K. P. (1979), *Ice Ages: Solving the Mystery* (Cambridge, Mass.: Harvard University Press).

ISAAKIDOU, V., HALSTEAD, P., DAVIS, J., and STOCKER, S. (2002), 'Burnt Animal Sacrifice at the Mycenaean "Palace of Nestor", Pylos', *Antiquity* 76: 86–92.

IVERSON, J. (1954), 'The Late Glacial Flora of Denmark and its Relation to Climate and Soil', *Danmarks Geologiske Undersøgelse* II 80: 87–119.

JACOMET, S., KUČAN, D., RITTER, A., SUTER, G., and HAGENDORN, A. (2002), '*Punica granatum* L. (pomegranates) from Early Roman Contexts in Vindonissa (Switzerland)', *Vegetation History and Archaeobotany* 11: 79–92.

JAMES, S. (1989), 'Hominid Use of Fire in the Lower and Middle Pleistocene: A Review of the Evidence', *Current Anthropology* 30: 1–26.

JONES, G. E. M. (1981), 'Crop Processing at Assiros Toumba: A Taphonomic Study', *Zeitschrift für Archäologie* 15: 105–11.

—— (1992), 'Weed Phytosociology and Crop Husbandry: Identifying a Contrast between Ancient and Modern Practice', *Review of Palaeobotany and Palynology* 73: 133–43.

—— and LEGGE, A. J. (1987), 'The Grape (*Vitis vinifera* L.) in the Neolithic of Britain', *Antiquity* 61/233: 452–5.

—— WARDLE, K., HALSTEAD, P., and WARDLE, D. (1986), 'Crop Storage at Assiros', *Scientific American* (March) 254: 96–103.

JONES, M. K. (1989), 'Agriculture in Roman Britain: The Dynamics of Change', in M. Todd (ed.), *Research on Roman Britain (1960–1989)* (London: Britannia Monograph 11).

—— (1991a), 'Agricultural Change in the Pre-documentary Past', in B. Campbell and M. Overton (eds.), *Productivity Change and Agricultural Development* (Manchester: Manchester University Press): 78–93.

—— (1991b), 'Food Production and Consumption', in R. F. J. Jones (ed.), *Roman Britain: Recent Trends* (Sheffield: Sheffield University Press): 21–8.

—— (1996), 'Plant Exploitation', in T. Champion and J. Collis (eds.), *The Iron Age in Britain and Ireland* (Sheffield: Sheffield Academic Press): 29–40.

—— (2001), *The Molecule Hunt* (London: Allen Lane).

JUNDI, S., and HILL, J. D. (1998), 'Brooches and Identities in First Century AD Britain: More than Meets the Eye?' in *Proceedings of the Seventh Annual*

Theoretical Roman Archaeology Conference: Nottingham (Oxford: Oxford Books): 125–37.

KANO, T. (1992), *The Last Ape: Pygmy Chimpanzee Behaviour and Ecology* (Stanford, Calif.: Stanford University Press).

KAYSER, M., BRAUER, S., WEISS, G., SCHIEFENHOVEL W., and STONEKING, M. (2001), 'Independant Histories of Human Y Chromosomes from Melanesia and Australia', *American Journal of Human Genetics* 68: 173–90.

KENNEDY, G. E. (2005), 'From the Ape's Dilemma to the Weanling's Dilemma: Early Weaning and its Evolutionary Context', *Journal of Human Evolution* 48: 123–45.

KILLEN, J. T. (1985), 'The Linear B Tablets and the Mycenaean Economy', in A. Morpurgo Davies and Y. Duhoux (eds.), *Linear B: A 1984 Survey* (Bibliothèque des Cahiers de l'Institut de Linguistique de Louvain): 241–305.

KING, A. J. (1999), 'Diet in the Roman World: A Regional Inter-site Comparison of the Mammal Bones', *Journal of Roman Archaeology* 12: 168–202.

KISLEV, M. E., NADEL, D., and CARMI, I. (1992), 'Epipalaeolithic (19,000) Cereal and Fruit Diet at Ohalo II, Sea of Galilee, Israel', *Review of Palaeobotany and Palynology* 73: 161–6.

KLIMA, B. (1954), 'Palaeolithic Huts at Dolní Vestonice, Czechoslovakia', *Antiquity* 28/109: 4–14.

KOESTLER, A. (1967), *The Ghost in the Machine* (London: Arkana).

KOLDE, T. (1911), 'Sacred Heart of Jesus, Devotion to', in S. M. Jackson (ed.), *The New Schaff-Herzog Religious Encyclopedia* (New York: Funk & Wagnells).

KORN, D., RADICE, M., and HAWES, C. (2001), *Cannibal: The History of the People Eaters* (London: Macmillan).

KOTTAK, C. (1978), 'Rituals at Mcdonalds', *Natural History* 87: 74–83.

KRINGS, M., STONE, A., SCHMITZ, R. W., KRAINITZKI, H., STONEKING, M., and PÄÄBO, S. (1997), 'Neanderthal DNA Sequences and the Origin of Modern Humans', *Cell* 90: 19–30.

KRUPP, E. C. (1992), *Beyond the Blue Horizon: Myths and Legends of the Sun, Moon, Stars, and Planets* (Oxford: Oxford University Press).

KUBIAK-MARTENS, L. (1999), 'The Plant Food Component of the Diet at the Late Mesolithic (Ertebølle) Settlement at Tybrind Vig, Denmark', *Vegetation History and Archaeobotany* 8: 117–27.

—— (2002), 'New Evidence for the Use of Root Foods in Pre-agrarian Subsistence Recovered from the Late Mesolithic Site at Halsskov, Denmark', *Vegetation History and Archaeobotany* 11: 23–31.

LANCEL, G. (n.d.), 'L'Étoile et son histoire', http://g.lancel.free.fr/.

LAWRENCE, C. H. (2000), *Medieval Monasticism: Forms of Religious Life in Western Europe in the Middle Ages (The Medieval World)* (London: Longman).

LAWTON, J. H., and WARREN, P. H. (1988), 'Static and Dynamic Explanations

for Patterns in Food Webs', *Trends in Ecology and Evolution* 3/9: 242–4.
LEV, E., KISLEV, M. E., and BAR-YOSEF, O. (2005), 'Mousterian Vegetal Food in Kebara Cave, Mt Carmel', *Journal of Archaeological Science* 32: 475–84.
LÉVI-STRAUSS, C. (1955), *Tristes tropiques* (Paris: Plon).
—— (1962), *La Pensée sauvage* (Paris: Plon).
—— (1964), *Les Mythologiques: Le Cru et le cuit* (Paris: Plon).
—— (1968), *Les Mythologiques: L'Origine des manières de table* (Paris: Plon).
LEVINE, M. A. (1998), 'Eating Horses: The Evolutionary Significance of Hippophagy', *Antiquity* 72: 90–100.
LIDÉN, K., ERIKSSON, G., NORDQVIST, B., GÖTHERSTRÖM, A., and BENDIXEN, E. (2004), 'The Wet and the Wild Followed by the Dry and the Tame—or Did They Occur at the Same Time? Diet in Mesolithic-Neolithic Southern Sweden', *Antiquity* 78: 23–33.
LINDENBAUM, S. (1979), *Kuru Sorcery* (Mountain View, Calif.: Mayfield Publishing Company).
LIPSCHITZ, N., and NADEL, D. (1997), 'Epipalaeolithic (19,000 B.P.) Charred Wood Remains from Ohalo II, Sea of Galilee, Israel', *Mitekufat Haeven, Journal of the Israel Prehistoric Society* 27: 5–18.
MCGOVERN, P. E., GLUSKER, D. L., MOREAU, R. A., NUÑEZ, A., BECK, C. W., SIMPSON, E., BUTRYM, E. D., EXNER, L. J., and STOUT, E. C. (1999), 'A Funerary Feast Fit for King Midas', *Nature* 402: 863–4.
MCHENRY, H. (1996), 'Sexual Dimorphism in Fossil Hominids and its Socioecological Implications', in J. Steele and S. Shennan (eds.), *The Archaeology of Human Ancestry: Power, Sex and Tradition* (London: Routledge): 91–109.
MADELLA, M., JONES, M. K., GOLDBERG, P., GOREN, Y., and HOVERS, E. (2002), 'The Exploitation of Plant Resources by Neandertals in Amud Cave (Israel): The Evidence from Phytolith Studies', *Journal of Archaeological Science* 29: 703–19.
MALAGON-BARCELO, J. (1963), 'Toledo and the New World in the Sixteenth Century', *Americas* 20/2: 97–126.
MALENKY, R. K., KURODA, S., VINEBERG, E. O., and WRANGHAM, R. W. (1994), 'The Significance of Terrestrial Herbaceous Foods for Bonobos, Chimpanzees and Gorillas', in R. W. Wrangham, W. C. McGrew, F. B. de Waal, and P. G. Heltne (eds.), *Chimpanzee Cultures* (Cambridge, Mass.: Harvard University Press): 59–75.
MALTHUS, T. (1798), *An Essay on the Principle of Population, as it Affects the Future Improvement of Society with Remarks on the Speculations of Mr. Godwin, M. Condorcet, and Other Writers* (London: Johnson, St Paul's Church-yard).
MARYANSKI, A. (1996), 'African Ape Social Networks: A Blueprint for Reconstructing Early Hominid Social Structures', in J. Steele and S. Shennan (eds.), *The Archaeology of Human Ancestry: Power, Sex and Tradition* (London:

Routledge): 67–90.

MASON, S. L. R., HATHER, J. G., and HILLMAN, G. C. (1994), 'Preliminary Investigation of the Plant Macro-remains from Dolní Vestonice II, and its Implications for the Role of Plant Foods in Palaeolithic and Mesolithic Europe', *Antiquity* 68: 48–57.

MATTHEWS, J. V. (1976), 'Arctic-Steppe—an Extinct Biome', *Abstracts of the Fourth Biennial Meeting of the American Quaternary Association*: 73–7.

MAUSS, M. (1925), *The Gift: Forms and Functions of Exchange in Archaic Societies* (New York: Norton).

MAY, R. M. (1972), 'Will a Large Complex System be Stable?' *Nature* 238: 413–14.

MELLARS, P. A. (1995), *The Neanderthal Legacy: An Archaeological Perspective from Western Europe* (Princeton: Princeton University Press).

—— and GIBSON, K. (1996), *Modelling the Early Human Mind* (Cambridge: McDonald Institute Monographs).

MERCER, R. J. (1980), *Hambledon Hill: A Neolithic Landscape* (Edinburgh: Edinburgh University Press).

—— (1999), *The Origins of Warfare in the British Isles*, in J. Carman and A. Harding (eds.), *Ancient Warfare* (Stroud: Sutton): 143–56.

—— and HEALEY, F. (forthcoming), *Hambledon Hill, Dorset, England. Excavation and Survey of a Neolithic Monument Complex and its Surrounding Landscape* (London: English Heritage Monograph Series).

MILLER, M., and TAUBE, K. (1993), *The Gods and Symbols of Ancient Mexico and the Maya* (London: Thames & Hudson).

MILNER, N., CRAIG, O. E., BAILEY, G. N., PEDERSEN, K., and ANDERSEN, S. H. (2004), 'Something Fishy in the Neolithic? A Re-evaluation of Stable Isotope Analysis of Mesolithic and Neolithic Coastal Populations', *Antiquity* 78: 9–22.

MILTON, K. (1988), 'Foraging Behavior and the Evolution of Primate Cognition', in A. Whiten and R. Byrne (eds.), *Machiavellian Intelligence: Social Expertise and the Evolution of Intellect in Monkeys, Apes, and Humans* (Oxford: Oxford University Press): 285–305.

—— (1993), 'Diet and Primate Evolution', *Scientific American* 269: 86–93.

MITHEN, S. (1996), *The Prehistory of the Mind: The Cognitive Origins of Art and Science* (London: Thames & Hudson).

MOLLESON, T. (1989), 'Social Implications of the Mortality Patterns of Juveniles from Poundbury Camp, Romano-British Cemetery', *Anthropologischer Anzeiger* 47: 27–38.

—— (1994), 'The Eloquent Bones of Abu Hureyra', *Scientific American* 271/2: 70–5.

MOORE, A. M. T., and HILLMAN, G. C. (1992), 'The Pleistocene to Holocene Transition and Human Economy in Southwest Asia: The Impact of the Younger Dryas', *American Antiquity* 57/3: 482–94.

—— and LEGGE, A. J. (2000), *Village on the Euphrates* (Oxford: Oxford University Press).

MORGAN, L. H. (1877), *Ancient Society or Researches in the Lines of Human Progress from Savagery Through Barbarism to Civilization* (London: Macmillan).

—— (1959), *The Indian Journals, 1859-62* (Ann Arbor: University of Michigan Press).

MOSTOFSKY, D. I., YEHUDA, S., and SALEM, N. (2001), *Fatty Acids: Physiological and Behavioral Functions* (New Jersey: Humana Press).

NADEL, D. (1990), 'Ohalo II—a Preliminary Report', *Mitekufas Haevan, Journal of the Israel Prehistoric Society* 23: 48–59.

NADEL, D. (1991), 'Ohalo II—the Third Season (1991)', *Mitekufas Haevan, Journal of the Israel Prehistoric Society* 24: 158–63.

—— (1994a), 'Levantine Upper Palaeolithic—Early Epipalaeolithic Burial Customs: Ohalo II as a Case Study', *Paleoriént* 20/1: 113–21.

—— (1994b), '19,000-year-old Twisted Fibers from Ohalo II', *Current Anthropology* 35/4: 451–8.

—— (1996), 'The Organization of Space in a Fisher–Hunter-Gatherers' Camp at Ohalo II, Israel', in M. Otte (ed.), *Nature et Culture*, Colloque de Liège, E.R.A.U.L. 68 (Liege): 373–88.

—— (ed.) (2002), *Ohalo II, A 23,000-Year-Old Fisher–Hunter-Gatherers' Camp on the Shore of the Sea of Galilee* (Haifa University: Hecht Museum).

—— and WERKER, E. (1999), 'The Oldest Ever Brushwood Hut Plant Remains from Ohalo II, Jordan Valley, Israel' (19,000 BP).

—— and ZAIDNER, Y. (2002), 'Upper Pleistocene and mid-Holocene Net Sinkers from the Sea of Galilee, Israel', *Mitekufat Haeven, Journal of the Israel Prehistoric Society* 32: 37–59.

—— DANIN, A., WERKER, E., SCHICK, T., KISLEV, M. E., and STEWART, K. (1994), '19,000 years-old Twisted Fibers from Ohalo II', *Current Anthropology* 35/4: 451–8.

—— WEISS, E., SIMCHONI, O., TSATSKIN, A., DANIN, A., and KISLEV, M. E. (2004), 'Stone Age Hut in Israel Yields World's Oldest Evidence of Bedding', *Proceedings of the National Academy of Sciences* 101: 6821–6.

NISHIDA, T., WRANGHAM, R. W., GOODALL, J., and UCHARA, S. (1983), 'Local Differences in Plant Feeding Habits of Chimpanzees between Mahale Mountains and Gombe National Park, Tanzania', *Journal of Human Evolution* 12: 467–89.

NURSTEN, H. E. (2005), *The Maillard Reaction: Chemistry, Biochemistry and Implications* (London: Royal Society of Chemistry).

O'CONNELL, T. C., and HEDGES, R. E. M. (1999), 'Isotopic Comparison of Hair and Bone: Archaeological Analyses', *Journal of Archaeological Science* 26/6: 661–5.

—— (2001), 'Isolation and Isotopic Analysis of Individual Amino Acids from

Archaeological Bone Collagen: A New Method Using RP-HPLC', *Archaeometry*, 43/3: 421–38.

OLIVA, M. (1988), 'A Gravettian Site with Mammoth-Bone Dwelling in Milovice (Southern Moravia)', *Anthropologie* 26: 105–12.

OSEPCHUK, J. M. (1984), 'A History of Microwave Heating Applications', *Microwave Theory and Techniques, IEEE Transactions* 32/9: 1200–24.

OVERPECK, J. T., WEBB, T. IV, and PRENTICE, I. C. (1985), 'Quantitative Interpretation of Fossils Pollen Spectra: Dissimilarity Coefficients and the Method of Modern Analogs', *Quaternary Research* 23: 87–108.

PÄÄBO, S., POINAR, H., SERRE, D., JAENICKE-DESPRÉS, V., HEBLER, J., ROHLAND, N., KUCH, M., KRAUSE, J., VIGILANT, L., and HOFREITER, M. (2004), 'Genetic Analyses from Ancient DNA', *Annual Review of Genetics* 38: 645–79.

PASTÓ, I., ALLUÉ, E., and VALLVERDÚ, J. (2000), 'Mousterian Hearths at Abric Romaní, Catalonia (Spain)', in C. B. Stringer, R. N. E. Barton, and J. C. Finlayson (eds.), *Neanderthals on the Edge: Papers from a Conference Marking the 150th Anniversary of the Forbes' Quarry Discovery, Gibralter* (Oxford: Oxbow Books): 59–67.

PATHOU-MATHIS, M. (2000), 'Neanderthal Subsistence Behaviours in Europe', *International Journal of Osteoarchaeology* 10: 379–95.

PETERSON, J. (2002), *Sexual Revolutions: Gender and Labor at the Dawn of Agriculture* (Walnut Creek, Calif.: AltaMira Press).

PETTITT, P. (1997), 'High Resolution Neanderthals? Interpreting Middle Palaeolithic Intrasite Spatial Data', *World Archaeology* 29: 208–24.

PIMM, S. L. (1982), *Food Webs* (London: Chapman & Hall).

—— LAWTON, J. H., and COHEN, J. E. (1990), 'Food Web Patterns and their Consequences', *Nature* 350: 669–74.

PIPERNO, D. R., WEISS, E., HOLST, I., and NADEL, D. (2004), 'Processing of Wild Cereal Grains in the Upper Palaeolithic Revealed by Starch Grain Analysis', *Nature* 430: 670–3.

POINAR, H. N., HOFREITER, M., SPAULDING, W. G., MARTIN, P. S., STANKIEWICZ, B. A., BLAND, H. A., EVERSHED, R. P., POSSNERT, G., and PÄÄBO, S. (1998), 'Molecular Coproscopy: Dung and Diet of the Extinct Ground Sloth, *Northrotheriops shastensis*', *Science* 281: 402–6.

POPE, M. I. (2004), 'Behavioural Implications of Biface Discard: Assemblage Variability and Land-Use at the Middle Pleistocene Site of Boxgrove', in *Lithics in Action. Lithic Studies Society Occasional Paper 24* (Oxford: Oxbow Books).

—— (2005), 'Observations on the Relationship between Palaeolithic Individuals and Artefact Scatters at the Middle Pleistocene Site of Boxgrove, UK', in C. S. Gamble and M. Porr, *The Individual in the Palaeolithic* (London: Routledge).

PRICE, T. D., BENTLEY, R. A., LÜNING, J., GRONENBORN, D., and WAH, J. (2001), 'Prehistoric Human Migration in the Linearbandkeramik of Central Europe', *Antiquity* 75/289: 593–603.

RABINOVICH, R., and NADEL, D. (2005), 'Broken Mammal Bones: Taphonomy and Food Sharing at the Ohalo II Submerged Prehistoric Camp', in H. Buitenhuis, A. M. Choyke, L. Martin, L. Bartosiewicz, and M. Mashkour (eds.), *Archaeozoology of the Near East VI, Proceedings of the Sixth International Symposium on the Archaeozoology of Southwestern Asia and Adjacent Areas* (Groningen: ARC-Publicaties) 123: 34–50.

RAHMSTORF, S. (2003), 'Timing of Abrupt Climate Change: A Precise Clock', *Geophysical Research Letters* 30/10: 1510.

RAPPAPORT, R. (1968), *Pigs for the Ancestors* (New Haven: Yale University Press).

—— (1979), *Ecology, Meaning and Religion* (Richmond, Calif.: North Atlantic Books).

RATHJE, W., and MURPHY, C. (2001), *Rubbish: The Archaeology of Garbage* (Tucson: University of Arizona Press).

REES, D. A. (2000), 'The Refitting of Lithics from unit 4c Area Q2/D Excavations at Boxgrove, West Sussex, England', *Lithic Technology* 25/2: 120–34.

REES, S. E. (1979), *Agricultural Implements in Prehistoric and Roman Britain* (Oxford: British Archaeological Reports 69).

REYNOLDS, P. J. (1979), *Iron-Age Farm: The Butser Experiment* (London: British Museum Publications).

RICHARD, A. (1985), 'Primate Diets: Patterns and Principles', in A. Richard (ed.), *Primates in Nature* (New York: W. H. Freeman).

RICHARDS, M. B., CÔRTE-REAL, H., FORSTER, P., MACAULAY, V., WILKINSON-HERBOTS, H., DEMAINE, A., PAPIHA, S., HEDGES, R., BANDELT, H.-J., and SYKES, B. C. (1996), 'Palaeolithic and Neolithic Lineages in the Human Mitochondrial Gene Pool', *American Journal of Human Genetics* 59: 185–203.

RICHARDS, M. P., PETTITT, P. B., STINER, M. C., and TRINKAUS, E. (2001), 'Stable Isotope Evidence for Increasing Dietary Breadth in the European Mid-Upper Palaeolithic', *Proceedings of the National Academy of Sciences* 98: 6529–32.

—— SCHULTING, R. J., and HEDGES, R. E. M. (2003), 'Sharp Shift in Diet at the Onset of the Neolithic', *Nature* 425: 366.

RIGAUD, J., SIMEK, J., and GE, T. (1995), 'Mousterian Fires from Grotte XVI (Dordogne, France)', *Antiquity* 69: 902–12.

RITCHIE, J. C., and CWYNAR, L. C. (1982), 'Late Quaternary Vegetation of the North Yukon', in D. M. Hopkins, J. V. Matthews, Jr., C. E. Schweger, and S. B. Young (eds.), *Paleoecology of Beringia* (New York: Academic Press): 113–26.

RIVENBURG, R. (2005), 'False Tales of Turkey on a Tray', *Los Angeles Times* (31 July).

ROBERTS, C. A., and COX, M. (2003a), 'The Human Population: Health and Disease', in M. A. Todd (ed.), *Companion to Roman Britain* (Oxford: Blackwell):

242–72.

—— (2003b), *Health and Disease in Britain: Prehistory to the Present Day* (Stroud: Sutton Publishing).

ROBERTS, M. B., and PARFITT, S. A. (eds.) (1999), *Boxgrove: A Middle Pleistocene Hominid Site at Eartham Quarry, Boxgrove, West Sussex* (London: English Heritage Monograph 17).

—— and POPE, M. I. (forthcoming), *The Archaeology of the Middle Pleistocene Hominid Site at Boxgrove, West Sussex, UK. Excavations 1991–1996* (London: English Heritage Monograph Series).

—— STRINGER, C. B., and PARFITT, S. A. (1994), 'A Hominid Tibia from Middle Pleistocene Sediments at Boxgrove, UK', *Nature* 369: 311–13.

ROBINSON, D. E. (1994), 'Dyrkede planter fra Danmarks forhistorie', *Arkæologiske Udgravninger i Danmark* 1993 (Copenhagen: Det Arkæologiske Nævn): 1–7.

ROSENBLATT, J. S. (2003), 'Outline of the Evolution of Behavioural and Non-behavioural Patterns of Parental Care among the Vertebrates: Critical Characteristics of Mammalian and Avian Parental Behaviour', *Scandinavian Journal of Psychology* 44: 265–71.

SAMUEL, D. (1996), 'Investigation of Ancient Egyptian Baking and Brewing Methods by Correlative Microscopy', *Science* 273/274: 488–90.

SCHAFFER, W. (1984), 'Stretching and Folding in Lynx Fur Returns: Evidence for a Strange Attraction in Nature?' *American Naturalist* 124/6: 798–820.

SCHMANDT-BESSERAT, D. (2001), Feasting in the Ancient Near East', in M. Dietler and B. Hayden (eds.), *Feasts: Archaeological and Ethnographic Perspectives on Food, Politics, and Power* (Washington: Smithsonian): 391–403.

SCHMITT, D., CHURCHILL, S. E., and HYLANDER, W. L. (2003), 'Experimental Evidence Concerning Spear Use in Neandertals and Early Modern Humans', *Journal of Archeological Science* 30: 103–14.

SCHULTING, R. J. (1996), 'Antlers, Bone Pins and Flint Blades: The Mesolithic Cemeteries of Téviec and Hoëdic, Brittany', *Antiquity* 70: 335–50.

—— and WYSOCKI, M. (2002), 'Cranial Trauma in the British Earlier Neolithic', *Past* 41: 4–6.

SCHWARCZ, H. P. (2002), 'Tracing Human Migration with Stable Isotopes', in K. Aoki and T. Akazawa (eds.), *Human Mate Choice and Prehistoric Marital Networks* (Kyoto: International Research Center for Japanese Studies).

SEIELSTAD, M. T., MINCH, E., and CAVALLI-SFORZA, L. L. (1998), 'Genetic Evidence for a Higher Female Migration Rate in Humans', *Nature Genetics* 20: 278–80.

SERNANDER, R. (1908), 'On the Evidence of Postglacial Changes of Climate Furnished by the Peat-Mosses of Northern Europe', *Geologiska föreningens i Stockholm Förhandlingar* 30: 456–78.

SHERRATT, A. (2006), 'Diverse Origins: Regional Contributions to the Genesis of Farming', in S. Colledge, J. Conolly, and S. J. Shennan (eds.), *Origins and Spread of Agriculture in SW Asia and Europe: Archaeobotanical Investigations of Neolithic Plant Economies* (London: University College).

SIMMONS, T., and NADEL, D. (1998), 'The Avifauna of the Early Epipalaeolithic Site of Ohalo II (19,400 B.P.), Israel: Species Diversity, Habitat and Seasonality', *International Journal of Osteoarchaeology* 8/2: 79–96.

SLATER, W. J. (ed.) (1991), *Dining in a Classical Context* (Ann Arbor: University of Michigan Press).

SMITH, B. D. (1992), *Rivers of Change: Essays in Early Agriculture in Eastern North America* (Washington: Smithsonian).

—— (1995), *The Emergence of Agriculture* (New York: W. H. Freeman & Co.).

SOFFER, O., VANDIVER, P., KLÍMA, B., and SVOBODA, J. (1993), 'The Pyrotechnology of Performance Art: Moravian Venuses and Wolverines', in H. Knecht, A. Pike-Tay, and R. White (eds.), *Before Lascaux: The Complex Record of the Early Upper Paleolithic* (New York: CRC Press): 259–75.

—— ADOVASIO, J. M., and HYLAND, D. C. (2000), 'The "Venus" Figurines: Textiles, Basketry, Gender and Status in the Upper Paleolithic', *Current Anthropology* 41: 511–37.

SOLECKI, R. S. (1971), *Shanidar: The First Flower People* (New York: Alfred A. Knopf).

SPANG, R. (2000), *The Invention of the Restaurant* (Cambridge, Mass.: Harvard University Press).

STEAD, I. M., BOURKE, J. B., and BROTHWELL, D. (1986), *Lindow Man: The Body in the Bog* (London: British Museum).

STINER, M. C. (2001), 'Thirty Years on the "Broad Spectrum Revolution" and Paleolithic Demography', *Proceedings of the National Academy of Sciences* 98/13: 6993–6.

—— MUNRO, N. D., and SUROVELL, T. A. (2000), 'The Tortoise and the Hare: Small-Game Use, the Broad Spectrum Revolution, and Palaeolithic Demography', *Current Anthropology* 41: 39–79.

STORDEUR, D (1999), 'Jerf el Ahmar et l'émergence du Néolithique au Proche Orient', in J. Guilaine (ed.), *Premiers paysans du Monde: naissance des agricultures* (Paris: Édition Errance): 31–60.

—— HELMER, D., and WILLCOX, G. (1997), 'Jerf el Ahmar: un nouveau site de l'horizon PPNA sur le moyen Euphrate Syrien', *Bullétin de la Société Préhistorique Française* 94/2: 282–5.

STRAUS, L. G. (1989), 'On Early Hominid Use of Fire', *Current Anthropology* 30: 488–91.

STREETER, M., STOUT, S. D., TRINKAUS, E., STRINGER, C. B., and ROBERTS, M. B. (2001), 'Histomorphometric Age Assessment of the Boxgrove 1 Tibial

Diaphysis', *Journal of Human Evolution* 40/4: 331–8.
STRINGER, C. B., TRINKAUS, E., ROBERTS, M. B., PARFITT, S. A., and MACPHAIL, R. I. (1998), 'The Middle Pleistocene Human Tibia from Boxgrove', *Journal of Human Evolution*, 34/5: 509–47.
—— BARTON, R. N. E., and FINLAYSON, J. C. (eds.) (2000), *Neanderthals on the Edge: Papers from a Conference Marking the 150th Anniversary of the Forbes' Quarry Discovery, Gibralter* (Oxford: Oxbow Books).
STRONG, R. (2002), *Feast: A History of Grand Eating* (London: Jonathan Cape).
SVOBODA, J. (ed.) (1991), *Dolní Věstonice II—Western Slope* (Liege: ERAUL 54).
—— (2001), 'Gravettian Mammoth Bone Deposits in Moravia', in *La terra degli elephanti—The world of elephants, Atti del 1 congresso internationale* (Rome): 359–62.
—— and SEDLÁČKOVÁ, L. (eds.) (2004), *The Gravettian along the Danube* (Brno: Dolnověstonické studie 11).
—— KLÍMA, B., JAROŠOVÁ, L., and ŠKRDLA, P. (2000), 'The Gravettian in Moravia: Climate, Behaviour and Technological Complexity', in W. Roebroeks, M. Mussi, J. Svoboda, and K. Fennema (eds.), *Hunters of the Golden Age. The Mid Upper Palaeolithic of Eurasia, 30,000–20,000 B.P.* (Leiden): 197–217.
TACITUS (1970), *Agricola*, trans. M. Hutton (Cambridge, Mass.: Harvard University Press (Loeb)).
TELEKI, G. (1973), 'The Omnivorous Chimpanzee', *Scientific American* 228: 32–42.
THIEME, H. (1997), 'Lower Palaeolithic Hunting Spears from Germany', *Nature* 385: 807–10.
THOMAS, J. (1999), *Understanding the Neolithic* (London: Routledge).
—— (2001), 'Neolithic Enclosures: Some Reflections on Excavations in Wales and Scotland', in T. Darvill and J. Thomas (eds.), *Neolithic Enclosures of North-West Europe* (Oxford: Oxbow Monographs), 132–43.
—— and Ray, K. (2003), 'In the Kinship of Cows: the Social Centrality of Cattle in the Earlier Neolithic of Southern Britain', in M. Parker Pearson (ed.), *Food and Culture in the Neolithic* (Oxford: British Archaeological Reports).
TILLEY, C. (1994), *A Phenomenology of Landscape Places, Paths and Monuments* (Oxford: Berg).
TRINKAUS, E., STRINGER, C. B., RUFF, C. B., HENNESSEY, R. J., ROBERTS, M. B., and PARFITT, S. A. (1999), 'Diaphyseal Cross-Sectional Geometry of the Boxgrove 1 Middle Pleistocene Human Tibia', *Journal of Human Evolution* 37: 1–25.
TURNER, R., and SCAIFE, R. (eds.) (1995), *Bog Bodies: New Discoveries and New Perspectives* (London: British Museum Press).
TZEDAKIS, Y., and MARTLEW, H. (1999), *Minoans and Mycenaeans: Flavours of their Time* (Athens: Greek Ministry of Culture and National Archaeological Museum).
—— and JONES, M. K. (eds.) (2006), *Archaeology Meets Science: Biomolecular*

Investigations in Bronze Age Greece (Oxford: Oxbow Books).

VALLVERDU, J., ALLUE, E., BISCHOFF, J. L., CACERES, I., CARBONELL, E., CEBRIA, A., GARCIA-ANTON, D., HUGUET, R., IBANEZ, N., MARTINEZ, K., PASTO, I., ROSELL, J., SALADIE, P., and VAQUERO, M. (2005), 'Short Human Occupations in the Middle Palaeolithic Level I of Abric Romani Rock-Shelter', *Journal of Human Evolution* 48: 157–74.

VAN ANDEL, T., and DAVIES, W. (eds.) (2003), *Neanderthals and Modern Humans in the European Landscape during the Last Glaciation* (Cambridge: McDonald Institute Monographs).

VAN ANDEL, T., and RUNNELS, C. N. (1995), 'The Earliest Farmers in Europe: Soil Preferences and Demic Diffusion Pathways', *Antiquity* 69: 481–500.

VAN DER SANDEN, W. (1996), *Through Nature to Eternity. The Bog Bodies of Northwest Europe* (Amsterdam: Batavian Lion International).

VAN DER VEEN, M. (1998), 'A Life of Luxury in the Desert? The Food and Fodder Supply to Mons Claudianus', *Journal of Roman Archaeology* 11: 101–16.

—— (1999), 'The Food and Fodder Supply to Roman Quarry Settlements in the Eastern Desert of Egypt', in M. van der Veen (ed.), *The Exploitation of Plant Resources in Ancient Africa* (New York: Kluwer Academic/Plenum Press): 171–83.

—— (2001), 'The Botanical Evidence' (chapter 8), in V. A. Maxfield and D. P. S. Peacock (eds.), *Survey and Excavations at Mons Claudianus 1987–1993*, ii, *The Excavations: Part 1* (Cairo, Institut Français d'Archéologie Orientale du Caire: Documents de Fouilles 43): 174–247.

—— (2004), 'The Merchants' Diet: Food Remains from Roman and Medieval Quseir al-Qadim', in P. Lunde and A. Porter (eds.), *Trade and Travel in the Red Sea Region* (British Archaeological Reports: International Series 1269): 123–9.

VAN ZEIST, W., and BAKKER-HEERES, J. A. H. (1982), 'Archaeobotanical Studies in the Levant. I. Neolithic Sites in the Damascus Basin: Aswad, Ghoraifé, Ramad', *Palaeohistoria. Acta et Communicationes Instituti Bio-Archaeologici Universitatis Groninganae* 24: 165–257.

VAQUERO, M., and CARBONELL, E. (2000), 'The Late Middle Palaeolithic in the Northeast of the Iberian Peninsula', in C. B. Stringer, R. N. E. Barton, and J. C. Finlayson (eds.), *Neanderthals on the Edge: Papers from a Conference Marking the 150th Anniversary of the Forbes' Quarry Discovery, Gibralter* (Oxford: Oxbow Books): 69–83.

—— VALLVERDU, J., ROSELL, J., PASTO, I., and ALLUE, E. (2001), 'Neandertal Behaviour at the Middle Palaeolithic Site of Abric Romani, Capellades Spain', *Journal of Field Archaeology* 28: 93–115.

VROOM, J. (2003), *After Antiquity: Ceramics and Society in the Aegean from the 7th to the 20th Century AC. A Case Study from Boeotia, Central Greece* (Leiden University: Archaeological Studies).

WALKER BYNUM, C. (1987), *Holy Feast and Holy Fast: The Religious Significance of Food to Medieval Women* (Berkeley: University of California Press).

WALKER, M. J., GIBERT, J., SANCHEZ, F., LOMBARDI, A. V., SERRANO, I., GOMEZ, A., EASTHAM, A., RIBOT, F., ARRIBAS, A., CUENCA, A., GIBERT, L., ALBALADEJO, S., and ANDREU, J. A. (1999), 'Excavations at New Sites of Early Man in Murcia: Sima de las Palomas del Cabezo Gordo and Cueva Negra del Estrecho del Rio Quipar de la Encamacion', *Human Evolution* 14: 99–123.

WALSH, P. G. (1999), The *Satyricon* / Petronius, trans. with an introduction and notes (Oxford: Oxford University Press).

WEBB, T. (1986), 'Is Vegetation in Equalibrium with Climate? How to Interpret Late Quaternary Pollen Data', *Vegetatio* 67: 75–91.

WEBER, B. H., DEPEW, D. J., and SMITH, J. D. (eds.) (1988), *Entropy, Information and Evolution* (Cambridge, Mass.: MIT Press).

WEISS E., KISLEV, M. E., SIMCHONI, O., and NADEL, D. (2005), 'Small-Grained Wild Grasses as Staple Food at the 23,000 Year-Old Site of Ohalo II, Israel', *Economic Botany* 588: 125–34.

—— Wetterstrom, W., Nadel, D., and Bar-Yosef, O (2004), 'The Broad Spectrum Revisited: Evidence from Plant Remains', *Proceedings of the National Academy of Science* 101/26: 9551–5.

WHITE, L. A. (1951), 'Lewis S. Morgan's Western Field Trips', *American Anthropologist* 53: 11–18.

WIESSNER, P., and SCHIEFENHÖVEL, W. (eds.) (1997), *Food and the Status Quest: An Interdisciplnary Perspective* (Oxford: Berghahn).

WILLCOX, G. (1996), 'Evidence for Plant Exploitation and Vegetation History from Three Early Neolithic Pre-pottery Sites on the Euphrates (Syria)', *Vegetation History and Archaeobotany* 5: 143–52.

—— (2002), 'Charred Plant Remains from a 10th Millennium B.P. Kitchen at Jerf el Ahmar', *Vegetation History and Archaeobotany* 11: 55–60.

WILPERT, J. (1896), *Fractio Panis. La plus ancienne représentation du sacrifice eucharistique à la ≪cappella Greca≫ découverte et expliquée par Mgr Joseph Wilpert* (Paris: Firmin-Didot et Cie).

WOOLLEY, C. L., and MOOREY, P. R. S. (1982), *Ur 'of the Chaldees'*, rev. edn. (Ithaca, NY: Cornell University Press).

WORSTER, D. (1977), *Nature's Economy: A History of Ecological Ideas* (Cambridge: Cambridge University Press).

—— (1979), *Dust Bowl: The Southern Plains in the 1930s* (Oxford: Oxford University Press).

WRANGHAM, R. W. (1975), 'The Behavioural Ecology of Chimpanzees in Gombe National Park, Tanzania' (Ph.D. Dissertation, University of Cambridge).

—— Conklin-Brittain, N. L., and Hunt, K. D. (1998), 'Dietary Response of Chimpanzees and Cercopithecines to Seasonal Variation in Fruit Abundance I. Antifeedants', *International Journal of Primatology* 19: 949–70.

—— McGrew, W. C., de Waal, F. B. M., and Heltne, P. G. (1994), *Chimpanzee Cultures* (Cambridge, Mass.: Harvard University Press).

—— Jones, J. H., Laden, G., Pilbeam, D., and Conklin-Brittain, N. L. (1999), 'The Raw and the Stolen: Cooking and the Ecology of Human Origins', *Current Anthropology* 40: 567–94.

Wright, J. (ed.) (2004), 'The Mycenaean Feast', *Hesperia* 73/2: 1–217.

Yasuda, Y. (ed.) (2002), *The Origins of Pottery and Agriculture* (New Delhi: Roli Books).

Yvinec, J.-H. (1999), Étude archéozoologique du site de Dury "le Moulin" (Somme)', *Revue archéologique de Picardie* 1: 247–55.

Zazula, G. D., Froese, D. G., Schweger, C. E., Mathewes, R. W., Beaudoin, A. B., Telka, A. M., Harington, C. R., and Westgate, J. A. (2003), 'Ice-Age Steppe Vegetation in East Beringia', *Nature* 423: 603.

本书所用插图

捷克下维斯特尼采（Dolni Vestonice）遗址发掘现场，考古人员发掘的风成堆积下面埋藏的一处旧石器时代居址［Archives of the Institute of Archaeology, Academy of Science, Czech Republic (excavations of Bohuslav Klima)］

欧洲与地中海示意图，文中提到的关键考古遗址用其所在章号标出

作者在剑桥大学新学期宴会上与同伴在一起（Munawar Chaudhry, Darwin College, Cambridge）

坦桑尼亚贡贝自然保护区的一只雄性黑猩猩正在吃一只红臀猴的头（William C. McGrew, Leverhulme Centre for Human Evolutionary Studies）

贡贝自然保护区的黑猩猩派森与它的两个孩子派克斯和波姆在一起（摄于1978年11月）（www.janegoodall.org）

贡贝自然保护区的祖玛·特雷基（Giza Teleki）记录的持续一天之久的黑猩猩分食一只臀猴的"宴会"过程（adapted and redrawn from Giza Teleki: The Omnivorous Chimpanzee, January 1973. Copyright © 2006 by ScientiWc American, Inc. All rights reserved）

50万年前，早期人类在英格兰南部海岸博克斯格罗夫屠宰一匹野马的复原场景（English Heritage Photo Library, drawing by Peter Dunn）

博克斯格罗夫屠马地点密集分布的打击燧石片（Matthew Pope and the Boxgrove Project, University College London）

阿舍利手斧的主要出土地点及三件代表性石器：法国圣阿舍利遗址出土的手

斧，阿尔及利亚艾德梯胡岱尼（Erg de Tihoudaine）遗址出土的刮削器，以及印度汉吉（Hunsgi）遗址出土的手斧［*Cambridge Encyclopedia of Human Evolution*, 1992 map; Swanston Graphics. Handaxes from François Bordes *Typologie due paléolithique ancient et moyen* CNRS Editions, 1981, pls 65(2), 78(2); from K. Paddaya, *The Acheulian Culture of the Hunsgi Valley*, Deccan College Postgraduate & Research Institute, 1982, fig 17(1)]

氧同位素（$\delta^{18}O$）显示的气温变化。上为格陵兰冰盖钻探计划测绘的最近 10 万年的氧同位素曲线图。下为大洋钻探计划测绘的过去 200 万年的氧同位素曲线图。曲线左侧峰值表示寒冷期，右侧峰值表示温暖期。书中涉及的特定时期的关键研究案例用它们所在的章节号标示（Oxygen isotopes curves adapted and redrawn from data within M. Cross 1997. *Greenland summit ice cores*, and S. C. Porter, *Quaternary Research*, 32 1989）

西班牙卡佩利亚德斯的艾波瑞克 - 罗姆（Abric Romaní）岩厦遗址尼安德特人的生活场景复原图（©Francesc Riart）

艾波瑞克 - 罗姆洞穴最近发掘场景，可以看出剖面上厚厚的石灰华堆积，左侧发掘处露出用火遗迹（©Gerard Campeny, Institut Català de Paleoecologia Humana i Evolució Social）

尼安德特人在欧洲和西亚的分布及重要遗址（示意图）（Richard G. Klein, *The Dawn of Human Culture,* Wiley, 2002, fig 6.3）

根据 2.3 万年前加利利海（Sea of Galilee）边奥哈罗遗址（Ohalo）出土生物遗存推断的食物网［Author, adapted from data within Daniel Nadel (ed.) (2002) *Ohalo II, A 23, 000-Year-Old Fisher-Hunter-Gatherers' Camp on the Shore of the Sea of Galilee*]

奥哈罗遗址出土物：被火烧过的、拧曲的草编物残片（左上），被精心切割成 1—2 毫米的地中海象牙贝串珠（右上），炭化的野生大麦粒（中），鱼椎骨（下）（Daniel Nadel, University of Haifa）

杰夫 - 艾哈迈尔遗址半地穴式建筑及周围附属建筑全景（Danielle Stordeur, Centre National de la Recherche Scientifique）

杰夫 - 艾哈迈尔遗址的"厨房"，内有水槽、工作面和留在原地的磨盘（Danielle Stordeur, Centre National de la Recherche Scientifique）

汉布尔登堤圈遗址中一个年轻人头骨的出土场景［Roger Mercer and Frances Healey (in press) *Hambledon Hill, Dorset, England. Excavation and survey of a Neolithic monument complex and its surrounding landscape*. London: English Heritage Monograph Series]

世界上最古老的陶器的残片之一，大约在 1.7 万年前，出土于中国湖南省的玉蟾岩遗址（Yoshinori Yasuda, *The Origins of Pottery and Agriculture,* Roli Books，New Delhi, 2002）

希腊皮洛斯（Pylos）的迈锡尼宫殿王座室（中央大厅）及仪式火炉的假想图（Watercolor by Piet de Jong Digitally restored by Craig Mauzy. Courtesy of the Department of Classics, University of Cincinnati）

以王座室（中央大厅）为中轴的皮洛斯迈锡尼宫殿全景（Department of Classics, University of Cincinnati）

皮洛斯迈锡尼宫殿第 20 号房间出土的基里克斯陶杯和陶罐（Department of Classics, University of Cincinnati）

乌尔王军旗，出土于伦纳德·伍莱爵士（Sir Leonard Woolley）发掘的迦勒底乌尔巴比伦皇室陵墓。此板饰描绘了 5000 年前一次著名的宴会场景（Trustees of the British Museum）

庞贝古城的一幅宴饮壁画，宾客们按照直角线形的罗马方式就座（INDEX/Pedicini）

科尔切斯特罗马时期军团司令官家厕所下深坑的发掘现场（Philip Crummy, Colchester Archaeological Trust）

卢森堡格布林根 - 诺斯普莱特（Goeblingen-Nosplet）遗址公元前 1 世纪一座贵族墓中出土的酒器，里面有运输罗马葡萄酒的大双耳壶（Musée national d'histoire et d'art, Luxemburg）

丹麦赫尔德尔茅斯沼泽遗址出土的一具两千年前的女尸（National Museum of Denmark）

出土于西班牙的中世纪成年人的颅骨，上眼窝骨骼多孔疏松，医学上称为"对称性骨质疏松症"，是常见的贫血症状（Simon Mays，English Heritage）

英国中世纪一个年轻人的门齿和犬齿，上面有永久的水平凹槽，即医学上的"牙釉质发育不全症"，通常与青少年时期营养不良密切相关（Gonzalo Trancho，Universidad Complutense de Madrid）

罗马百基拉地下墓穴（Catacomb of Priscilla）中距今 1800—1600 年的壁画——"擘饼"。画中，就餐者斜靠在垫子上，面前摆放着面包和鱼（Syndics of Cambridge University Library; Josef Wilpert, *Fractio panis: Die alteste darstellung deseucharistischen opfers in der "Cappella greca," entdeckt und erla utert.* Herder，1895: Morrison.a.40.51）

法国皮卡第莫罗考特小修道院远景 [Ghislain Lancel, L'Etoile et son histoire (Picardie), par Ghislain Lancel: http://g.lancel.free.fr]

根据生物考古学证据复原的莫罗考特小修道院熏制腌鱼的场景 [*Revue archéologique de Picardie*, vol. 19（2001）]

一则斯旺森（Swanson）早期电视快餐广告（Swanson® is a registered trademark of CSC Brands, Inc. used with the permission of Pinnacle Foods Corporation）

考古学家比尔·拉思杰教授在纽约斯泰顿岛弗莱斯垃圾填埋场遗址（Louie Psihoyos/Science Faction Images）

18世纪巴黎普罗可布咖啡馆的场景，伏尔泰、狄德罗、达朗贝尔、拉哈普和孔多塞围坐在一张桌子旁边分享食物、饮品，以及思想的火花（Bibliotheque Nationale, Paris, France/ Archives Charmet/ The Bridgeman Art Library）

1948年，加利福尼亚州圣贝纳迪诺市开张的第一家麦当劳汉堡包店（Used with permission from McDonald's Corporations）

新 知
文 库

01 《证据：历史上最具争议的法医学案例》［美］科林·埃文斯 著　毕小青 译
02 《香料传奇：一部由诱惑衍生的历史》［澳］杰克·特纳 著　周子平 译
03 《查理曼大帝的桌布：一部开胃的宴会史》［英］尼科拉·弗莱彻 著　李响 译
04 《改变西方世界的 26 个字母》［英］约翰·曼 著　江正文 译
05 《破解古埃及：一场激烈的智力竞争》［英］莱斯利·罗伊·亚京斯 著　黄中宪 译
06 《狗智慧：它们在想什么》［加］斯坦利·科伦 著　江天帆、马云霏 译
07 《狗故事：人类历史上狗的爪印》［加］斯坦利·科伦 著　江天帆 译
08 《血液的故事》［美］比尔·海斯 著　郎可华 译　张铁梅 校
09 《君主制的历史》［美］布伦达·拉尔夫·刘易斯 著　荣予、方力维 译
10 《人类基因的历史地图》［美］史蒂夫·奥尔森 著　霍达文 译
11 《隐疾：名人与人格障碍》［德］博尔温·班德洛 著　麦湛雄 译
12 《逼近的瘟疫》［美］劳里·加勒特 著　杨岐鸣、杨宁 译
13 《颜色的故事》［英］维多利亚·芬利 著　姚芸竹 译
14 《我不是杀人犯》［法］弗雷德里克·肖索依 著　孟晖 译
15 《说谎：揭穿商业、政治与婚姻中的骗局》［美］保罗·埃克曼 著　邓伯宸 译　徐国强 校
16 《蛛丝马迹：犯罪现场专家讲述的故事》［美］康妮·弗莱彻 著　毕小青 译
17 《战争的果实：军事冲突如何加速科技创新》［美］迈克尔·怀特 著　卢欣渝 译
18 《最早发现北美洲的中国移民》［加］保罗·夏亚松 著　暴永宁 译
19 《私密的神话：梦之解析》［英］安东尼·史蒂文斯 著　薛绚 译
20 《生物武器：从国家赞助的研制计划到当代生物恐怖活动》［美］珍妮·吉耶曼 著　周子平 译
21 《疯狂实验史》［瑞士］雷托·U.施奈德 著　许阳 译
22 《智商测试：一段闪光的历史，一个失色的点子》［美］斯蒂芬·默多克 著　卢欣渝 译
23 《第三帝国的艺术博物馆：希特勒与"林茨特别任务"》［德］哈恩斯 – 克里斯蒂安·罗尔 著　孙书柱、刘英兰 译
24 《茶：嗜好、开拓与帝国》［英］罗伊·莫克塞姆 著　毕小青 译
25 《路西法效应：好人是如何变成恶魔的》［美］菲利普·津巴多 著　孙佩妏、陈雅馨 译
26 《阿司匹林传奇》［英］迪尔米德·杰弗里斯 著　暴永宁、王惠 译

27 《美味欺诈：食品造假与打假的历史》［英］比·威尔逊 著　周继岚 译
28 《英国人的言行潜规则》［英］凯特·福克斯 著　姚芸竹 译
29 《战争的文化》［以］马丁·范克勒韦尔德 著　李阳 译
30 《大背叛：科学中的欺诈》［美］霍勒斯·弗里兰·贾德森 著　张铁梅、徐国强 译
31 《多重宇宙：一个世界太少了？》［德］托比阿斯·胡阿特、马克斯·劳讷 著　车云 译
32 《现代医学的偶然发现》［美］默顿·迈耶斯 著　周子平 译
33 《咖啡机中的间谍：个人隐私的终结》［英］吉隆·奥哈拉、奈杰尔·沙德博尔特 著　毕小青 译
34 《洞穴奇案》［美］彼得·萨伯 著　陈福勇、张世泰 译
35 《权力的餐桌：从古希腊宴会到爱丽舍宫》［法］让－马克·阿尔贝 著　刘可有、刘惠杰 译
36 《致命元素：毒药的历史》［英］约翰·埃姆斯利 著　毕小青 译
37 《神祇、陵墓与学者：考古学传奇》［德］C.W.策拉姆 著　张芸、孟薇 译
38 《谋杀手段：用刑侦科学破解致命罪案》［德］马克·贝内克 著　李响 译
39 《为什么不杀光？种族大屠杀的反思》［美］丹尼尔·希罗、克拉克·麦考利 著　薛绚 译
40 《伊索尔德的魔汤：春药的文化史》［德］克劳迪娅·米勒－埃贝林、克里斯蒂安·拉奇 著　王泰智、沈惠珠 译
41 《错引耶稣：〈圣经〉传抄、更改的内幕》［美］巴特·埃尔曼 著　黄恩邻 译
42 《百变小红帽：一则童话中的性、道德及演变》［美］凯瑟琳·奥兰丝汀 著　杨淑智 译
43 《穆斯林发现欧洲：天下大国的视野转换》［英］伯纳德·刘易斯 著　李中文 译
44 《烟火撩人：香烟的历史》［法］迪迪埃·努里松 著　陈睿、李欣 译
45 《菜单中的秘密：爱丽舍宫的飨宴》［日］西川惠 著　尤可欣 译
46 《气候创造历史》［瑞士］许靖华 著　甘锡安 译
47 《特权：哈佛与统治阶层的教育》［美］罗斯·格雷戈里·多塞特 著　珍栎 译
48 《死亡晚餐派对：真实医学探案故事集》［美］乔纳森·埃德罗 著　江孟蓉 译
49 《重返人类演化现场》［美］奇普·沃尔特 著　蔡承志 译
50 《破窗效应：失序世界的关键影响力》［美］乔治·凯林、凯瑟琳·科尔斯 著　陈智文 译
51 《违童之愿：冷战时期美国儿童医学实验秘史》［美］艾伦·M.霍恩布鲁姆、朱迪斯·L.纽曼、格雷戈里·J.多贝尔 著　丁立松 译
52 《活着有多久：关于死亡的科学和哲学》［加］理查德·贝利沃、丹尼斯·金格拉斯 著　白紫阳 译
53 《疯狂实验史Ⅱ》［瑞士］雷托·U.施奈德 著　郭鑫、姚敏多 译
54 《猿形毕露：从猩猩看人类的权力、暴力、爱与性》［美］弗朗斯·德瓦尔 著　陈信宏 译
55 《正常的另一面：美貌、信任与养育的生物学》［美］乔丹·斯莫勒 著　郑嬿 译

56 《奇妙的尘埃》[美] 汉娜·霍姆斯 著　陈芝仪 译
57 《卡路里与束身衣：跨越两千年的节食史》[英] 路易丝·福克斯克罗夫特 著　王以勤 译
58 《哈希的故事：世界上最具暴利的毒品业内幕》[英] 温斯利·克拉克森 著　珍栎 译
59 《黑色盛宴：嗜血动物的奇异生活》[美] 比尔·舒特 著　帕特里曼·J.温 绘图　赵越 译
60 《城市的故事》[美] 约翰·里德 著　郝笑丛 译
61 《树荫的温柔：亘古人类激情之源》[法] 阿兰·科尔班 著　苜蓿 译
62 《水果猎人：关于自然、冒险、商业与痴迷的故事》[加] 亚当·李斯·格尔纳 著　于是 译
63 《囚徒、情人与间谍：古今隐形墨水的故事》[美] 克里斯蒂·马克拉奇斯 著　张哲、师小涵 译
64 《欧洲王室另类史》[美] 迈克尔·法夸尔 著　康怡 译
65 《致命药瘾：让人沉迷的食品和药物》[美] 辛西娅·库恩等 著　林慧珍、关莹 译
66 《拉丁文帝国》[法] 弗朗索瓦·瓦克 著　陈绮文 译
67 《欲望之石：权力、谎言与爱情交织的钻石梦》[美] 汤姆·佐尔纳 著　麦慧芬 译
68 《女人的起源》[英] 伊莲·摩根 著　刘筠 译
69 《蒙娜丽莎传奇：新发现破解终极谜团》[美] 让－皮埃尔·伊斯鲍茨、克里斯托弗·希斯·布朗 著　陈薇薇 译
70 《无人读过的书：哥白尼〈天体运行论〉追寻记》[美] 欧文·金格里奇 著　王今、徐国强 译
71 《人类时代：被我们改变的世界》[美] 黛安娜·阿克曼 著　伍秋玉、澄影、王丹 译
72 《大气：万物的起源》[英] 加布里埃尔·沃克 著　蔡承志 译
73 《碳时代：文明与毁灭》[美] 埃里克·罗斯顿 著　吴妍仪 译
74 《一念之差：关于风险的故事与数字》[英] 迈克尔·布拉斯兰德、戴维·施皮格哈尔特 著　威治 译
75 《脂肪：文化与物质性》[美] 克里斯托弗·E.福思、艾莉森·利奇 编著　李黎、丁立松 译
76 《笑的科学：解开笑与幽默感背后的大脑谜团》[美] 斯科特·威姆斯 著　刘书维 译
77 《黑丝路：从里海到伦敦的石油溯源之旅》[英] 詹姆斯·马里奥特、米卡·米尼－帕卢埃洛 著　黄煜文 译
78 《通向世界尽头：跨西伯利亚大铁路的故事》[英] 克里斯蒂安·沃尔玛 著　李阳 译
79 《生命的关键决定：从医生做主到患者赋权》[美] 彼得·于贝尔 著　张琼懿 译
80 《艺术侦探：找寻失踪艺术瑰宝的故事》[英] 菲利普·莫尔德 著　李欣 译
81 《共病时代：动物疾病与人类健康的惊人联系》[美] 芭芭拉·纳特森－霍洛威茨、凯瑟琳·鲍尔斯 著　陈筱婉 译
82 《巴黎浪漫吗？——关于法国人的传闻与真相》[英] 皮乌·玛丽·伊特韦尔 著　李阳 译

83 《时尚与恋物主义：紧身褡、束腰术及其他体形塑造法》[美]戴维·孔兹 著　珍栎 译

84 《上穷碧落：热气球的故事》[英]理查德·霍姆斯 著　暴永宁 译

85 《贵族：历史与传承》[法]埃里克·芒雄-里高 著　彭禄娴 译

86 《纸影寻踪：旷世发明的传奇之旅》[英]亚历山大·门罗 著　史先涛 译

87 《吃的大冒险：烹饪猎人笔记》[美]罗布·沃乐什 著　薛绚 译

88 《南极洲：一片神秘的大陆》[英]加布里埃尔·沃克 著　蒋功艳、岳玉庆 译

89 《民间传说与日本人的心灵》[日]河合隼雄 著　范作申 译

90 《象牙维京人：刘易斯棋中的北欧历史与神话》[美]南希·玛丽·布朗 著　赵越 译

91 《食物的心机：过敏的历史》[英]马修·史密斯 著　伊玉岩 译

92 《当世界又老又穷：全球老龄化大冲击》[美]泰德·菲什曼 著　黄煜文 译

93 《神话与日本人的心灵》[日]河合隼雄 著　王华 译

94 《度量世界：探索绝对度量衡体系的历史》[美]罗伯特·P. 克里斯 著　卢欣渝 译

95 《绿色宝藏：英国皇家植物园史话》[英]凯茜·威利斯、卡罗琳·弗里 著　珍栎 译

96 《牛顿与伪币制造者：科学巨匠鲜为人知的侦探生涯》[美]托马斯·利文森 著　周子平 译

97 《音乐如何可能？》[法]弗朗西斯·沃尔夫 著　白紫阳 译

98 《改变世界的七种花》[英]詹妮弗·波特 著　赵丽洁、刘佳 译

99 《伦敦的崛起：五个人重塑一座城》[英]利奥·霍利斯 著　宋美莹 译

100 《来自中国的礼物：大熊猫与人类相遇的一百年》[英]亨利·尼科尔斯 著　黄建强 译

101 《筷子：饮食与文化》[美]王晴佳 著　汪精玲 译

102 《天生恶魔？：纽伦堡审判与罗夏墨迹测验》[美]乔尔·迪姆斯代尔 著　史先涛 译

103 《告别伊甸园：多偶制怎样改变了我们的生活》[美]戴维·巴拉什 著　吴宝沛 译

104 《第一口：饮食习惯的真相》[英]比·威尔逊 著　唐海娇 译

105 《蜂房：蜜蜂与人类的故事》[英]比·威尔逊 著　暴永宁 译

106 《过敏大流行：微生物的消失与免疫系统的永恒之战》[美]莫伊塞斯·贝拉斯克斯-曼诺夫 著　李黎、丁立松 译

107 《饭局的起源：我们为什么喜欢分享食物》[英]马丁·琼斯 著　陈雪香 译　方辉 审校